内蒙古自然科学基金及内蒙古自治区科技成果转化项目"稀土镁系纳米储氢材料及其应用系统"（CGZH2018152）

内蒙古自然科学基金项目"燃料电池用稀土镁系 $PrMg_{12}$ 型合金储氢性能催化改性研究"（2020LH05024）

内蒙古自然科学基金项目"$CoC(N)_x$ 纳米催化剂的可控制备及其催化制氢性能研究"（2019BS05020）

内蒙古科技大学创新基金项目"过渡金属@功能化石墨烯高效制氢催化剂研究"（2019QDL-B07）

制氢与储氢材料及其应用研究

赵 鑫 胡 锋 可丹丹 著

燕山大学出版社

·秦皇岛·

图书在版编目（CIP）数据

制氢与储氢材料及其应用研究 / 赵鑫，胡锋，可丹丹著 . —2 版 . —秦皇岛：燕山大学出版社，2023.6

ISBN 978-7-5761-0472-1

I. ①制… II. ①赵… ②胡… ③可… III. ①制氢－研究②储氢合金－研究 IV. ①TE624.4②TG139

中国版本图书馆 CIP 数据核字（2022）第 257162 号

制氢与储氢材料及其应用研究
赵　鑫　胡　锋　可丹丹　著

出 版 人：陈　玉	
责任编辑：孙志强	策划编辑：孙志强
责任印制：吴　波	封面设计：刘韦希
出版发行：燕山大学出版社 YANSHAN UNIVERSITY PRESS	电　　话：0335-8387555
地　　址：河北省秦皇岛市河北大街西段 438 号	邮政编码：066004
印　　刷：涿州市般润文化传播有限公司	经　　销：全国新华书店
开　　本：710mm×1000mm　1/16	印　　张：12.5
版　　次：2023 年 6 月第 2 版	印　　次：2023 年 6 月第 1 次印刷
书　　号：ISBN 978-7-5761-0472-1	字　　数：200 千字
定　　价：49.00 元	

版权所有　侵权必究

如发生印刷、装订质量问题，读者可与出版社联系调换

联系电话：0335-8387718

前　言

进入 21 世纪以来,随着科技的进步和人们对环境可持续发展的迫切要求,绿色清洁能源(如太阳能、风能、氢能等)替代传统化石能源的话题已经逐渐由理论研究步入现实生活。在众多绿色清洁能源中,氢能因其能源密度高、储量丰富和制备价格低廉等优点被纳入新能源体系中作为能源载体。实现轻质储氢材料高效稳定地制取氢气成为研究的热点,同时,作为镍氢电池负极材料的储氢合金需求量大增,随着科技的发展对其性能的要求也越来越高,这一事实推动储氢合金的研究领域迅猛发展。

本书总结了以负载型钴基催化剂催化氨硼烷制氢体系及其相关研究实例、以 Mg_2Ni 合金为基础的复合材料气固储氢性能及其相关研究实例、以 $CeMg_{12}$ 系储氢合金为基础的复合材料气固储氢性能和电化学储氢性能研究及其相关研究实例,并对制氢体系和储氢体系研究的制备和表征方法进行了详细介绍。

本书编写分工如下:第 1 章 1.2、1.3,第 2 章 2.1、2.2,第 4 章由内蒙古科技大学赵鑫编写;第 1 章 1.4,第 2 章 2.4,第 5 章,第 6 章由内蒙古科技大学胡锋编写;第 1 章 1.1,第 2 章 2.3,第 3 章由内蒙古科技大学可丹丹编写。全书由赵鑫做统一定稿。

本书在编写过程中参考了大量国内外文献资料和专著,限于篇幅只列出了主要参考文献。由于作者水平所限,难免有错误和不足之处,恳请读者批评指正。

目 录

第1章 绪论 ··· 1

引言 ·· 1

1.1 制氢材料 ·· 2
1.1.1 氢的制取 ··· 3
1.1.2 水解制氢材料 ··· 4

1.2 $NH_3 \cdot BH_3$ 制氢性能 ··· 4

1.3 $NH_3 \cdot BH_3$ 水解制氢机制 ··· 8

1.4 储氢材料 ·· 11
1.4.1 储氢材料简介 ··· 11
1.4.2 储氢材料的电化学储氢原理 ··· 13
1.4.3 储氢材料的气态储氢原理 ·· 14

1.5 Mg-Ni 系储氢合金 ·· 17

1.6 RE-Mg 系储氢合金 ··· 22

1.7 制氢及镁基储氢材料未来的发展趋势 ·· 26

第2章 实验材料与方法 ··· 28

2.1 实验试剂与仪器 ··· 28
2.1.1 实验试剂 ··· 28
2.1.2 仪器设备 ··· 28

2.2 材料的制备与表征 ·· 29
2.2.1 材料的制备 ·· 29
2.2.2 粉末 X 射线衍射分析(XRD) ·· 29
2.2.3 扫描电镜分析(SEM) ·· 30
2.2.4 透射电镜分析(TEM) ·· 30
2.2.5 X 射线光电子能谱分析(XPS) ··· 30

  2.2.6 傅里叶变换红外吸收光谱(FT-IR) ………………………… 30
  2.2.7 紫外可见吸收光谱(UV-vis) ……………………………… 31
  2.2.8 拉曼光谱分析(Raman) …………………………………… 31
  2.2.9 热重分析(TGA) …………………………………………… 31
 2.3 催化水解制氢性能测试 ………………………………………… 31
  2.3.1 反应速率的确定 …………………………………………… 32
  2.3.2 反应动力学性能测试 ……………………………………… 32
  2.3.3 反应活化能的确定 ………………………………………… 33
  2.3.4 催化剂循环性能测试 ……………………………………… 34
 2.4 储氢性能测试 …………………………………………………… 34
  2.4.1 PCT 测试仪原理 …………………………………………… 34
  2.4.2 合金样品气态储氢性能测试 ……………………………… 35
  2.4.3 合金样品电化学储氢性能测试 …………………………… 36

第 3 章 制氢材料研究实例 ……………………………………………… 40

 3.1 杨梅果状 Co@rGO 对氨硼烷水解放氢性能的影响 …………… 40
  3.1.1 杨梅果状 Co@rGO 的制备及结构表征 ………………… 40
  3.1.2 杨梅果状 Co@rGO 催化 $NH_3·BH_3$ 水解放氢性能研究 … 42
  3.1.3 杨梅果状 Co@rGO 催化 $NH_3·BH_3$ 水解放氢动力学性能 … 43
  3.1.4 杨梅果状 Co@rGO 催化 $NH_3·BH_3$ 水解放氢循环性能 … 47
 3.2 杨梅果状 Co-Mo@rGO 的制备、结构表征及催化 AB 水解放氢性能研究 …………………………………………………………… 50
  3.2.1 杨梅果状 Co-Mo@rGO 的制备 ………………………… 50
  3.2.2 杨梅果状 Co-Mo@rGO 催化 $NH_3·BH_3$ 水解放氢性能研究 …………………………………………………………… 51
  3.2.3 杨梅果状 $Co_{0.75}Mo_{0.25}$@rGO 的结构表征 ……………… 54
  3.2.4 杨梅果状 $Co_{0.75}Mo_{0.25}$@rGO 催化 $NH_3·BH_3$ 水解放氢动力学性能 ………………………………………………………… 55
  3.2.5 杨梅果状 $Co_{0.75}Mo_{0.25}$@rGO 催化 $NH_3·BH_3$ 水解放氢循环性能 …………………………………………………………… 57

3.3 PAMAM 修饰 Ag-Co 的制备及催化 $NH_3·BH_3$ 水解放氢性能
    研究 ·· 60
  3.3.1 Ag-Co/PAMAM 催化剂的制备 ··· 61
  3.3.2 Ag-Co/PAMAM 催化 $NH_3·BH_3$ 水解放氢性能 ····················· 62
  3.3.3 Ag-Co/PAMAM 催化剂的表征 ··· 64
  3.3.4 $Ag_{0.3}Co_{0.7}$/PAMAM 催化 $NH_3·BH_3$ 水解反应机理分析 ······ 70
  3.3.5 $Ag_{0.3}Co_{0.7}$/PAMAM 催化 $NH_3·BH_3$ 水解放氢动力学
        性能 ·· 71
  3.3.6 $Ag_{0.3}Co_{0.7}$/PAMAM 催化 $NH_3·BH_3$ 水解放氢循环性能 ····· 74
3.4 小结 ··· 76

第4章 Mg_2Ni 基气态储氢材料研究实例 ·· 78

4.1 Mg_2Ni+x wt.% $LaMg_2Ni$ ($x=0$、10、20 和 30)复合材料储氢性能的
    研究 ··· 78
  4.1.1 Mg_2Ni+x wt.% $LaMg_2Ni$ ($x=0$、10、20 和 30)复合材料的微观
        结构 ·· 78
  4.1.2 Mg_2Ni+x wt.% $LaMg_2Ni$ ($x=0$、10、20 和 30)复合材料储氢热
        力学性能 ·· 81
  4.1.3 Mg_2Ni+x wt.% $LaMg_2Ni$ ($x=0$、10、20 和 30)复合材料储氢动
        力学性能 ·· 82
4.2 Mg_2Ni+20 wt.% $REMg_2Ni$ (RE=La、Pr 和 Nd)复合材料储氢性能
    的研究 ··· 84
  4.2.1 Mg_2Ni+20 wt.% $REMg_2Ni$ (RE=La、Pr 和 Nd)复合材料的
        微观结构 ·· 84
  4.2.2 Mg_2Ni+20 wt.% $REMg_2Ni$ (RE=La、Pr 和 Nd)复合材料储
        氢动力学性能 ·· 88
  4.2.3 Mg_2Ni+20 wt.% $REMg_2Ni$ (RE=La、Pr 和 Nd)复合材料储
        氢热力学性能 ·· 90
4.3 Ti 和 Nb 的氢化物(TiH_2 和 NbH)对 Mg_2Ni 合金储氢性能的
    影响 ··· 93

4.3.1 Mg_2Ni+10 wt.% TMH (TMH=TiH_2 和 NbH)复合材料的微观结构 ……………………………………………………… 93

4.3.2 Mg_2Ni+10 wt.% TMH (TMH=TiH_2 和 NbH)复合材料的储氢性能 …………………………………………………… 96

4.3.3 Ti 和 Nb 的氢化物的作用 …………………………………… 102

4.4 Ti 和 Nb 的氮化物(TiN、NbN)对 Mg_2Ni 合金储氢性能的影响 …… 103

4.4.1 Mg_2Ni+10 wt.% TMN (TMN=TiN 和 NbN)复合材料的微观结构 ……………………………………………………… 103

4.4.2 Mg_2Ni+10 wt.% TMN (TMN=TiN 和 NbN)复合材料的储氢性能 …………………………………………………… 106

4.4.3 Ti 和 Nb 的氮化物的作用机制 ……………………………… 112

4.5 小结 ……………………………………………………………… 114

第5章 $CeMg_{12}$ 型合金电化学储氢性能研究实例 …………………… 116

5.1 球磨 $CeMg_{12}$/Ni 储氢合金微观结构及电化学性能 ……………… 116

5.1.1 微观结构及相组成 ………………………………………… 117

5.1.2 电化学性能 ………………………………………………… 118

5.2 球磨 $CeMg_{12}$/Ni/TiF_3 储氢合金微观结构及电化学性能 ………… 126

5.2.1 微观结构及相组成分析 …………………………………… 126

5.2.2 合金电化学储氢性能 ……………………………………… 128

5.3 小结 ……………………………………………………………… 134

第6章 $CeMg_{12}$ 型合金微观结构及气态储氢性能 …………………… 136

6.1 $CeMg_{12}$/Ni 合金微观结构及气态储氢性能 ……………………… 136

6.1.1 合金微观结构分析 ………………………………………… 136

6.1.2 合金材料气态吸/放氢性能 ………………………………… 139

6.2 $CeMg_{12}$/Ni/TiF_4 合金微观结构及气态储氢性能 ……………… 146

6.2.1 合金材料微观结构分析 …………………………………… 146

6.2.2 合金气态储氢性能分析 …………………………………… 150

6.3 $CeMg_{12}$/Ni/NbF_5 合金微观结构及气态储氢性能 …………… 157

  6.3.1 合金材料微观结构分析 ………………………………… 157

  6.3.2 合金气态储氢性能分析 ………………………………… 161

  6.3.3 合金材料气态吸/放氢动力学性能 ……………………… 164

6.4 小结 ………………………………………………………… 168

参考文献 ……………………………………………………………… 170

第1章 绪 论

引言

进入21世纪以来,随着科技的进步和人们对环境可持续发展的迫切要求,绿色清洁能源(如太阳能、风能、氢能等)替代传统化石能源的话题已经逐渐由理论研究步入现实生活。在众多绿色清洁能源中,氢能因其能源密度高、储量丰富、清洁无毒、发热值高和可循环性好而受到持续、广泛的关注。由于氢能体系是以氢的化学反应提供能量,因此,如何高效、便捷地获取氢成为推动氢能发展的关键环节;同时,氢能的利用仍然受制于氢的制备、存储和运输等方面,尤其是氢能的存储更成为氢能实际应用的瓶颈之一。

国家发展改革委在《能源技术革命创新行动计划(2016—2030年)》中提出:"在大规模制氢、分布式制氢、氢的储运材料与技术,以及加氢站等方面开展研发与攻关作为战略方向,突破制氢关键技术,设计开发高活性、高稳定性和低成本的加氢/脱氢催化剂。"在分布式制氢体系中,储氢介质分解制氢以其优良的便捷性和可控性而成为最具应用前景的制氢技术。氨硼烷作为储氢介质,因其理论储氢容量高达19.6 wt.%而备受人们关注。然而,如何使其蕴含的大量氢得以释放是推动其实际应用的关键环节。固体氨硼烷的热分解反应过程复杂,需要较高温度(>350 ℃)才能完全分解,并且其水溶液在常温常压下具有较高的稳定性,相对稳定的化学性质使氨硼烷放氢应用范围受到极大限制。然而,向氨硼烷水溶液中加入金属催化剂后,在催化剂的作用下,氨硼烷与水在室温甚至低温下分解产生氢气,不需要额外提供能量;反应的速率一般较快,可以满足高速、纯净氢气流的使用要求。通过研究催化剂组成发现,贵金属催化剂具有较高的催化活性,例如在Pt催化剂作用下,氨硼烷的水解反应能够迅速进行。然而,贵金属催化剂因其昂贵的价格难以得到广泛应用,阻碍了氨硼烷作为储氢材料的实际应用。因此,为了降低氨硼烷水解放氢反应成本,提高其实际应用价值,改善过渡金属催化剂的催化活性成为人们的研究热点。

储氢材料由于具有吸/放氢特性,成为最具发展潜能的氢存储手段。2010年,美国能源部(DOE)在未来能源计划中提出：到2017年,氢能源系统的储氢量达到5.5 wt.%,以满足燃料电池等以氢气作为能源材料的能源系统。2013年的DOE金属氢化物卓越中心5年研究报告中指出：在目前研究的储氢材料体系中,镁基储氢材料由于其优良的可逆吸/放氢性能及较高的储氢容量,依然是目前储氢材料中最具应用前景的储氢材料。在镁基储氢材料储氢性能改善的研究中,降低镁基储氢材料氢化物的热力学稳定性并提高其可逆吸/放氢动力学性能一直是该领域研究的重点。虽然纯镁氢化物(MgH_2)在镁基储氢材料中具有最高的储氢容量(7.6 wt.%)和能量密度(9 MJ/kg Mg),但是较高的热力学稳定性及较差的吸/放氢动力学性能制约了其实际应用范围。研究人员分别采用将Mg与过渡金属元素制备得到镁基储氢合金、添加化合物添加剂以及物理限域等方法以改善MgH_2的吸/放氢性能。在众多镁基储氢合金中,Mg_2Ni合金以其相对优良的储氢动力学性能和较低的可逆吸/放氢温度而具有较广阔的应用前景。为了进一步提高Mg_2Ni合金的储氢性能,引入第三种元素使之成为三元多相储氢合金以及细化合金颗粒尺寸能够使Mg_2Ni合金的储氢性能得到明显改善。同时,具有催化活性的化合物添加剂(过渡金属化合物、轻质储氢材料、金属间化合物等)与Mg_2Ni合金通过球磨方式制备成复合材料后也能够有效提高其吸/放氢性能。

1.1 制氢材料

随着近年来新能源技术的不断发展,核能、太阳能、地热能、风能、生物能、海洋能和氢能等化石燃料以外的新型替代能源逐渐步入人们的日常生活,其中,氢能技术的发展最为引人注目,这是由于与传统化石能源和其他新型能源相比,氢能具有以下特点：

(1) 资源丰富：氢作为自然界中存在最普遍的元素,它在构成宇宙的物质中约占75%,并且其氧化放热后的产物为水,形成一个取之于水又用之于水的良性循环,保证氢能体系资源的取之不尽,用之不竭。

(2) 能量值高：氢的燃烧性能好,点燃快,其发热值仅次于核能,达到$(1.21 \sim 1.43) \times 10^5$ kJ·kg^{-1} H_2,分别是常用化石燃料中的汽油和焦炭发热值的3和4.5倍。

(3) 用途广泛：氢气的化学性质活泼,可直接应用于发动机燃料、燃料电池和化工原料,并且无须对现有技术装备做重大改造。

(4) 易储存:氢能能够以氢气的形式被储存起来,因此它可以作为沟通和连接其他如太阳能、风能等可再生能源之间的桥梁,将其他不可储存的可再生能源转变为可储存的氢能。

(5) 环境友好:氢本身不具有毒性,其在能量存储和释放过程中也不产生有毒有害物质,是目前最清洁的能源。

近年来,世界各国都制订了氢能发展规划和相应计划,并投入大量经费支持氢能开发和应用示范活动,开始了对氢能应用更加深入和广泛的研究。然而,随着移动能源的快速发展,氢能体系也面临着如何方便、快捷地将氢转化成能源的难题,其中的关键环节是氢在能源系统中的快速获取。虽然氢元素在地球上的分布广泛,但是主要以化合物的形式存在,导致其难以被直接利用,同时,由于氢的密度低,当作为移动能源时,常温常压下的氢难以被直接使用。因此,实现氢的密集存储和可控释放以达到其应用的便捷性和移动性,是推动氢能进一步发展的关键。

1.1.1　氢的制取

氢的获取途径比较广泛,这是由于在大多数物质中,都有氢原子的存在,而如何使这些化合物中的氢原子变为单质氢成为获取氢气的关键。自 1766 年,英国物理学家和化学家卡文迪许用金属与酸反应制得氢气以来,经过多年的发展,氢的制取技术获得了极大进步。目前被广泛应用的制氢方法有:电解水制氢、化石原料制氢、生物制氢、太阳能制氢和化合物分解制氢。

随着制氢方法的进步,氢气作为储能物质的应用得到快速发展。由于近年来移动能源需求的持续增长,如何快速、便捷地获取氢气以供应移动工具的能源需求成为研究热点,这导致对于化合物分解制氢体系的研究,尤其是储氢材料放氢性能的研究成为关键,其中主要包含如何提高储氢材料的放氢容量、放氢温度及放氢速率。美国能源部(DOE)在未来能源计划中提出:为了满足燃料电池等以氢气作为能源材料的能源系统作为移动能源的使用要求,氢能源系统的储氢量需达到 5.5 wt.%。然而,目前满足该要求的储氢材料的热分解温度均高于 520 K。这限制了其作为移动氢源的实际应用,为此,研究人员展开大量工作,探索降低高容量储氢材料释氢热力学和动力学的方法。在研究中发现,储氢材料除热分解放氢的方式外,还可以通过与水或醇发生反应进而实现在温

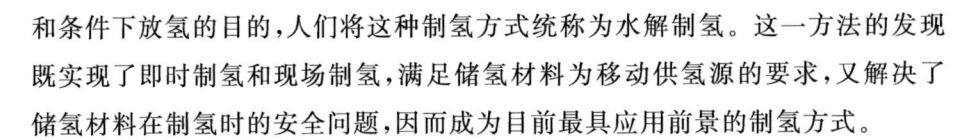

和条件下放氢的目的,人们将这种制氢方式统称为水解制氢。这一方法的发现既实现了即时制氢和现场制氢,满足储氢材料为移动供氢源的要求,又解决了储氢材料在制氢时的安全问题,因而成为目前最具应用前景的制氢方式。

1.1.2 水解制氢材料

由于水解制氢材料种类繁多,反应机制各有不同,因此针对于水解制氢材料的元素组成,研究人员根据其化学性质将其分为金属、离子型氢化物、配位氢化物和氨硼烷及金属氨硼烷,其特点如下:

金属:主要包括碱金属、碱土金属和金属铝等。此类材料因其自身具有较低的电负性,能够直接与水分子反应产生氢气。但是由于这些单质金属化学性质活泼,存储条件苛刻,容易在金属表面生成致密的氧化膜从而阻碍其水解放氢反应。

离子型氢化物:主要包括碱金属及碱土金属氢化物,如 LiH、NaH、MgH_2 和 CaH_2 等。该类型水解制氢材料与其对应的金属单质相比,具有更高的反应活性并且在水解放氢过程中能够释放出更多氢气。由于离子型氢化物中氢原子呈 -1 价,因此其水解反应活性受溶液 pH 影响显著。

配位氢化物:主要包括 $LiBH_4$、$NaBH_4$、$LiNH_2$、$NaAlH_4$ 和 $LiAlH_4$ 等。该类化合物与离子型氢化物相比具有较高的储氢容量,在水解放氢反应时能够释放出大量氢气,并且由于其化学性质活泼,因此水解反应放氢速率极快并产生大量反应热。上述特性使此类储氢物质在水解反应时容易产生燃烧爆炸现象,存在一定的安全隐患。

氨硼烷及金属氨硼烷:氨硼烷作为一种固态储氢材料,因其具有极高的理论储氢量(19.6 wt.%)以及相对良好的放氢动力学及热力学特性而受到广泛关注。金属氨硼烷作为氨硼烷衍生物,其储氢性能与氨硼烷相比得到显著改善。在室温水溶液中,氨硼烷及其衍生物能够稳定存在,当向溶液中加入相应催化剂时,氨硼烷开始进行水解放氢反应,其水解放氢容量与热分解放氢容量相当。这一特性使得氨硼烷作为水解制氢材料具有广泛的应用前景。

1.2 $NH_3 \cdot BH_3$ 制氢性能

氨硼烷($NH_3 \cdot BH_3$,简称 AB)是一种独特的分子络合物,其理论储氢容量高达 19.6 wt.%,由 Shore 等人于 20 世纪 50 年代首次合成。反应式如下:

$$LiBH_4 + NH_4Cl \longrightarrow NH_3BH_3 + LiCl + H_2 \qquad (1-1)$$

反应(1-1)是利用铵盐与金属硼氢化物进行反应生成 $NH_3 \cdot BH_3$，但该反应报道产率仅为45%。为了提高其纯度及产率，研究人员通过改变反应物及对生成产物进行萃取提纯的方法获得纯度较高的 $NH_3 \cdot BH_3$，其中以 $NaBH_4$ 与 $(NH_4)_2SO_4$ 反应获得的 $NH_3 \cdot BH_3$ 纯度及产率最高，反应式如(1-2)所示：

$$2NaBH_4 + (NH_4)_2SO_4 \longrightarrow 2NH_3BH_3 + Na_2SO_4 + 2H_2 \qquad (1-2)$$

图 1-1 为 $NH_3 \cdot BH_3$ 分子结构的球棍示意图，图中与 N 原子相连的 H 原子作为电子给予体显现出正电性；与 B 原子相连的 H 原子作为电子的接受体显现出负电性。富电子态的 NH_3 与缺电子态的 BH_3 的结合形成了偶极子动量为 5.1D 的分子。在双氢键中，正电性氢(H)和负电性氢(H)之间存在的静电吸引作用被称作双氢键，以"$N-H\cdots H-B$"表示。它在常温常压下为白色固体，熔点为 104 ℃，较稳定，不易燃不易爆，固体 $NH_3 \cdot BH_3$ 加热至 90 ℃ 左右开始分解放出氢气，在水中具有高的溶解度(33.6 g)并且水溶液在常温常压下能够稳定存在。因此，$NH_3 \cdot BH_3$ 作为储氢材料，同时具备热解制氢和水解制氢的应用基础，使其成为最具应用潜力的制氢材料。

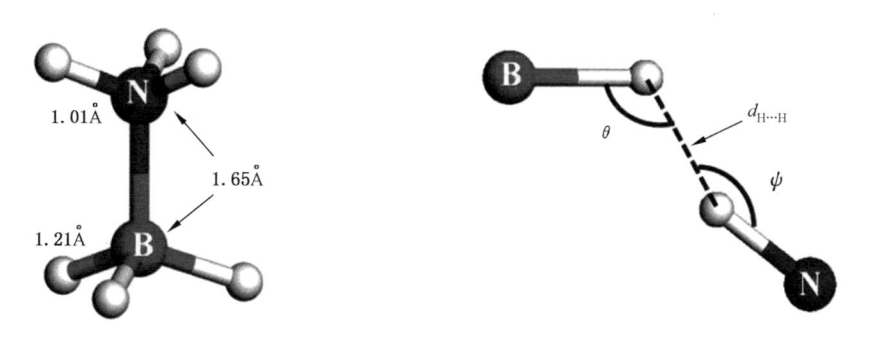

图 1-1 氨硼烷分子结构示意图

氨硼烷分子含有较强的极性，并且分子中存在着 B—H 与 N—H 之间的二氢键，这使其物理性质、能量结构和热分解过程上与一般储氢材料有着本质区别。例如，在热解制氢过程中，$NH_3 \cdot BH_3$ 脱氢生成氨基乙硼烷(H_2N-BH_2)的过程是一个放热反应，B—N 键由配位键转换成稳定性更高的共价键，而其他储氢材料的热分解放氢反应均为吸热反应。$NH_3 \cdot BH_3$ 的热分解过程通常按照以下三步反应进行：

$$H_3N-BH_3 \longrightarrow 1/n(H_2N-BH_2)_n + H_2 \qquad (1-3)$$

$$(H_2N-BH_2)_n \longrightarrow (HN-BH)_n + nH_2 \qquad (1-4)$$

$$(HN-BH)_n \longrightarrow nBN + nH_2 \qquad (1-5)$$

每步反应的放氢温度分别约为110 ℃、150 ℃和1 400 ℃。通常,研究人员将第一步热分解反应所残留的白色不挥发物质记作由 BHN_4 组成的polyaminoborane(PAB),该物质包括环状和交联结构。采用TGA和DSC对$NH_3 \cdot BH_3$热分解特性和产物进行研究后,Wendlandt等人认为中间产物转变为最终产物需通过三步放氢反应。Baumann等人报道了将AB在90 ℃真空环境下进行恒温分解,得到最终产物为PAB,并对该物质进行了系统研究。发现该物质初始失重温度为122 ℃,然而失重量随升温速率的增加而增加(1 ℃/min, 7.1 wt.%; 10 ℃/min, 20.3 wt.%)。对$NH_3 \cdot BH_3$进行热重分析发现,其在90~120 ℃区间失重量为7.6 wt.%,并且该数值不受升温速率的影响,与放出1个当量的氢气失重量相吻合。Autrey等人通过固体^{11}B和$^{11}B(^1H)$ MAS NMR对$NH_3 \cdot BH_3$在88 ℃下的分解反应进行原位研究,并提出了反应机理模型。其研究结果表明$NH_3 \cdot BH_3$的分解过程由诱导、成核和生长三步组成。在诱导阶段,部分$NH_3 \cdot BH_3$分子间的二氢键断裂,生成新的中间相,部分分子生成双分子结构并释放出1分子氢气;在后续的成核阶段中,$NH_3 \cdot BH_3$中间相PAB转变成DADB(diammoniate of diborane);DADB在生长阶段会与$NH_3 \cdot BH_3$分子继续作用分别形成二聚物、低聚物和高聚物或者发生自反应形成环状二聚物。

然而,研究表明$NH_3 \cdot BH_3$的热分解过程还有可能发生下列反应:

$$3H_3N-BH_3 \longrightarrow B_3N_3H_6 + 6H_2 \qquad (1-6)$$

$$3(H_2N-BH_2)_n \longrightarrow (B_3N_3H_6)_n + 3nH_2 \qquad (1-7)$$

其中反应产物$B_3N_3H_6$为有毒气体杂质硼吖嗪。综上所述,$NH_3 \cdot BH_3$的热分解过程存在反应动力学差、副反应复杂、产物BN难以回收利用等缺陷,因而$NH_3 \cdot BH_3$热分解研究重点主要集中在克服其缓慢的放氢速率、降低杂质气体的产生和氢化物高效、廉价、再生等方向。近年来,研究人员对改善$NH_3 \cdot BH_3$热分解放氢性能进行了大量研究,采用多种方法对其进行了改性处理,一般可分为以下几类。

1. 金属基催化剂

金属基催化剂是指以金属单质或合金为主体,通过搭载不同载体,实现改

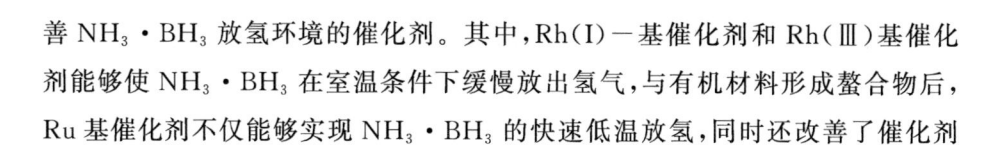

善 $NH_3·BH_3$ 放氢环境的催化剂。其中,Rh(I)-基催化剂和 Rh(Ⅲ)基催化剂能够使 $NH_3·BH_3$ 在室温条件下缓慢放出氢气,与有机材料形成螯合物后,Ru 基催化剂不仅能够实现 $NH_3·BH_3$ 的快速低温放氢,同时还改善了催化剂由于自身活性导致的在空气中易氧化的特性。

2. 离子液体

离子液体是指能够促进 $NH_3·BH_3$ 转变为 DADB 状态的一类有机液体,包括 bmimCl、bmimBF4、bmmimCl 和 bmimOTF 等。在这些离子液体中,$NH_3·BH_3$ 的初始释氢温度降低至 85 ℃,并且在 95 ℃,3 h 内能够放出 1.5 个当量的氢气。这是由于 $NH_3·BH_3$ 转变为 DADB 后,其释氢热力学和动力学性能均得到改善。

3. 框架材料负载

通过将 AB 嵌入具有微孔或介孔结构的框架材料中后,利用 $NH_3·BH_3$ 所处环境结构的改变,能够显著改善其放氢性能。在 SBA-15/$NH_3·BH_3$ 体系中,复合体系在 50 ℃时的半反应时间为 85 min,而纯 $NH_3·BH_3$ 在此温度下不能进行放氢反应。采用金属框架结构时,不仅能够使 $NH_3·BH_3$ 在 85 ℃下 10 min 内释放出 8 wt.%的氢气,同时能够完全避免杂质气体的产生。

4. 金属替代

金属氨硼烷化合物因其具有无毒、在空气中稳定、易于存放并且在适当的条件下能释放大量的氢气的特性被认为是一类新的颇具发展潜力的储氢材料。这类材料的放氢反应过程一般为热中性的或者是吸热反应。当金属氢化物(MH_x)与 $NH_3·BH_3$ 形成金属氨硼烷后($M(NH_2BN_3)_x$),能够在低于 95 ℃ 的温度下 2 h 内释放出约 8 wt.%的氢气,使 $NH_3·BH_3$ 作为热解储氢材料的应用潜力得到显著提升。

由于 $NH_3·BH_3$ 在水溶液中能够稳定存在,并且其溶解度能够达到 336 g/L,因此 $NH_3·BH_3$ 的水解反应成为释放其存储氢的可行方式。研究人员通过大量探索发现,在加入适当的催化剂后,$NH_3·BH_3$ 能够在室温下迅速地释放 3 个当量的氢气,相当于氢气的产量为起始原料 $NH_3·BH_3$ 和 H_2O 的 8.9 wt.%,放氢反应方程式如下:

$$NH_3BH_3 + 2H_2O \xrightarrow{\text{催化剂}} NH_4BO_2 + 3H_2 \uparrow \qquad (1-8)$$

除水解制氢以外，$NH_3·BH_3$还能在醇溶液中进行醇解放氢反应，并且在室温及0 ℃以下均能进行反应，醇解反应方程式如下：

$$NH_3BH_3 + 4CH_3OH \xrightarrow{催化剂} NH_4B(OCH_3)_4 + 3H_2 \uparrow \qquad (1\text{-}9)$$

在催化剂存在下，$NH_3·BH_3$的醇解反应能够实现速率可控并且副产物可回收利用，然而醇的使用增加了反应成本，限制了其实际应用范围。由于$NH_3·BH_3$醇解反应与水解反应机理相似，因此研究人员将这两种反应统称为$NH_3·BH_3$的水解反应。

1.3　$NH_3·BH_3$水解制氢机制

氨硼烷水解反应是在催化剂（过渡金属或固体酸）存在的条件下，一分子$NH_3·BH_3$中与B连接的三个H和两分子H_2O中的三个H结合形成三分子H_2并放出。当在没有催化剂的条件下时，$NH_3·BH_3$可以在水溶液中稳定存在而不发生放氢反应，加入催化剂则会促进反应迅速进行。$NH_3·BH_3$水解反应本质上是一个氧化-还原反应，在催化剂的作用下，吸附在催化剂表面的氨硼烷分子发生B—N键断裂，生成$M-BH_3^-$带负电荷的活性中间体，吸附在催化剂M表面的BH_3^-失去电子发生氧化反应生成H_2和副产物，而失去的电子则通过催化剂或载体供给在催化剂表面的水分子，并发生还原反应生成另一半H_2。催化剂的作用是与$NH_3·BH_3$中的B键合，从而使B—H键活化，B—H键在H_2O分子上O的电子进攻下更容易断键。由于催化剂的这种作用，使得H_2O分子参与进攻变得容易，且反应条件温和，可在室温下进行。

Xu和Chandra也研究了催化剂催化氨硼烷水解放氢的反应机理，图1-2是其文献中所涉及的反应机理的示意图。首先，反应时氨硼烷与催化剂表面相互作用，形成类似复合物的中间体。这种由氨硼烷和催化剂共同组成的中间体在水分子中氧的进攻下释放出氢气。这表明了放氢反应的关键步骤是水分子进攻过渡态的M—H键，因此，要想提高氨硼烷水解放氢的反应速率就要加快过渡态M—H键的形成速度，而M—H键的形成直接受金属催化剂（M）性质的影响。由于催化剂参与水解反应，反应物在催化剂表面上的化学吸附强度影响催化剂的活性。吸附强度太弱固然不利，而吸附太强，催化活性反而降低，过渡态M—H不能及时离开催化剂表面，使它进一步失去反应的能力。因此良好的催化剂应该具有适中的化学吸附能力。所以，在反应中催化剂的性质是控制反

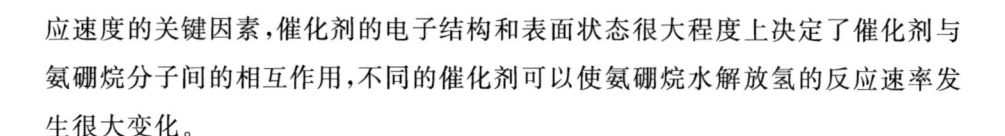

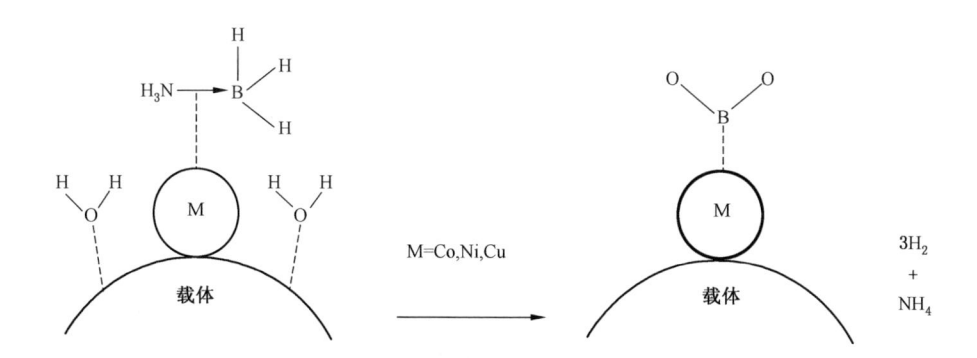

应速度的关键因素,催化剂的电子结构和表面状态很大程度上决定了催化剂与氨硼烷分子间的相互作用,不同的催化剂可以使氨硼烷水解放氢的反应速率发生很大变化。

图 1-2　负载型催化剂催化 $NH_3·BH_3$ 水解反应过程示意图

由 $NH_3·BH_3$ 水解制氢的两种反应机理可以看出,$NH_3·BH_3$ 与催化剂之间恰当的相互作用是促进 $NH_3·BH_3$ 水解放氢反应进程的关键环节。$NH_3·BH_3$ 水解的可催化性能首次发现于 2003 年,Jaska 等人发现 Rh 化合物能够催化 $NH_3·BH_3$ 脱氢,随后第一周期过渡金属 Ti 也被发现对 $NH_3·BH_3$ 水解放氢具有催化作用。在近十几年的研究中,科研人员开发出大量具有优良催化性能的 $NH_3·BH_3$ 水解制氢催化剂,极大地提高了 $NH_3·BH_3$ 水解制氢的实际应用价值。Chandra 等人报道了单质贵金属元素在众多催化剂材料中表现出较高的催化活性,其中 Pt 的催化效果最为明显。然而在实际应用中,Pt 等贵金属的使用极大地增加了 $NH_3·BH_3$ 水解制氢成本,因此如何使催化剂廉价化成为提高 $NH_3·BH_3$ 水解制氢应用潜力的重点。对于降低催化剂成本,研究人员首先想到的是通过元素替代来部分取代贵金属元素,发现在获得廉价催化剂的同时,其催化效率也受到一定的降低影响,因此为了提高催化剂的催化效率,人们从以下几方面对催化剂进行了进一步改进:

(1) 调节催化剂中金属元素种类:采用两种或两种以上金属元素制备合金催化剂,利用不同金属元素间的电负性差异形成电子施-受体系,从而加强 $NH_3·BH_3$ 与催化剂间的相互作用。

(2) 催化剂纳米化:通过调控催化剂颗粒尺寸,使其颗粒尺寸保持在纳米级,能够显著提高催化剂的催化效率。

（3）催化剂结晶度：通过控制催化剂合成温度和时间等参数，调控合金催化剂中金属原子晶体结构，实现一定程度的非晶化，起到增加催化剂活性位点，提高 $NH_3·BH_3$ 水解效率的作用。

（4）催化剂载体：$NH_3·BH_3$ 水解催化剂载体的研究是近年来的热点领域，这是由于多数催化剂载体能够与其负载的合金催化剂间形成电子施-受体系，进一步增强催化剂的催化效率，同时，负载型催化剂在循环使用寿命上也表现出优异的性能。

在 $NH_3·BH_3$ 水解制氢的研究中，金属催化剂因其便捷的制备工艺、优良的催化性能和可回收性成为最具应用价值的催化剂。金属催化剂是指催化剂的活性组分是纯金属或者合金。其中纯金属催化剂是指催化活性物质的成分是由一种金属原子组成；合金催化剂则是指活性组分由两种或两种以上金属原子组成的催化剂。金属催化剂可以单独使用，也可负载在载体上，具有较多的使用途径，而随着使用方式的不同，金属催化剂也表现出差异的催化性能。

在化学反应中，金属催化剂的主要作用是化学吸附和分子解离。目前常被用作金属催化剂的元素主要为过渡金属（ⅠB、ⅥB、ⅦB 和 Ⅷ族元素）。这些金属元素的外层电子排布的共同特点是最外层有 1~2 个 s 电子，次外层有 1~10 个 d 电子（Pd 最外层无 s 电子）。除 Pd 元素外，其余元素的最外层或次外层均未被电子填满，即能级中含有未成对的电子，导致这些元素在物理性质中表现出具有强的顺磁性或铁磁性；在化学吸附过程中，这些未成对电子可与被吸附物中的 s 电子或 p 电子配对，发生化学吸附，生成表面中间物种，使被吸附分子活化。对于 d 轨道填满的元素，在化学反应中，d 轨道电子能够跃迁至 s 轨道，造成 d 轨道出现未配对电子，从而发生化学吸附。在此基础上，过渡金属催化剂可将被吸附的分子解离为小分子甚至原子，为后续反应提供反应中间物。

过渡金属作为固体催化剂，影响其吸附-解离性能的主要因素是金属的微观形貌和晶体结构特性，这是由于金属晶体表面裸露着的原子可为其吸附化学分子提供大量吸附中心，被吸附的分子可以同时和表面多个金属原子形成吸附键，如果包括第 2 层原子参与吸附的可能性，那么金属催化剂可提供的吸附成键格局则大量增加。而金属催化剂表面吸附中心的分布则受催化剂制备方法、催化剂组成和微观结构修饰的影响而表现出不同的特性。

催化剂载体不仅能够起到结构支撑和优化催化剂电子结构的作用，一些具有特殊官能团的载体还能够改变 $NH_3·BH_3$ 水解反应环境,进一步提升催化剂的催化效率。因此,采用恰当的催化剂载体能够极大拓展 $NH_3·BH_3$ 水解制氢催化剂的设计使用领域,使非贵金属催化剂表现出接近贵金属催化剂的催化活性,从而使 $NH_3·BH_3$ 水解制氢的实际应用潜力得到进一步提升。

1.4 储氢材料

1.4.1 储氢材料简介

储氢材料是指在一定温度和氢气压力下能够存储和释放氢气的一种功能材料。图1-3给出了一些常见储氢材料的基本数据。与液态氢和固态氢相比,储氢材料中存储的氢密度较大,并且其存储条件相对较温和,因而引起了广泛关注。储氢材料一般可以分为金属氢化物储氢材料、碳质储氢材料、配位氢化物储氢材料和有机液体储氢材料等,其储氢特点总结如下:

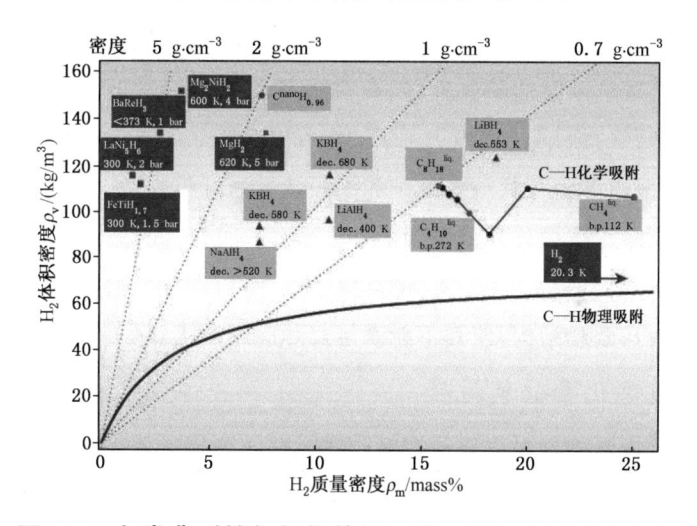

图1-3 各类典型储氢材料的储氢的质量密度和体积密度

1. 金属氢化物储氢材料

金属氢化物储氢材料分为单质金属氢化物和合金型金属氢化物,是目前应用最为广泛的储氢材料。自1969年荷兰PhliPs实验室发现 $LaNi_5$ 合金具有良好的可逆吸/放氢性能以来,人们针对金属氢化物储氢材料的微观结构和吸/放氢特性展开了广泛的研究。在各系金属氢化物储氢材料中,合金型金属氢化物-储氢合金是当前的研究热点。储氢合金通常由易生成稳定氢化物并放出热量的发热型金属 A(如 Ti、Zr、Mg、V、Ca、La 和 Ce 等)与对氢亲和力较小且在形成氢化物过程中吸收热量的吸热型金属 B(如 Fe、Co、Ni、Cu、Mn 等)组成。由于储氢合金的元素组成、化学计量比等存在较大差异,使其储氢性能表现出明显的特征。这些 AB_x 型储氢合金,当 x 由大变小时,贮氢容量随之呈现不断增大的趋势,然而其吸/放氢速率却随之降低、可逆氢化反应温度升高。这类储氢合金的贮氢容量一般在 3 wt.% 以下,具有无污染、安全可靠的特性。

2. 碳质储氢材料

自 1997 年由美国学者 Dillon 发现碳纳米管具备储氢特性以来,碳质储氢材料因其具有较高的储氢容量而备受关注,Ftzeoka 等通过理论计算发现间距为 100 nm 的碳纤维在 300 K、6 MPa 时的储氢量为 75 wt.%。在实际应用研究中,Dillon 等指出单壁碳纳米管的储氢容量为 5 wt.%~10 wt.%。通过纯化处理后,单壁碳纳米管晶体在 80 K 和 12 MPa 条件下表现出大于 8 wt.% 的储氢容量,当测试温度提升至室温时,碳纳米管在 10 MPa 时的储氢容量超过 4 wt.%。

为了拓展碳纳米管的储氢性能,研究者通过通过碱处理、酸刻蚀、掺杂 Pd 来增加碳纳米管的缺陷位点以及采用表面涂覆来提高储氢量和储氢速率等。Chambers 等报道了鱼骨状纳米纤维和平板状纳米纤维在 298 K、135 MPa 氢压条件下的理论储氢质量分数分别为 67.55 wt.% 和 53.68 wt.%。虽然碳基储氢材料的储氢容量很高,但是吸/放氢温度低,室温的储氢容量很难满足要求,并且很难控制其微观结构,使其不能满足实际应用需求。

3. 配位氢化物储氢材料

配位氢化物储氢材料主要是指碱金属或碱土金属元素与第三、五主族元素及氢形成的配位氢化物,主要包含硼配位化合物、铝配位化合物和氮配位化合物,通式为 $A(MH_m)_n$。其中,A 一般为碱金属或碱土金属(Li、Na、K、Mg、Ca 等),M 为第三主族的 B 或 Al、第五主族的 N。从成键特性看,化合物由轻金属阳离子 A^{n+} 与氢配位的阴离子 $(MH_m)^{n-}$ 组成,其中阴离子与阳离子间形成离子键,而 M 与氢之间为共价键。

由于配位氢化物中氢与金属间为共价键,使其放氢温度较高,且很难可逆吸氢。直到 1997 年,Bogdanovic 等研究发现,在 $NaAlH_4$ 中掺杂少量过渡族金属 Ti 化合物后,其在温和条件下的储氢量为 4.2 wt.%,同时具有良好的可逆性和循环稳定性。2002年,Chen等首先报道了Li_3N的可逆吸/放氢性能,对其吸/放氢反应历程、热力学性能和动力学机制等方面均进行了深入研究,并通过其他金属元素代替Li来获得储氢性能满足实际需求的新型材料,开启了氮配位氢化物研究的大门。在后续众多的氮配位氢化物的研究中,Li-Mg-N-H体系的储氢体系被认为是具备应用前景的体系。而硼配位氢化物体系存在储氢可逆性差、放氢温度高等缺点,严重限制了其应用,研究者通过添加氢化物、纳米限域和添加催化剂等方式使体系的放氢温度,特别是可逆吸氢温度显著降低。

4. 有机液体储氢材料

有机碳氢化合物储氢是借助不饱和固液态有机物与氢之间的可逆反应(即加氢反应和脱氢反应)实现的,加氢反应实现氢的储存,脱氢反应实现氢的释放。可用于储氢的碳氢化合物通常是一些具有不饱和键的有机物。比较而言,芳烃储氢性能优于烯烃和炔烃,其中尤以单环芳烃作为储氢载体性能最为理想。其典型代表是液态的苯/环己烷和甲苯/甲基环己烷体系以及固态的萘-萘烷体系,其中苯和甲苯的理论储氢量分别高达7.19 wt.%和6.18 wt.%。从20世纪80年代这种储氢技术的出现到现在已经取得了一些进展。其优点主要有储氢量大;储存、运输、维护保养安全方便,便于利用现有的储存和运输设备;可多次循环使用,寿命可达20年。但是其放氢相对比较困难,需要较好的催化剂。

1.4.2 储氢材料的电化学储氢原理

电化学储氢是通过使储氢材料与氢分子之间发生电化学反应来实现的,正向为充电时各电极上发生的反应,反向则是其逆反应。由工作原理图(见图1-4)可以看出:充电时,作为电池负极的储氢合金与氢原子结合形成氢化物;放电时,氢化物以分解的方式释氢。

正极反应:$x Ni(OH)_2 + x OH^- \rightleftharpoons x NiOOH + x H_2O + x e^-$

负极反应:$M + x H_2O + x e^- \rightleftharpoons MH_x + x OH^-$

总的电极反应为:$M + x Ni(OH)_2 \rightleftharpoons MH_x + x NiOOH$

式中:M——金属、合金或者金属间化合物;

MH_x——反应形成的氢化物。

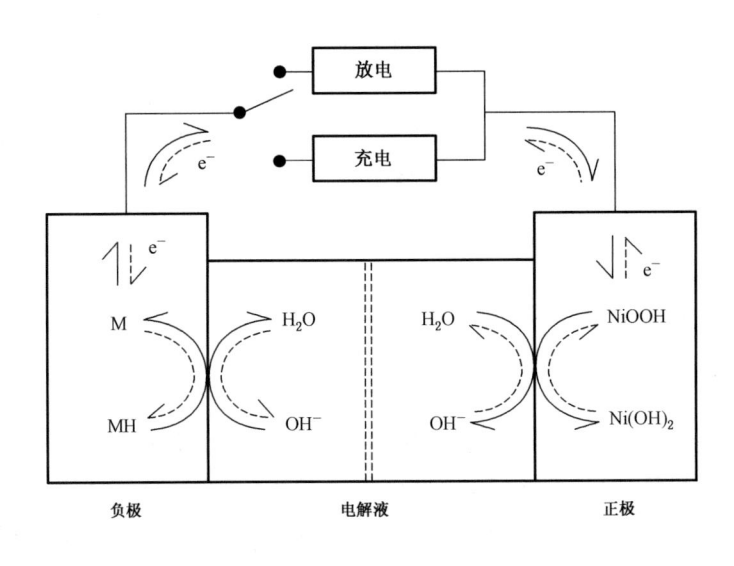

图 1-4 镍氢电池工作原理

电池充电时,借助于外电流向电池输送电能,电池正极与外电源的正极连接,电池的负极与外电源的负极连接,此时,电流从外电源的正极流入电池正极,经过电池,再从电池负极流出而流入外电源的负极,按电流的方向,与外电源正极连接的正极有电子流出,在电极上发生氧化反应;与电源负极连接的电极,有电子流入,在电极上发生还原反应,所以在电池充电时正极相当于阳极,电池的负极相当于阴极。电池放电时,电流的方向是从正极经外电路流向负极,电子流动的方向与电流方向相反,根据电流方向,在电子流出的电极上发生氧化反应,在有电子流入的电极上发生还原反应,即电池放电过程中,负极相当于阳极,正极相当于阴极。

1.4.3　储氢材料的气态储氢原理

一般来说,储氢合金的吸/放氢过程可以理解为 H 原子在合金中进/出的过程。图 1-5 给出了储氢合金吸/放氢过程的示意图,可以看出储氢合金的吸氢过程分为两个步骤,首先是 H_2 分子在合金表面解离成 H 原子,随后 H 原子扩散至合金晶胞内部与其形成氢化物。

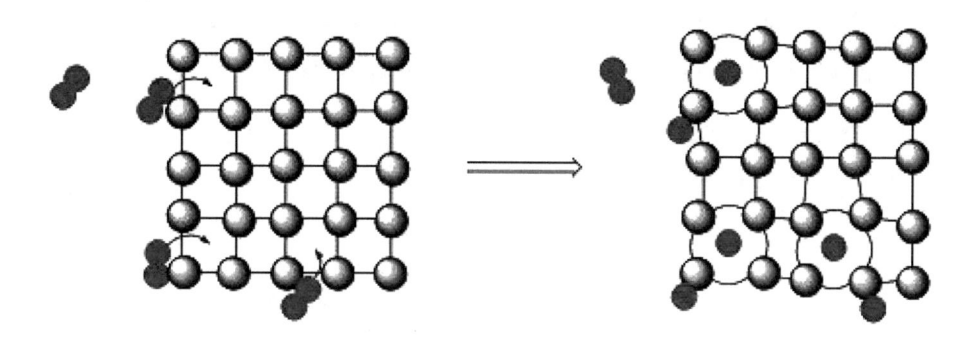

图 1-5　金属（合金）储氢材料吸氢示意图

储氢合金吸/放氢的化学反应方程式可以表示为

$$\frac{2}{y-x}\mathrm{MH}_x + \mathrm{H}_2 \rightleftharpoons \frac{2}{y-x}\mathrm{MH}_y + \Delta H^\theta \tag{1-10}$$

式中：x——固溶体中的氢平衡浓度；

y——合金氢化物中氢的浓度，一般 $y \geqslant x$；

M——储氢合金，MH_x 为金属氢化物；

ΔH^θ——生成焓（kJ/mol）。

储氢合金与 H_2 的反应是一个可逆反应，其吸氢过程通常是放热反应，反应焓 $\Delta H^\theta < 0$；而放氢过程是吸热反应，反应焓 $\Delta H^\theta > 0$。不论是吸氢反应还是放氢反应，都与系统温度、压力及合金成分有关。储氢合金的吸/放氢过程通常采用如图 1-6 所示的压力-组成-温度（PCT）曲线来描述。从图中可以看出储氢合金与气态氢可逆反应生成金属固溶体进而生成金属氢化物分为三个步骤进行：

(1) 氢气与合金接触后，首先以固溶体的形式被合金吸收，合金晶体结构保持不变，此时的合金相定义为 α 相，即含有固溶氢的合金相。随着氢压的增加，氢溶于金属的数量使其组成达到 A。点 A 对应氢在金属中的极限溶解度。

(2) 当气相氢气压力超过 A 点对应压力时，氢被合金晶胞吸收，此时的合金相定义为 β 相，即金属氢化物相。由于在这个过程中，α 相不断转变为 β 相，同时气相 H 又转变为 α 相中的固溶氢，该过程的进行使合金中 β 相的含量不断增加，而氢的固溶度维持不变。从图 1-6 中可以看出合金的环境氢压保持不变，而合金的吸氢量增长。这段曲线成平直状，故称为平台区（坪区或平高线区），相应的恒定平衡压力称为平台压。

(3) 当合金晶胞的储氢能力达到图中 B 点极限时，即 β 相含量达到饱和。

如再提高氢压,合金氢化物中的氢仅有少量增加。这是由于合金吸氢变成氢化物后,晶胞体积变大,提供了更多的可供氢原子固溶的位置。当合金储氢容量不再随氢气压力的提高而增加时,氢化反应结束。P_1、P_2、P_3 分别代表 T_1、T_2、T_3 下的反应平衡压力。

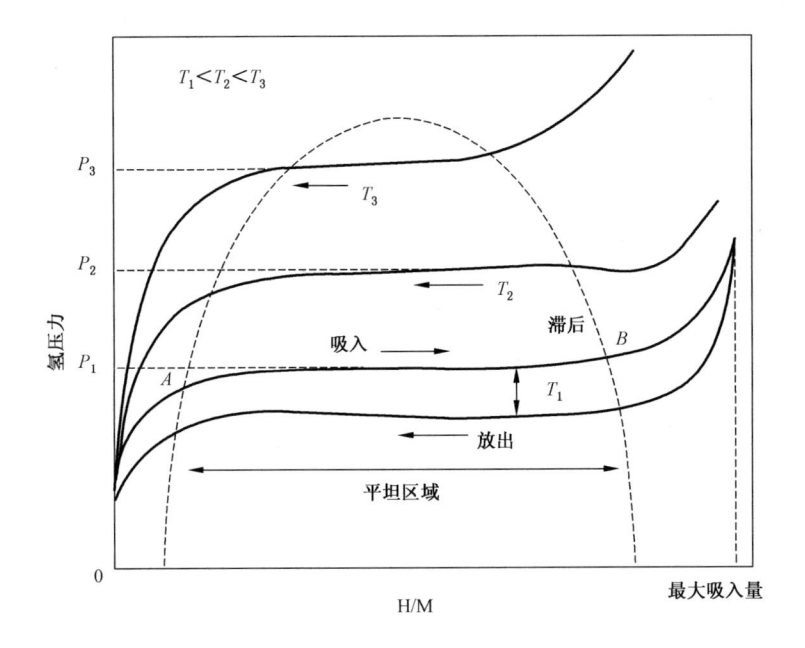

图 1-6 储氢合金的压力-组成-温度的示意图

根据化学平衡原理,对于反应式(1-10)有

$$\Delta G = -RT\ln K_p = \ln P_{H_2} \tag{1-11}$$

$$\ln P_{H_2} = \frac{\Delta H^\theta}{RT} - \frac{\Delta S^\theta}{R} \tag{1-12}$$

式中:P_{H_2}——当计算吸氢反应时,P_{H_2} 为氢平衡压力(MPa);当计算放氢反应时,P_{H_2} 为氢平衡压力的倒数;

ΔS^θ——熵变(J/K·mol);

ΔH^θ——氢化物的生成焓(kJ/mol)。

由于在常温($T=298$ K)下,几乎所有金属的 ΔS^θ 值近似为 125 J/K·mol,因此,式(1-12)中的氢的平衡压力取决于 ΔH^θ 的大小,实际应用的氢化物平衡压力都在 0.01~1 MPa 之间,所以选择氢化物的 ΔH^θ 范围在 29~46 kJ/mol。对应用于氢气储运的储氢材料来说,由于大气环境压力为 1 atm,氢化物平台压力必须高于 1 atm,否则在环境温度下氢难以释放,因此,一般应用时氢化物的平衡压力应在 1~10 atm 之间。

根据相率:
$$f = C - P + 2 \tag{1-13}$$

式中:f——金属与氢系统的自由度;

C——独立组分数;

P——相数。

在金属储氢系统中,独立组分为金属及氢,即 $C=2$,所以 $f=4-P$。在 α 固溶体区域,存在 α 相和气相 $P=2$,所以 $f=2$;同样在 β 固溶体区域,存在 β 相和气相,同样 $P=2$,所以 $f=2$,因而即使温度保持一定,在两个固溶体区域,压力也可以变化。而在 α→β 相区域,由于存在 α 相、β 相及气相,$P=3$,所以 $f=1$。因此,在温度一定时,平台区域的压力应是恒定的。实际应用中,各种合金的压力平台会出现不同程度的倾斜,其中导致平台倾斜的原因很多,如氢溶于多元合金产生的应力及试样成分不均匀等。

1.5 Mg-Ni 系储氢合金

自 1964 年 Mg_2Ni 合金被合成以来,其较高的储氢容量(3.67 wt.%)、相对于纯 Mg 及其他镁合金的较温和的可逆吸/放氢温度和较好的储氢动力学性能使其被认为是最具应用前景的储氢合金。直到现在,大量的镁基储氢材料研究仍然集中在以 Mg_2Ni 合金为基体的储氢材料上。图 1-7 为 Mg-Ni 二元相图,可以看到 Mg 和 Ni 存在两种稳定的化合物形态,即 Mg_2Ni 和 $MgNi_2$。$MgNi_2$ 具有 Laves 相结构,在 −196~300 ℃、5.4 MPa 下都不吸氢,不适合作为储氢材料。而 Mg_2Ni 合金的结构为六方晶格,空间群为 P6222,晶格常数为 $a=0.519$ nm,$c=1.322$ nm,其与氢气的可逆反应式如下:

$$Mg_2Ni + H_2 \rightleftharpoons Mg_2NiH_4 \tag{1-14}$$

该反应中,Mg_2Ni 氢化产生的晶格膨胀率为 27.8%(320 ℃),平衡分解压为 1atm 时的温度 $T_0 = 254$ ℃,ΔH^θ 为 64.5 kJ/mol、ΔS^θ 为 123.1 J/K·mol。

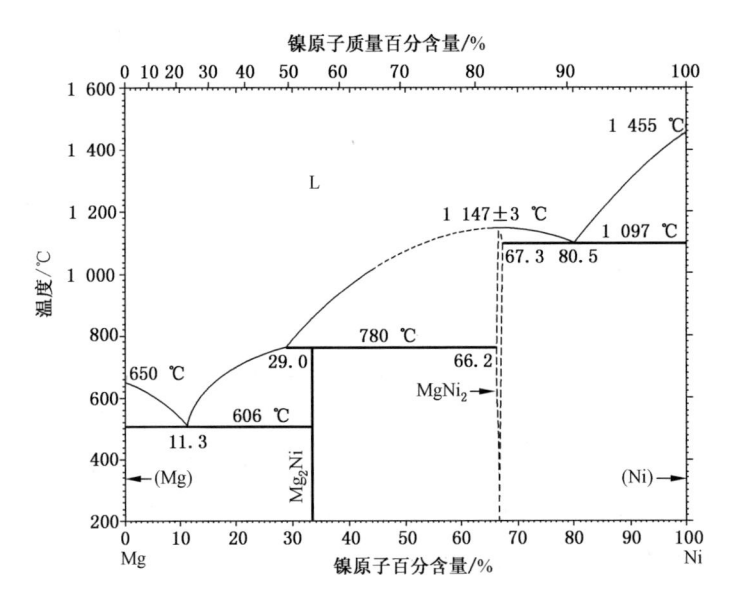

图1-7 Mg-Ni体系的相图

Mg_2Ni合金吸氢主要经过以下几个过程：(1)合金表面对氢分子的物理吸附。(2)氢分子的分解和化学吸附，氢分子在合金的表面经催化分解成活性氢原子，该活性原子被储氢合金表面吸附和吸收，该过程的速度取决于储氢合金表面氢的催化活性。(3)氢原子的表层渗透扩散。(4)氢原子以空位或间隙机制在氢化物层的扩散。过程(3)、(4)的速度取决于氢在合金和表面氢化物中的扩散系数、储氢合金的颗粒尺寸和合金颗粒表面氧化膜的厚度及致密性等。(5)氢原子进入Mg_2Ni晶胞内部，生成Mg_2NiH_4。其放氢过程与吸氢反应历程相反。不难看出，Mg_2Ni合金的吸/放氢反应机理符合储氢合金的吸/放氢历程。

马树元等人采用第一性原理方法计算了Mg_2Ni及其氢化物的电子结构，发现在Mg_2NiH_4中，Ni—H之间的电荷布居数相对于Mg—H的布居数大，从等电荷密度也可以看出Ni—H之间的电子云有较大的重叠，而Mg—Ni、Mg—H间电子云的重叠较小。故Ni—H之间的相互作用大于Mg—Ni及Mg—H之间的相互作用。从几何结构上看，Ni—H的键长小于Mg—Ni及Mg—H的键长，可以把Ni与周围4个H看成1个NiH_4单元。由于Mg—H之间的相互作用较弱，Mg与NiH_4单元之间的作用仍然较弱。因此，结合Mg_2NiH_4的电子云特性，其晶体结构如图1-8所示。

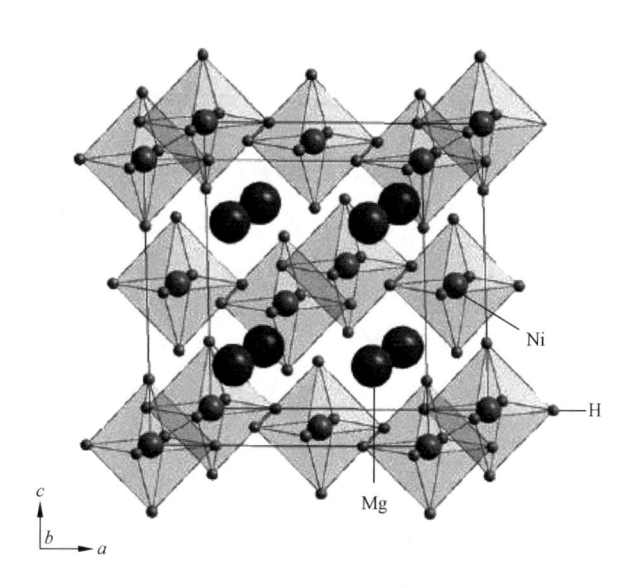

图 1-8 Mg_2Ni 合金晶体结构示意图

在对 Mg_2Ni 合金储氢性能的众多研究中，Dehouhce 等人详细研究了 Mg_2Ni 合金作为储氢材料在长期吸/放氢过程中晶体结构和储氢性能的变化。当样品吸/放氢循环周数达到 2 700 次之后，得出了以下几个重要的结论：(1)Mg_2Ni 合金吸/放氢容量基本没有变化。(2)合金粉化较为严重，粉化导致吸/放氢速度变慢。这是因为样品粉化之后传质及传热性能受到限制，影响了吸/放氢的动力学性能。(3)Mg_2Ni 合金长期地吸/放氢之后，Mg_2Ni 合金发生一定量的分解，产生单质镁。Mg_2Ni 在长期吸/放氢过程中分解出单质镁的现象也被 Song 等人的研究所证实。

总结众多研究报道可知，储氢合金的吸氢速率曲线，即储氢合金吸氢量完成率与时间的函数关系，主要表现为如图 1-9 所示的曲线 1 和 2 的两种线形。一种为单调增加的曲线 1 的类型，另一种为"S"形的曲线 2 的类型。其中，曲线 1 表明合金吸氢反应的控制步骤为 H 在合金表面的吸附或合金晶胞内部 H 的扩散步骤；曲线 2 表明 H 在储氢合金中的吸附可以认为受形核-长大机制控制。

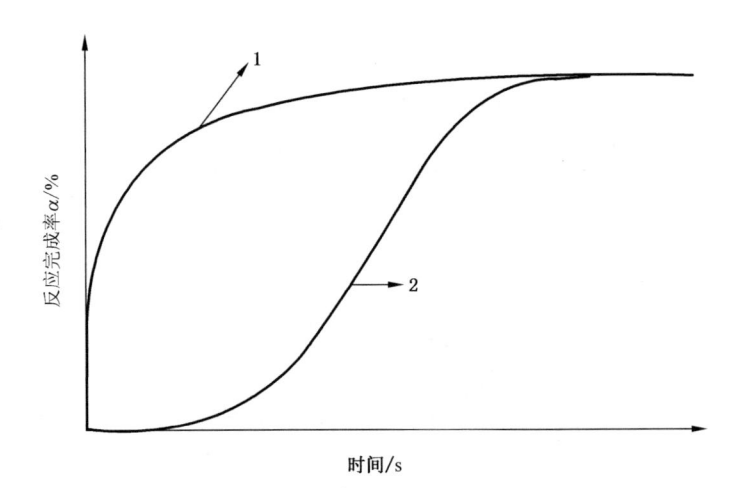

图 1-9　储氢合金吸氢速率示意图

有关 Mg_2Ni 合金储氢动力学性能的研究方式主要为合金在一定温度和压力下吸氢量大小、合金在相平衡区的反应速率大小、合金吸氢时的控速步骤以及合金吸氢时的反应动力学方程。Chou 提出一种名为 Chou 的模型来描述镁基储氢合金吸/放氢动力学的方程,该模型引进了特征时间 t_c 这一参数,该参数可以定量地比较储氢材料吸氢时的动力学特征,实验证明 $La_{0.5}Ni_{1.5}Mg_{17}$ 和 $LaNiMg_{17}$ 合金的吸/放氢速率行为可以很好地符合 Chou 模型。Li 使用 Jander 方程拟合了以 Mg_2Ni 合金为储氢主体的 $Mg_{2-x}Ag_xNi(x=0.05,0.1)$ 合金的吸/放氢动力学过程,发现合金的吸/放氢过程较好地符合了该方程,表明 Mg_2Ni 合金的吸/放氢过程是三维扩散过程,加入 Ag 后 Mg_2Ni 合金的表观活化能降低,提高了合金的吸氢动力学性能。

为了研究储氢合金的动力学性能,通过将合金的吸/放氢曲线与不同放氢机制中速率方程进行比较,研究合金吸/放氢机制。一般来说,气固反应动力学速率方程可以表示为

$$\frac{d\alpha}{dt}=kf(\alpha) \tag{1-15}$$

式中:α——反应百分数;

k——速率常数;

$f(\alpha)$——决定反应机制的函数表达式。

式(1-16)为 $g(\alpha)$-$f(\alpha)$ 的积分形式,即

$$g(\alpha) = \int \frac{d\alpha}{f(\alpha)} = kt \tag{1-16}$$

基于储氢合金的吸/放氢动力学曲线所提供的数据,反应分数 α 由下式计算得到:

$$\alpha = \frac{P_o - P_e}{P_o - P_{eq}} \tag{1-17}$$

式中:P_o——反应初始压力(MPa);

P_e——反应 t 时刻系统的压力(MPa);

P_{eq}——合金吸氢饱和后系统的平衡压力(MPa)。

$f(\alpha)$ 或 $g(\alpha)$ 表达式对应的是 42 种气固反应动力学机制,见表 1-1。将合金的动力学曲线提供的数据与这些机制的表达式进行对比,最后确定该样品的吸氢反应机制,速率常数也随即可以确定。

表 1-1 动力学机制函数

动力学反应过程	$f(\alpha)$	$g(\alpha)$	反应级数 r
形核与生长	$(1/r)(1-\alpha)[-\ln(1-\alpha)]^{1-r}$	$[-\ln(1-\alpha)]^r$	1/4,1/3,2/5,1/2,2/3,3/4,1,3/2,2,3,4
幂次法则	$(1/r)\alpha^{1-r}$	α^r	1/4,1/3,1/2,1,3/2,2
指数变化	$(1/r)\alpha$	$\ln\alpha^r$	1,2
分支成核	$\alpha(1-\alpha)$	$\ln[\alpha/(1-\alpha)]$	
相界反应	$(1-\alpha)^r/(1-r)$	$1-(1-\alpha)^{1-r}$	1/2,2/3
化学反应	$(1/r)(1-\alpha)^r$	$1-(1-\alpha)^r$	1/2,2,3,4,1/4,1/3
化学反应	$(1/2)(1-\alpha)^3$	$(1-\alpha)^{-2}$	
化学反应	$(1-\alpha)^2$	$(1-\alpha)^{-1}-1$	
化学反应	$2(1-\alpha)^{3/2}$	$(1-\alpha)^{-1/2}$	
化学反应	$(1/2)(1-\alpha)^{-2/3}$	$(1-\alpha)^{-1}$	
一维扩散	$(1/2)\alpha^{-1}$	α^2	

续表

动力学反应过程	$f(\alpha)$	$g(\alpha)$	反应级数 r
二维扩散	$[-\ln(1-\alpha)]^{-1}$	$\alpha+(1-\alpha)\ln(1-\alpha)$	
二维扩散	$(1-\alpha)^{1/2}[1-(1-\alpha)^{1/2}]$	$[1-(1-\alpha)^{1/2}]^2$	
二维扩散	$4(1-\alpha)^{1/2}[1-(1-\alpha)^{1/2}]^{1/2}$	$[1-(1-\alpha)^{1/2}]^{1/2}$	
三维扩散	$(3/2)(1-\alpha)^{2/3}[1-(1-\alpha)^{1/3}]^{-1}$	$[1-(1-\alpha)^{1/3}]^2$	
三维扩散	$6(1-\alpha)^{2/3}[1-(1-\alpha)^{1/3}]^{1/2}$	$[1-(1-\alpha)^{1/3}]^{1/2}$	
三维扩散	$(3/2)[(1-\alpha)^{-1/3}-1]^{-1}$	$1-2\alpha/3-(1-\alpha)^{2/3}$	
三维扩散	$(3/2)(1+\alpha)^{2/3}[(1+\alpha)^{1/3}-1]^{-1}$	$[(1+\alpha)^{1/3}-1]^2$	
三维扩散	$(3/2)(1-\alpha)^{4/3}[(1-\alpha)^{-1/3}-1]^{-1}$	$[(1-\alpha)^{-1/3}-1]^2$	
三维扩散		$(1+\alpha)^{2/3}+(1-\alpha)^{2/3}$	

1.6 RE-Mg 系储氢合金

Mg 基储氢材料除了纯镁及 Mg-Ni 系之外还包括 RE-Mg 系储氢合金，其理论气态储氢量达 3.5 wt.%～6 wt.%，理论电化学放电容量达 1 000 mAh/g。然而，其较高释氢温度、较差吸/放氢动力学性能及电化学循环稳定性成为科研工作者极力攻克的关键科学问题。到目前为止，国内外科研工作者已经做了大量的研究，在结构和性能方面都取得了一定的进展。

稀土镁系储氢合金就具备 Ni-MH 电池对储氢容量方面的需求，因而是现在储氢合金的研究热点，如：$REMg_{12}$（RE＝La，Ce，Mm），RE_2Mg_{17}（RE＝La，Ce）等，而且我国稀土资源丰富，为大力发展稀土镁系储氢合金材料研究提供了方便。

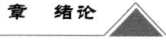

REMg$_{12}$ 的储氢容量大，LaMg$_{12}$ 的储氢容量可达 4.6 wt.%，而 CeMg$_{12}$ 的储氢容量甚至可达 6 wt.%。在 Stioui 等人的研究中发现，单质镁的储氢速度还比不上 LaMg$_{12}$，因此 LaMg$_{12}$ 比单质镁的吸氢动力学要快得多。RE$_2$Mg$_{17}$ 中仅 La$_2$Mg$_{17}$ 存在，Ce$_2$Mg$_{17}$ 实际上是由 CeMg$_{10.3}$ 组成。La$_2$Mg$_{17}$ 的氢化过程与 LaMg$_{12}$ 相似，其在一定条件下，单位时间内可以吸氢 4.7 w.t%。RE-Mg 系储氢合金吸/放氢过程中需要的温度和压力都比较苛刻，所以严重阻碍了 RE-Mg 系储氢合金的实际应用。

La$_2$Mg$_{17}$ 和 LaMg$_{12}$ 分别具有六方结构和正交结构，它们可以在一定温度下与氢反应，进行不可逆的相分解。人们一开始对其氢的吸收和分解途径存在争议：一种观点认为，这些化合物首先与氢反应生成 RE-Mg-H 氢化物，然后 RE-Mg-H 氢化物再分解成 LaH$_3$ 与 MgH$_2$：

$$\text{La}_2\text{Mg}_{17} + \text{H}_2 \longrightarrow \text{La}_2\text{Mg}_{17}\text{H}_x \longrightarrow \text{LaH}_3 + \text{MgH}_2 \tag{1-18}$$

$$\text{LaMg}_{12} + \text{H}_2 \longrightarrow \text{LaMg}_{12}\text{H}_x \longrightarrow \text{LaH}_3 + \text{MgH}_2 \tag{1-19}$$

另一种观点则认为，不存在 RE-Mg-H 氢化物，化合物直接吸收氢并分解生成 MgH$_2$ 与 LaH$_3$：

$$\text{La}_2\text{Mg}_{17} + 20\text{H}_2 \longrightarrow 17\text{MgH}_2 + 2\text{LaH}_3 \tag{1-20}$$

$$2\text{LaMg}_{12} + 27\text{H}_2 \longrightarrow 24\text{MgH}_2 + 2\text{LaH}_3 \tag{1-21}$$

为了找出这些化合物的氢吸附反应路径，Sun 等人分别在 5 MPa 和 3 MPa 的氢气压力下测试了 La$_2$Mg$_{17}$ 和 LaMg$_{12}$ 的原位 XRD 图谱。研究表明，随着反应温度的升高，La$_2$Mg$_{17}$ 和 LaMg$_{12}$ 的衍射图谱中均直接出现了 MgH$_2$ 与 LaH$_3$ 相的衍射峰。在此期间并未发现 RE-Mg-H 氢化物的衍射峰，证实了 La$_2$Mg$_{17}$ 和 LaMg$_{12}$ 的吸氢反应路径分别按式(1-20)、式(1-21)进行。

研究表明 La$_2$Mg$_{17}$ 和 LaMg$_{12}$ 的氢化后的产物的氢释放过程不是上述氢化过程的可逆反应，而是 MgH$_2$ 与稀土氢化物的脱氢反应，如下式所示：

$$2\text{LaH}_3 + 17\text{MgH}_2 \rightleftharpoons 2\text{LaH}_x + 17\text{Mg} + (20-x)\text{H}_2 \tag{1-22}$$

$$2\text{LaH}_3 + 24\text{MgH}_2 \rightleftharpoons 2\text{LaH}_x + 24\text{Mg} + (27-x)\text{H}_2 \tag{1-23}$$

后续的氢再吸收反应则按式(1-22)、式(1-23)的逆向反应进行，氢再吸收温度越高，氢再吸收产物的释放氢温度越高。稀土氢化物完全脱氢温度很高，制约了其在气相吸附脱氢中的应用，但是研究表明稀土氢化物可以诱导 Mg 和 MgH$_2$ 的吸氢和脱氢过程的进行。

Gao 在机械球磨 La_2Mg_{17} 的过程中添加了一定量的 Ni 粉之后发现金属镍相均匀分散在纳米晶的母相，这显著地改善了合金的电化学放电容量，当 Ni 的添加量为 200 wt.％时合金最大电化学放电容量达 1 000 mAh/g 以上。文献报道，在机械球磨 Nd_5Mg_{41} 合金的过程中添加不同含量的 Ni 粉后合金的 XRD 衍射峰逐渐宽化，进一步证明 Ni 的加入有助于合金内部形成非晶纳米晶形成能力结构。当 Ni 添加量为 200 wt.％合金具有最佳的电化学放电性能。作者分析认为这与合金内部纳米晶的多晶界性及非晶合金的多缺陷性有密切关系。胡锋从电化学热力学和动力学角度研究了球磨时间对 $CeMg_{12}+100\%Ni$ 合金微观结构及电化学性能的影响，结果发现随着球磨时间的增加合金的非晶纳米晶形成能力增强，合金氢化物的生成热及表面活化能显著降低，这对于改善合金电化学放电性能是有利的。Wang 详细研究了添加 Co 粉对球磨 La_2Mg_{17} 合金储氢性能的影响。结果认为：增加 Co 含量也可以促使合金内部形成非晶纳米晶，在一定程度上改善了合金的电化学放电容量及动力学性能。为了改善 $CeMg_{11}Ni/Ni$ 合金的热力学及动力学性能，作者研究了不同球磨时间对合金储氢热力学及动力学性能的影响，结果表明：适当地增加球磨时间可以增加合金的吸氢量及吸氢速率；合金氢化物的放氢量、放氢反应速率及放氢活化能随着球磨时间的延长得到显著改善。Gao 在球磨 $LaMg_{12}/Ni$ 复合材料的过程中加入少量金属氧化物（TiO_2，Fe_3O_4，La_2O_3，CuO）发现复合材料的电化学放电容量得到显著改善的同时循环稳定性显著恶化。合金的电化学循环稳定性随着 Ni 含量的增加得到显著改善，作者分析这与合金在电化学循环过程中形成的 $Mg(OH)_2$ 钝化层以及合金内部形成的非晶有关。Wang 采用机械球磨法制备了 $PrMg_{12-x}Ni_x/Ni$ 复合储氢合金，结果发现 $PrMg_{11}Ni+150$ wt.％Ni 具有最好的电化学放电容量（973 mAh/g）和高倍率放电性能，作者分析这可能与该合金内部形成的最佳非晶纳米晶配比有关。

对于 RE-Mg 系储氢合金，科研工作者除了在电化学放电性能改善方面做了大量的研究之外，在球磨合金过程中通过添加催化剂改性方面也做了大量的研究工作，结果认为通过添加催化剂在合金内部形成微量过渡金属氢化物可以起到很好的催化改性作用。Yuan 在球磨 Sm_5Mg_{41} 合金的过程中加入 MoS_2 发现合金的氢化物的热稳定性及释氢动力学性能得到显著改善（见表 1-2），作者通过微观结构分析认为：合金材料在吸/放氢前后 MoS_2 没有发生分解而是分散在合金表面起到降低了表面活化能改善释氢动力学性能的作用;合金中的 Sm 元素吸氢后形成 Sm_3H_7,其在后期的吸/放氢过程中不发生分解转化为 Mg/MgH_2 体系的吸/放氢过程提供催化作用。

表 1-2 球磨合金的焓变 Δ*H* 和熵变 Δ*S*

样品	吸氢反应焓变 $\Delta H_{ab}/$ (kJ/mol)	吸氢反应熵变 $\Delta S_{ab}/$ (kJ/mol/K)	放氢反应焓变 $\Delta H_{de}/$ (kJ/mol)	放氢反应熵变 $\Delta S_{de}/$ (kJ/mol/K)
$SmMg_{11}Ni$	−78.94	−120.95	81.68	124.71
$SmMg_{11}Ni$-5%MoS_2	−76.46	−118.77	77.55	119.41

Zhang 采用加镍球磨 $NdMg_{11}Ni/Ni$ 储氢合金促使合金内部形成非晶纳米晶结构,比较了不同 Ni 含量对合金微观结构、吸/放氢热力学以及动力学方面的影响。研究结果表明:增加的 Ni 含量能够降低合金氢化物的热稳定性,降低释氢温度;作者运用 Arrhenius 和 Kissinger 方法进一步从理论上分析实验数据后表明延长球磨时间与增加 Ni 含量都可以显著降低合金氢化物的释氢活化能,改善释氢动力学性能。为了改善 $CeMg_{11}Ni/Ni$ 合金的热力学及动力学性能,文献报道了不同球磨时间对合金储氢热力学及动力学性能的影响,结果表明:适当地增加球磨时间可以增加合金的吸氢量及吸氢速率;合金氢化物的放氢量、放氢反应速率及放氢活化能随着球磨时间的延长得到显著改善。

稀土镁系镁基储氢材料除了对 $REMg_{12}$ 和 RE_2Mg_{17} 合金的储氢性能做了大量的研究之外,部分科研工作者还对 Mg_3RE 做了一定量的研究。研究结果表明:Mg_3RE 化合物不同于纯 Mg 结构、$LaMg_{12}$ 结构和 La_2Mg_{17} 结构,具有 D03 型(Fe_3Al 型)立方结构。Mg_3REH_x(RE=La,Ce,Pr)氢化物可以在高温超高压下得到,与 La_2Mg_{17} 和 $LaMg_{12}$ 的吸氢行为不同。这些氢化物在 327 ℃ 左右开始分解、放氢,生成 Mg 和 REH_x。

欧阳柳章等人发现 Mg_3La 化合物在吸收或释放氢的循环阶段发生相分解,活化后的样品在 25 ℃ 和 3.5 MPa 的氢气压力条件下,8 min 内吸氢量可达 2.49 wt.%,接近饱和吸氢量的 90%,并表明其吸氢动力学性能是非常优秀的,但它仍然需要放氢温度在 274 ℃ 左右。Mg_3La-H_2 体系的 PCT 曲线研究表明合金吸氢焓变值为 −81 kJ/mol,略高于 MgH_2。Mg_3Nd 也有类似的现象,只是 Mg_3Nd 的吸收氢焓变值为 −68.2 kJ/mol。为了了解 Mg_3RE 化合物的加氢行为及氢吸附反应路线,欧阳柳章等人用 TEM(观察了 Mg_3Ce 的加氢过程。研究表明,在加氢过程中,首先出现了 Mg 相与 $CeH_{2.73}$ 相,在此过程中没有发现 Mg-RE-H 氢化物相。最后,在完全加氢后形成 $CeH_{2.73}$ 和 MgH_2,证实了 Mg_3RE 化合物的氢吸附反应路线符合式(1-24),即 Mg_3RE 化合物与氢反应先形成 Mg 和 REH_x,再接着 Mg 与氢形成 MgH_2:

$$Mg_3RE + H_2 \longrightarrow REH_x + Mg \longrightarrow REH_x + MgH_2 \qquad (1-24)$$

Mg_3RE 的理论吸氢量为 4.1 wt.%。这些加氢产物的释放氢过程与 La_2Mg_{17} 和 $LaMg_{12}$ 的反应一致,如下式所示为 MgH_2 与稀土氢化物的放氢反应过程:

$$REH_x + MgH_2 \longrightarrow REH_y + Mg \qquad (1-25)$$

总之,在运用机械合球磨法促使 RE-Mg 系镁基储氢合金形成非晶纳米晶结构的过程中,添加过渡金属一方面可以促使合金内部形成多相和非晶纳米晶化结构,这可以有效促使合金储氢容量及吸/放氢动力学的改善;另一方面添加过渡金属的化合物可以形成少量的第二相在合金吸/放氢过程中起到催化作用。

1.7 制氢及镁基储氢材料未来的发展趋势

由于世界范围内能源危机加剧以及环境保护的迫切需要,寻找可再生的绿色能源成为当前世界亟待解决的问题。目前,氢能作为最理想的绿色能源之一,吸引了越来越多的科研工作者的关注。氢能具备广泛的来源、丰富的储量、较高的能量密度以及可循环利用且绿色清洁等优点。然而,氢能的储存和运输是制约开发利用氢能最主要的因素。因而,现如今对储氢材料(包括化学氢化物,吸附储氢材料,金属氢化物)的研究成为焦点。

在众多的储氢材料中,硼氮化合物由于高的质量储氢密度和容易脱氢的特点而受到特别的关注。其中最为典型的硼氮化合物为氨硼烷(ammonia borane,$NH_3·BH_3$,AB),因含氢量高(19.6 wt.%)、热稳定性适中、放氢条件相对温和,成为目前最具潜力的储氢材料之一。$NH_3·BH_3$ 水溶液中具有较良好的稳定性,因此室温下水解动力学缓慢一直是制约 $NH_3·BH_3$ 在储氢领域中发展的一个关键因素。研究表明,催化剂对氨硼烷水解反应的氢气产量以及释氢速率具有十分重要的作用。从目前的研究报告来看,适用于催化 AB 水解反应的催化剂主要为铂族金属、Ir、Ru、Pd 和 Ni、Co 金属及其硼化物等两大类。尽管铂族金属具备优良的催化水解性能,但也存在资源有限和成本高昂等问题。因此,研究开发较低成本、较高性能的催化剂,对推动 $NH_3·BH_3$ 催化水解体系具有十分重要的意义。

对于镁基储氢材料而言,其高的储氢容量、丰富的资源以及低廉的价格成为研究者关注的热点储氢材料。目前,国内外都在制定和出台相关政策推动氢能的开发和利用,具有高容量的镁基储氢材料具有广阔的应用前景,特别是在作为燃料电池供氢系统载体方面的应用价值是无法估量的。前期大量研究表明:改变制备工艺致使合金材料内部出现非晶纳米晶结构可以显著改善其吸/放氢动力学性能;对合金做球磨处理时加入过渡金属及其化合物同样可以显著改善合金的吸/放氢动力学性能;另外添加过渡金属化合物可以在合金吸/放氢过程中形成过渡金属氢化物进而达到显著降低合金氢化物热稳定改善热力学性能的目的。

然而,镁基储氢合金材料距离实际应用还存在诸多问题。第一,镁基储氢材料虽然在吸/放氢动力学方面通过各种改性手段得到显著改善,但是在低温下的吸/放氢动力学性能仍然不能满足实际需要。第二,镁基储氢合金氢化物的热稳定性仍然较高,致使其仍具有较强的热稳定性,因此实际的放氢温度均在 200 ℃以上。第三,镁基储氢合金材料经过吸/放氢循环之后,合金颗粒逐渐细化从而增加表面能,这在很大程度上增加了合金颗粒的团聚,因此对于镁基储氢合金材料来说降低团聚是提高其吸/放氢循环寿命的有效方法。第四,通过上述的文献调研发现球磨处理镁基储氢合金材料过程中添加过渡金属化合物可以在吸/放氢性能改善方面提供良好的催化作用,然而关于催化剂的催化吸/放氢过程的作用机理研究的报道较少,因此研究催化剂对镁基储氢合金吸/放氢催化作用机理可以为其吸/放氢性能的改善提供理论指导,也是镁基储氢合金材料未来研究的重点领域。

第2章 实验材料与方法

2.1 实验试剂与仪器

2.1.1 实验试剂

实验过程中所需试剂名称、规格以及来源等信息见表2-1。

表2-1 实验所需主要试剂列表

试剂名称	化学式	纯度/级别	生产厂家
石墨	C	AR	巨星圣源化学试剂
硝酸钾	KNO_3	AR	北京红星化工厂
浓硫酸	H_2SO_4	AR	永飞化工厂
双氧水	H_2O_2	AR	凯通化学试剂
高锰酸钾	$KMnO_4$	97％	阿法埃莎
盐酸	HCl	AR	津东天正试剂
六水合氯化钴	$CoCl_2 \cdot 6H_2O$	AR	天津市光复科技发展有限公司
六水合硝酸钴	$Co(NO_3)_2 \cdot 6H_2O$	AR	SIGMA
硝酸银	$AgNO_3$	AR	SIGMA
四水合钼酸铵	$(NH_4)_6Mo_7O_{24} \cdot 4H_2O$	AR	阿拉丁
二水钼酸钠	$Na_2MoO_4 \cdot 2H_2O$	AR	阿拉丁
硼氢化钠	$NaBH_4$	AR	天津市化学试剂三厂
氨硼烷	$NH_3 \cdot BH_3$	90％	SIGMA
树枝状聚合物	PAMAM	20 wt.％ G4-NH_2	Dendritech Inc.
聚乙烯醇	PVA	PVA 17-92	阿拉丁
氯铂酸	H_2PtCl_6	AR	中华试剂网

2.1.2 仪器设备

实验过程中所需主要仪器设备见表2-2。

表 2-2 主要仪器设备型号及厂家

实验设备	型号(生产厂家)	用途
冷冻干燥机	FD-1-50	干燥催化剂样品
超声波清洗机	KQ2200DE	制备催化剂样品
超级净化手套箱	STX-3	保存催化剂样品
LD400-3 电子分析天平	MODEL ESJ205-4	样品称量
高速离心机	GT10-2	样品离心分离
X 射线粉末衍射仪	D/max-2500/PC	催化剂样品表征
扫描电子显微镜	SUPRA 55	催化剂样品表征
透射电子显微镜	JEM-2010	催化剂样品表征
X 射线光电子能谱	PHI5000VersaProbe	催化剂样品表征
紫外可见吸收光谱	UV-vis 2550 分光仪	催化剂样品表征
热重分析仪	TA-60ws	催化剂样品表征
傅立叶变换红外吸收光谱	Nicolet6700	催化剂样品表征
振摆式高能球磨机	Spex-8000	样品的球磨处理
行星式球磨机	Pulverisette 6	合金样品球磨
PCT 测试仪	Suzuki Shokan 公司	储氢性能测试
粉末压片机	769YP-15A	制备测试样品
硬钢模具	压片直径 $D=10$ mm	制备测试样品

2.2 材料的制备与表征

2.2.1 材料的制备

由于实验所制备的纳米催化剂具有很高的表面能,在空气中容易被氧化,且部分实验药品在空气中容易潮解,因此均将其保存在手套箱中并充入高纯氩气进行保护,使药品处于水氧含量均低于 1 ppm 的环境中,以保证避免氧化及水解现象的发生,影响实验结果准确性。本章中所需的催化剂均采用原位合成法制备,具体制备方法见各个节的实验部分。

2.2.2 粉末 X 射线衍射分析(XRD)

X 射线衍射仪作为一种分析物质结构和组成的重要手段,在分析材料的晶体结构和晶胞参数等方面具有广泛的应用。本章中所有样品的 XRD 分析均采用 Rigaku D/max-2500/PC X 射线衍射仪测试样品的晶体结构,测试条件为 40 kV、34 mA 和 Cu Kα($\lambda=0.154\ 0$ nm)辐射。以连续扫描方式采样;扫描速度为 4°/min;扫描范围为 5°～80°。测试之前将样品在玛瑙研钵中进行研磨,筛选粒径小于 400 目的催化剂颗粒,然后放入玻璃片凹槽中进行测试,测试结束后使用 Jade-5 软件对获得的 XRD 数据进行分析。

2.2.3 扫描电镜分析(SEM)

采用 SUPRA55 场发射扫描电镜(SEM)对材料的表面形貌和微观结构进行分析,使用同步能谱仪(EDS)对催化剂组分进行分析。由于待测样品的导电性较差,为了得到更清晰的表面形貌,我们在进行 SEM 测试前先对样品进行喷金预处理,喷金时间为 45 s。用牙签将少许催化剂粉末轻轻涂在导电胶带上,然后用氩气将催化剂粉末吹均匀即可。

2.2.4 透射电镜分析(TEM)

采用 JEM-2010 透射电子显微镜(TEM)对催化剂的微观形貌和晶体结构进行分析,使用同步选取电子衍射花样(SEAD)和高分辨透射(HRTEM)对催化剂晶体结构和微观形貌进行精细分析,仪器测试工作电压为 20.0 kV。采用同步能谱仪(EDS)对催化剂组分进行分析。测试方法如下:取微量催化剂粉末置于无水乙醇溶液中,连续研磨约 30 min,然后将样品在无水乙醇中超声 60 min,使粉末分散均匀呈悬浊液。用胶头滴管滴 1 滴悬浊液于 Cu 栅上,然后将微栅静置晾干后进行测试即可。

2.2.5 X 射线光电子能谱分析(XPS)

X 射线光电子能谱(X-ray photoelectron spectroscopy,XPS)是一种分析材料表面化学组成及化学状态的有效测试方法,本实验采用 PHI5000VersaProbe 光射线电子能谱仪(日本 Ulvac-Phi 公司)对样品进行表征。

2.2.6 傅里叶变换红外吸收光谱(FT-IR)

红外光谱分析是确定化合物结构的辅助手段,是通过吸收峰的位置、形状、强度等信息确定样品官能团特征峰来预测分子结构的测试手段。本实验采用 Nicolet 6700 型红外吸收光谱仪对样品进行表征,测试方法为采取 KBr 压片法,测试范围是 400～4 000 cm^{-1}。

2.2.7 紫外可见吸收光谱(UV-vis)

紫外可见吸收光谱采用 UV-vis 2550 分光仪进行测试,光谱测试范围 200~800 nm,是基于分子内电子跃迁产生的吸收光谱进行分析的一种常见的光谱分析方法。化合物的最大吸收波长,对应于价电子的能级跃迁情况。应用紫外可见吸收光谱技术可以辅助推测化合物的结构信息。

2.2.8 拉曼光谱分析(Raman)

拉曼光谱(Raman)是一种探索物质微观结构的重要研究方法,通过对拉曼谱图进行分析可以得到物质组成、结构、构象、形态等微观结的信息。在本研究中采用激发光源是 514.5 nm 的 inVia Reflex 拉曼光谱仪(英国 Renishaw 公司)对样品进行表征。

2.2.9 热重分析(TGA)

差热分析测试是研究催化剂样品在在受热过程中的热稳定性。本研究的热失重曲线测试条件:N_2 气氛,温度范围室温到 800 ℃,升温速率 10 ℃·min^{-1}。

2.3 催化水解制氢性能测试

本章研究样品催化剂对氨硼烷水解放氢性能的影响、催化性能测试主要采用如图 2-1 所示装置。此装置主要由以下两部分构成:(1)气体发生装置,用于水解产生氢气。装置由控温的水浴加热控制反应的温度,首先将催化剂置于烧瓶中,氨硼烷溶液由注射器一次加入烧瓶内,当收集到第一个气泡时开始计时。产生的气体通过瓶塞上端的胶皮管进入气体收集装置。(2)气体收集装置,用排水法收集产生的 H_2,所产生的气体体积由量气管读出。由于水解反应受压强的影响较明显,因此需要实时保持水准瓶中液面与量气管中液面齐平,观察量气管中液面下降情况,用秒表每隔一定的体积间隔记录一次时间,直到反应结束。为避免有氨气、水蒸气等气体,可以在收集装置之前加入除杂装置,放入 HCl 和生石灰除去杂质气体。

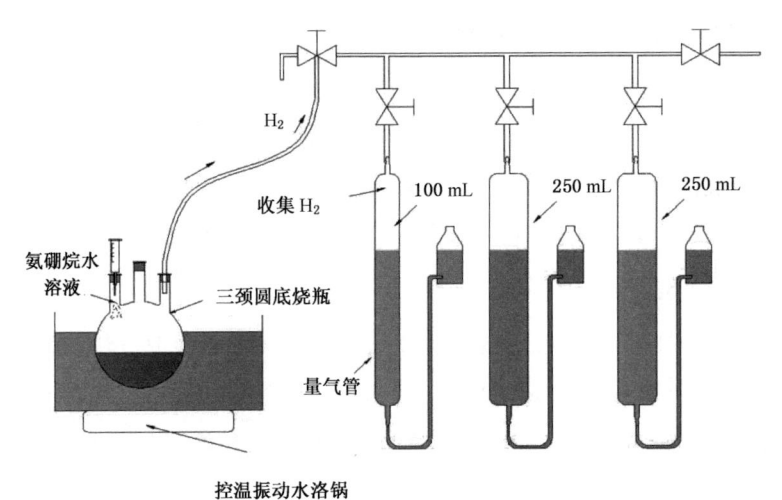

图 2-1 水解制氢装置图

2.3.1 反应速率的确定

催化剂的催化水解放氢速率是衡量一个催化剂催化速率和效率的重要参量。氨硼烷水解放氢是为了满足我们实现在温和条件下对氢气的应用,故反应在室温常压下进行测试。放氢速率表示方法:

$$反应速率\ r = V_{gas}/t \tag{2-1}$$

很多文献和实验数据表示氨硼烷符合准零级反应动力学,故截取放氢曲线直线部分求得斜率,即为放氢直线的斜率。由于反应当时的条件基本与标准状态相差不多,并且研究人员均以标准状态来计算,故反应的速率系数根据标准气态方程可以导出。

TOF(the total turnover frequencies)表示法(以单位时间、单位物质的量催化剂催化放出氢气的摩尔数来表示),反应速率单位为 $mol_{H_2} \cdot min^{-1} \cdot mol_M^{-1}$。

$$TOF = (P_{atm}V_{gas}/RT)/(n_M \cdot t) \tag{2-2}$$

2.3.2 反应动力学性能测试

研究氨硼烷水解反应动力学主要集中为研究水解反应相对于反应物氨硼烷和催化剂的反应级数。氨硼烷水解反应在反应初始阶段,放氢速率快且均匀平稳,反应速率与反应时间呈直线关系,测试控制催化剂的量保持不变,改变氨硼烷的浓度,测试其放氢速率的变化。本章所研究的金属催化氨硼烷水解反应在增加反应物氨硼烷的用量下,放氢速率保持不变,表现为零级反应的特点。

零级反应的反应速率与反应物浓度无关。催化氨硼烷水解反应在反应剧烈阶段遵循零级反应,反应结束时表现为非零级反应的特点,反应速率随反应物浓度的减小而缓慢,直至不再产生气体为止,本研究的反应速率均是由反应开始到反应结束前速率呈线性的部分计算的。

实验过程中保持 $NH_3·BH_3$ 的浓度不变,改变催化剂的量,在室温下测试 $NH_3·BH_3$ 水解放氢速率,得到不同催化剂浓度下的一系列放氢曲线,计算反应速率,然后根据微分法求解反应级数,以 $\ln r$ 为纵坐标,$\ln C$ 为横坐标作图,线性集合后直线的斜率即为催化 $NH_3·BH_3$ 水解反应相对于催化剂浓度的反应级数。

$$r = -dC/t = kC^n \tag{2-3}$$

$$\ln r = n\ln C + \ln k \tag{2-4}$$

2.3.3 反应活化能的确定

活化能是反应过程中,非活化分子转变为活化分子所需吸收的能量。反应的活化能是衡量一个反应是否容易发生的标准之一,可以说明反应催化剂催化动力学性能的好坏。活化能的测量方法一般是记录不同温度下(一般取 3～5 个温度,相差约 5～10 ℃)反应的速率,速率依据理想状态方程换算出反应速率常数 k,通过阿伦尼乌尼斯方程

$$\ln k = \ln A - E_a/RT \tag{2-5}$$

通过线性拟合求得不同温度下的反应速率 k,以 $\ln k$ 为纵坐标,温度的倒数 $1/T$ 为横坐标作图,经过线性拟合,所得直线的斜率为 $-E_a/R$。进而求得反应的表观活化能。一般来说,反应的活化能越小,反应越容易进行,反应的速率也越快,对于我们研究的水解反应,其催化剂的性能也越好。

反应的焓变在数值上等于等温等压热效应,即化学反应在等温等压下发生,不做其他功时,反应的热效应等于系统的状态函数焓的变化量。反应的熵变(ΔS)是指状态函数 S 的改变量。ΔH 和 ΔS 对化学反应的方向都有着重要的影响,计算公式如下:

$$\ln(k/T) = \ln(k_B/h) + (\Delta S/R) - (\Delta H/R)(1/T) \tag{2-6}$$

式中:k_B——Boltzmarm 常数,为 $1.381×10^{-23}$ J/K;

h——Planck 常数,其数值为 $6.626×10^{-34}$ J·s;

R——气体常数;

k——反应速率系数；

T——反应时的绝对温度。

因此，测得不同温度下的反应速率后，用 $\ln(k/T)$-$(1/T)$ 作图，从而根据斜率可计算 ΔH，纵坐标截距为 $\ln(k_B/h)+(\Delta S/R)$。

2.3.4　催化剂循环性能测试

催化剂的循环性能测试是将催化剂粉末从上一次反应之后的溶液中分离处理，利用催化剂具有磁性这一特性，通过外加磁铁进行吸附，分离掉产物溶液，对吸附后的催化剂颗粒进行多次洗涤后干燥待用，测试所剩催化剂的量。随后将相同浓度的 $NH_3 \cdot BH_3$ 溶液加入含有洗涤后催化剂的反应器中进行水解性能测试，该过程重复多次。

2.4　储氢性能测试

2.4.1　PCT 测试仪原理

压力-组成-温度（PCT）曲线是衡量储氢材料储氢性能的一个重要指标。PCT 曲线测试是在一定的温度下，测量物质的组成与压力之间的关系的曲线。PCT 测试仪为研究固-气反应的装置，特别是研究和开发储氢材料必不可少的测试仪器。本实验采用恒容-压差法测试材料储氢性能，测试系统示意图如图 2-2 所示。所用的反应器为不锈钢薄壁反应器。反应温度由精密温度控制仪控制，温度控制范围为 273～773 K，控制精度为 ±1 K。反应器由直径为 40 mm 的管式电阻炉加热，热电偶内置于电阻炉中部，触点靠近反应器底部。实验使用旋片式真空泵对反应器进行抽真空，由热偶真空计记录氢气压力，实验过程中氢气压力最低可以达到 0.001 MPa。实验过程中氢气压力由压力传感器将信号传给做记录用的计算机，由压力-时间记录软件自动记录反应器中氢气压力的变化。所使用的氢气为高纯氢，纯度可达 99.999%。

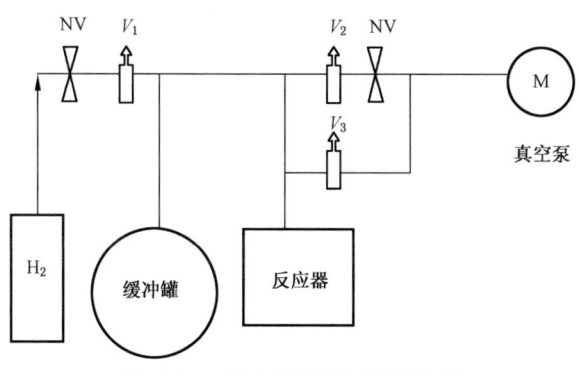

图 2-2　气态储氢装置示意图

2.4.2　合金样品气态储氢性能测试

1. 样品体积的测试

首先准确称量所需测试的样品 2 g 左右,置于反应器中。然后进行样品体积的测试。每组测试得到 10 个体积数据,测试 5 组后,求出样品体积的平均值,作为测试样品的体积。

2. 样品的活化

体积测试后将样品管加热到 573 K,并对样品室抽真空 1 h。然后在 3 MPa 氢气压力下对样品氢化 2 h,然后对样品在相同温度下进行 2 h 的动态真空处理,使样品能够在测试条件下的吸/放氢过程能够充分进行。

3. 样品的 PCT 性能测试

将样品反应器的温度升至测试温度,测试样品的 PCT 曲线。延迟时间为 300 s;最大氢气压力为 3 MPa;测试结束压力为 0.001 MPa;测试时压力的精度为 0.001 MPa。由于实验测得的 PCT 曲线中压力平台有一定坡度,计算储氢材料吸/放氢过程中的焓变和熵变时的平台压力为压力平台区压力的平均值。

4. 样品的等温吸/放氢速率测试

合金吸氢速率的测试也是在 PCT 测试仪上完成的。储氢材料的吸氢速率曲线是指材料在一定温度和初始氢气压力下,吸氢量与时间的关系曲线。同时,材料的吸氢速率也是表征储氢材料吸氢动力学性能的一项重要指标。实验中的测试条件:吸氢过程的初始氢气压力为 3 MPa;放氢过程的初始压力为

0.01 MPa；测试温度为通常为 523 K、548 K、573 K 和 598 K。

5．程序升温放氢测试

使活化后的样品在 573 K、3 MPa 氢气压力下经 2 h 氢化后在保持氢气压力的条件下使样品温度降低至室温，然后进行抽真空操作。待氢气压力稳定后运行程序升温放氢测试程序，然后将加热炉按 2 K/min 速率匀速升温至 623 K。为了避免由氢气压力波动造成的误差，本研究选定样品放氢量达到 0.1 wt.％时所对应的温度为样品的初始放氢温度。

6．程序升温吸氢测试

使活化后的样品在 573 K，动态真空气氛下经 2 h 放氢处理后在保持动态真空气氛的条件下使样品温度降低至室温。待氢气压力稳定，向 PCT 测试管路中充入氢气，使压力稳定在 3 MPa 后运行程序升温吸氢测试程序，然后将加热炉按 2 K/min 的速率匀速升温至 500 K，然后保温 0.5 h。

2.4.3　合金样品电化学储氢性能测试

测试储氢合金的电化学性能采用三电极模拟电池体系和蓝电电池测试系统中进行。其中测试的负极材料为储氢合金，正极材料为烧结的高容量 $Ni(OH)_2$/NiOOH 电极，参比电极为固体 Hg/HgO 电极，电解液为 6mol/L KOH 溶液。

1．电化学放电性能测试

将三电极体系与 Land 测试系统连接可测试储氢合金的放电容量，测试全程由计算机监控，并自动采集和记录有关数据。放电容量是指在恒定的电流密度下每单位质量负极电极材料能释放的最大电能。合金电极的具体充放电过程为：静置 10 min → 将电极充电 25 h，设置充电电流密度为 40 mA/g → 静置 10 min → 在稳定之后，再以 40 mA/g 的电流密度放电（放电电压低于 0.5 V 时完成）→ 静置 10 min，30 度条件下进行 15 个这样的充放电过程循环。在达到最大放电容量之前执行的循环，是活化过程。当放电容量达到最大值时，负极被认为是完全活化了的，在此期间所进行的循环次数可表明这个合金的活化性能，若合金所进行的循环周期越少说明其活化性能越好，且此刻的放电容量为最大放电容量，记为 C_{max}。

2. 电化学动力学性能测试

(1) 高倍率的测试

衡量储氢合金电化学动力学的关键指标是高倍率放电能力(HRD),高倍率放电能力越好,合金放电容量的减小幅度越小。

高倍率放电能力(HRD)是衡量储氢合金电化学动力学的关键指标,高倍率放电能力越好,越能够阻碍合金放电容量的减小,这个影响 Ni-MH 电池实际运用。HRD 的变化情况可以表征合金的大电流放电性能。整个测试都在 Land 测试系统连接三电极体系测试通过电脑控制完成的。过程设置为:先静置 10 min 后,以 40 mA/g 电流密度充电 25 h,然后静置 10 min 等稳定后再以 40 mA/g 电流密度放电,且放电至电压小于 0.5 V 时截止,再静置 10 min;就进入第二个循环,再先静置 10 min 后,40 mA/g 电流密度充电 25 h,静置 10 min 后再以 80 mA/g 电流密度放电,且放电至电压小于 0.5 V 截止,在静置 10 min;放电电流密度就按每次在前次基础上翻两倍方式循环 5 次结束。合金电极的高倍率放电能力 HRD 根据以下公式计算:

$$\text{HRD} = \frac{C_i}{C_{40}} \tag{2-7}$$

式中:C_i——为 i 放电电流密度下的合金放电容量;

C_{40}——40 mA/g 时的最大放电容量。

HRD 主要决定于合金电极与电解液接触面的电荷传递速度以及氢从合金颗粒内部向表面扩散的速率。

(2) 交流阻抗测试

在电池性能的研究中,电化学交流阻抗谱(EIS)(见图 2-3)方法已被广泛使用。本实验的具体过程为,将活化后充满电的合金电极连接在电化学综合测试仪上进行测试。参比电极为 Hg/HgO,始末频率分别为 10 kHz、5 MHz,测试点的个数为 60。数据处理采用 Zview3.2 及 Origin 软件。

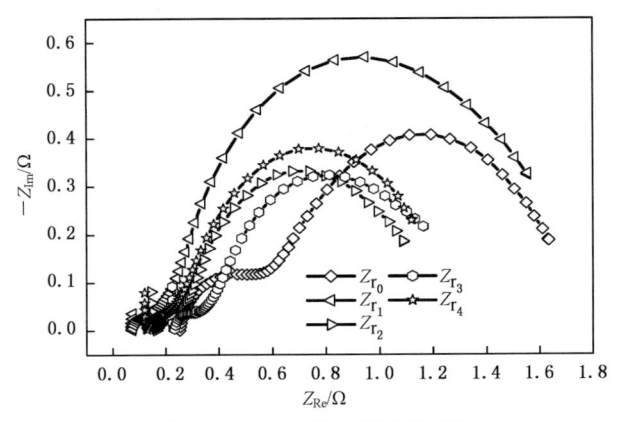

图 2-3　电化学交流阻抗谱

电化学交流阻抗谱的测试原理是以小振幅的正弦波电压信号(或电流信号),使电极系统产生近似线性关系的响应,测量电极系统在很宽频率范围内阻抗变化曲线的方法。通常人们通过研究实部和虚部构成的复阻抗平面图以及频率与模的关系图和频率与相角的关系图(即 Bode 图)来获得研究体系内部的有用的信息。所有合金电极的 EIS (Electrochemical Impedance Spectrum)均由高频区的小半圆、中低频区的大半圆组以及低频区的韦伯斜线组成。合金电极高频区的小半圆主要对应于电极片与集流体之间的接触阻抗,中频区的容抗弧则与合金电极表面形成的双电层所具有的阻抗与容抗有关,低频区的韦伯斜线与氢原子在合金内部扩散所引起的韦伯阻抗有关。对于储氢合金材料来说通常研究中频区容抗弧的曲率半径大小,其反映出合金电极表面的电化学反应传递阻抗 R_{ct} 的大小,其值越小说明合金表面电化学反应越快,动力学性能越好。

(3) 氢扩散系数的测试

储氢合金电极的性能受两方面的影响,一是电极-溶液界面电化学动力学,二是氢在合金内部的扩散行为。扩散系数是表征扩散行为的一个重要参数,目前恒电位阶跃法是测量储氢合金电极金属颗粒内部电化学氢扩散系数的有效方法。通过拟合线性区域的斜率估算出合金体内的氢扩散系数,即氢扩散系数。第一阶段氢氧化电流密度随时间迅速减小,主要是由于氢原子在合金颗粒表面的消耗速度快,第二阶段中 $\log i$ 与时间 t 基本成线性关系,此时合金内部氢的提供是与合金内部氢的浓度成正比例关系,电极动力学过程受氢的浓度差扩散影响。$\mathrm{d}\log i/\mathrm{d}t$ 可由过线性区的斜率值确定,进而通过下式确定扩散系

数 D。

$$\log i = \log\left(\pm \frac{6FD}{da^2}(C_0 - C_s)\right) - \frac{\pi^2}{2.303}\frac{D}{a^2}t \tag{2-8}$$

$$D = -\frac{2.303a^2}{\pi^2}\frac{\mathrm{d}\log i}{\mathrm{d}t} \tag{2-9}$$

式中:i——电流密度($A \cdot g^{-1}$);

F——法拉第常数($C \cdot mol^{-1}$);

D——扩散系数($cm^2 \cdot s^{-1}$);

C_0——合金中氢起始浓度($mol \cdot cm^{-3}$);

C_s——合金表面氢起始浓度($mol \cdot cm^{-3}$);

t——放电时间(s);

a——合金颗粒粒径;

d——合金密度($g \cdot cm^{-3}$)。

恒电位阶跃曲线是以 $\log i$ 为横坐标、时间 t 为纵坐标绘制图谱。对其分析通常是在阶跃曲线的后期线性部分求得直线部分斜率 $\mathrm{d}\log i/\mathrm{d}t$ 并结合上述公式计算氢在合金内部的扩散系数,通过扩散系数的变化解释氢在合金内部的扩散能力进而解释动力学性能的变化。

第3章 制氢材料研究实例

3.1 杨梅果状 Co@rGO 对氨硼烷水解放氢性能的影响

3.1.1 杨梅果状 Co@rGO 的制备及结构表征

将 50 mg 氧化石墨烯和 22 mg 聚乙烯醇分散到 100 mL 水中,充分超声 0.5 h,加入 0.119 g $CoCl_2 \cdot 6H_2O$,在 Ar 气氛保护下,冰水混浴不断搅拌过程中逐滴加入过量的 $NaBH_4$ 溶液,直至溶液变成棕黑色,无气泡产生。将反应产物分别用水和乙醇洗涤后离心,在 $-48\ ℃$ 的冷冻干燥机中冻干 2~3 天。

为了制备具有特定形貌的纳米颗粒,研究人员通常会在制备过程中加入表面活性剂以及分散剂。这是由于表面活性剂分子结构特点决定其在溶液中必然形成胶团,并且能够通过调控表面活性剂结构来控制形成胶团的大小和胶团的数目。表面活性剂可以通过控制纳米颗粒的亲水性、亲油性和表面活性来实现纳米微粒的表面改性。这是由于亲水基团与表面基团结合生成新的结构,降低表面能,使之处于稳定状态,形成空间位阻,防止再团聚。而分散剂的作用机理主要为空间位阻作用和静电稳定作用,其中空间位阻作用是指在晶粒成核及生长过程中,有机分散剂的长链分子在胶体周围形成薄的有机膜,使颗粒各自独立,阻止颗粒团聚。当溶胶粒子吸附了分散剂后,粒子尺寸明显降低。而静电稳定作用是由于分散剂使粒子周围形成一个带电荷的保护屏障,双层包围粒子,粒子之间产生静电斥力,使分散体稳定。

本实验选取的水溶性表面活性剂聚乙烯醇(PVA)—$[CH_2CH(OH)]_n$—是一种带羟基的高分子聚合物,由于在分子侧链上含有大量羟基,使其具有良好的水溶性。当溶胶形成时,胶体粒子表面有大量自由羟基,使粒子之间通过氢键的桥联作用聚集在一起,形成相互交联的网状结构。

通过透射显微镜我们得到了氧化石墨烯、未添加任何表面活性剂和载体的 Co 纳米颗粒、在表面活性剂(PVA)作用下得到的具有杨梅果状结构的 Co 纳米颗粒及其还原性氧化石墨烯负载的杨梅果状的 Co 纳米颗粒,如图 3-1 所示。

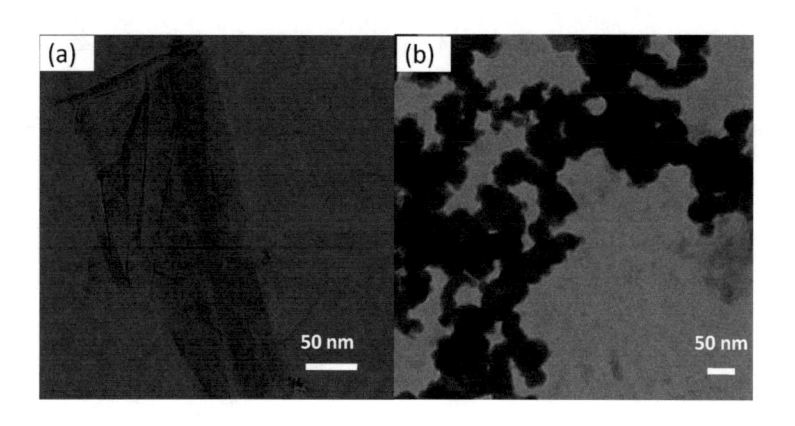

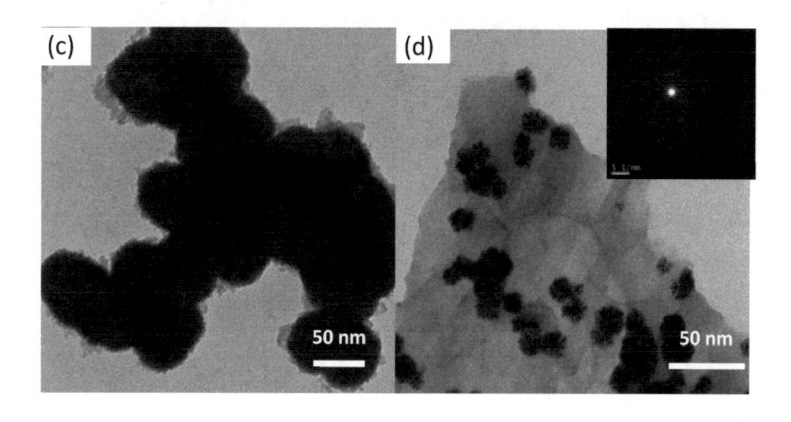

图 3-1　TEM 图 氧化石墨烯：(a) GO；(b) Co；
(c) 杨梅果状 Co；(d) 杨梅果状 Co@rGO

如图所示，我们制备了具有二维平面结构的氧化石墨烯薄片。通过化学法不添加表面活性剂和任何负载的条件下，制备的 Co 纳米颗粒呈现不规则的球形，颗粒粒径约为 50～80 nm，且颗粒间的团聚明显。通过改变制备方法，在表面添加活性剂 PVA，对生成的纳米颗粒进行表面改性，得到表面类似杨梅果状结构的球形 Co 纳米颗粒，颗粒粒径为 30～40 nm，颗粒间团聚明显。将得到的杨梅果状 Co 纳米颗粒负载于石墨烯表面，如图 3-1 (d) 所示，Co 纳米颗粒间的团聚性明显减弱，呈现类似杨梅果状结构的 Co 纳米颗粒分散于石墨烯表面，颗粒粒径均匀一致，为 25 nm。TEM 选区电子衍射花样为宽化的衍射环，说明通过化学还原法制备的 Co 纳米颗粒具有明显的非晶或微晶结构，这种非晶态有利于催化剂活性的提高。

为了进一步表征制备样品的晶体结构,分别对 Co 纳米颗粒,杨梅果状 Co 纳米颗粒和杨梅果状 Co@rGO 粉末颗粒进行了 XRD 测试,如图 3-2 所示。可以看出所制备的具有不同形貌的 Co 纳米颗粒衍射峰均为明显的宽化馒头峰,表明样品中 Co 纳米颗粒为非晶或微晶结构,该结论与 TEM 衍射花样结论一致。

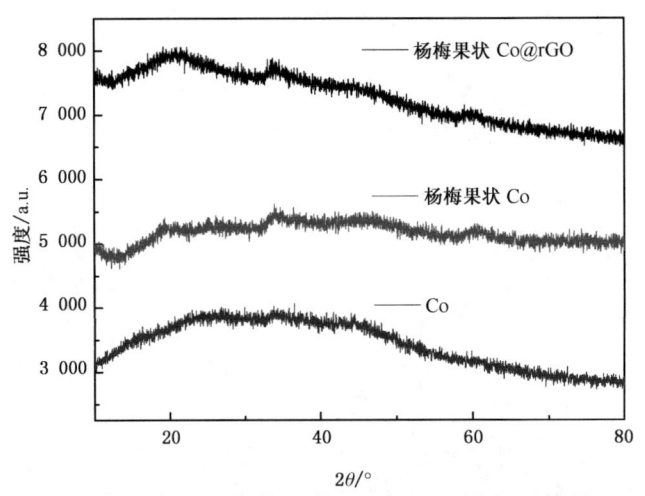

图 3-2 Co、杨梅果状 Co、杨梅果状 Co@rGO 粉末颗粒的 XRD 图谱

3.1.2 杨梅果状 Co@rGO 催化 NH$_3$·BH$_3$ 水解放氢性能研究

NH$_3$·BH$_3$ 溶液在室温下稳定存在,加入金属催化剂能快速水解反应放出氢气。通过化学法制备的单一 Co 非贵金属纳米催化剂应用于 NH$_3$·BH$_3$ 水解放氢体系中,在室温条件下即可快速放出大量的氢气。普通 Co 纳米催化剂完全催化 NH$_3$·BH$_3$ 水解完全释放 105 mL H$_2$ 需要 33.6 min,TOF 值为 3.38 mol$_{H_2}$·min^{-1}·mol$_{Co}^{-1}$,反应速率相对较弱,所制备的普通 Co 纳米颗粒团聚明显,催化反应的有效活性位点减少。与表 1-3 中引用文献中报道的单一非贵金属催化剂的催化活性相比,催化剂的水解性能并非最佳,这一性能有待提高。

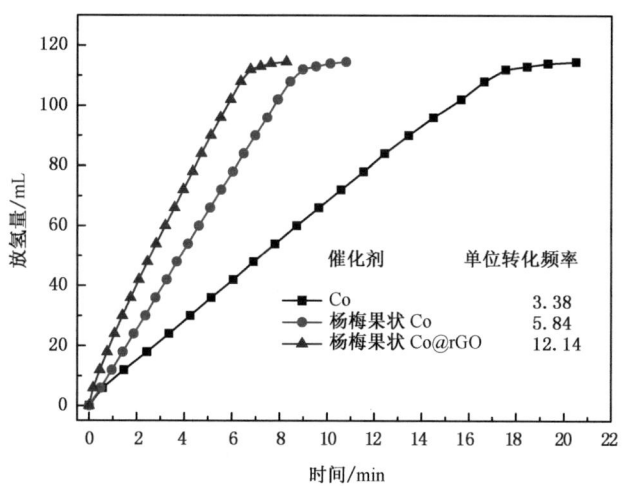

图 3-3　室温下，$NH_3 \cdot BH_3$ 在 Co、杨梅果状 Co、
杨梅果状 Co@rGO 催化作用下的水解放氢曲线

因此，通过完善制备工艺，制备过程中在表面活性剂的作用下，得到单分散性良好的 Co 纳米催化剂，且具有特殊的杨梅果状结构。测试杨梅果状 Co 纳米催化剂对 $NH_3 \cdot BH_3$ 水解放氢性能，彻底水解反应需要 22.9 min，TOF 值为 5.84 $mol_{H_2} \cdot min^{-1} \cdot mol_{Co}^{-1}$，说明具有杨梅果状的 Co 纳米颗粒的催化活性明显得到改善，杨梅果状催化剂表面呈现较为疏松的结构，有助于水解过程中的物质传递和电荷相互作用。

在此基础上，我们利用石墨烯独特的二维平面结构以及良好的电荷传输性能将杨梅果状 Co 纳米催化剂负载于石墨烯基体上，制备杨梅果状 Co@rGO 催化剂，其催化 $NH_3 \cdot BH_3$ 水解完全放氢需要 10.8 min，TOF 值为 12.14 $mol_{H_2} \cdot min^{-1} \cdot mol_{Co}^{-1}$。这种催化活性的显著提高是由于石墨烯基体和杨梅果状 Co 纳米颗粒之间的协同相互作用及其颗粒尺寸纳米化和独特的结构。石墨烯负载的杨梅果状 Co 纳米颗粒尺寸小，具有较高的比表面积，有利于与氨硼烷水溶液的接触，从而提高了催化活性。独特的杨梅果状结构的形成更有利于催化反应，其表面形成缺陷，提供更多的反应位点，增加了催化剂和氨硼烷的接触，从而降低了反应的活化能，进一步提高催化活性。

3.1.3　杨梅果状 Co@rGO 催化 $NH_3 \cdot BH_3$ 水解放氢动力学性能

图 3-4(a)为 $NH_3 \cdot BH_3$ 水解在不同 $NH_3 \cdot BH_3$ 基质浓度下的水解放氢曲线。实验过程中保持 Co@rGO 杨梅果状催化剂浓度为 8.3 mM，反应温度为室

温,从图中可以看到反应速率受 $NH_3·BH_3$ 浓度的增高影响很小,$NH_3·BH_3$ 水解相对于自身浓度为零级反应。

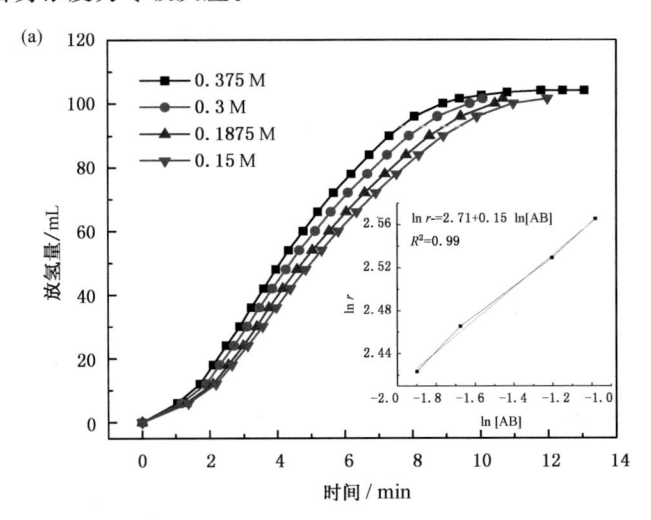

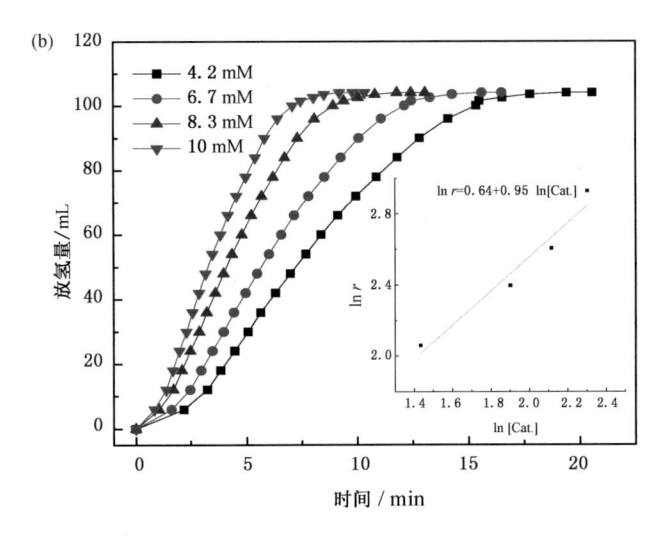

图 3-4 杨梅果状 Co@rGO NPs 催化水解反应动力学研究:
(a) $NH_3·BH_3$ 浓度对水解速率的影响,insert:lnrate - ln[AB]的拟合曲线;
(b) 不同催化剂浓度对 $NH_3·BH_3$ 水解的影响,
insert:lnrate-ln[cat.]的拟合曲线

图 3-4 (b) 为 $NH_3·BH_3$ 水解在不同浓度 Co@rGO 杨梅果状催化剂作用下的水解放氢曲线。实验过程中保持 $NH_3·BH_3$ 的浓度 0.375 M,反应温度为

室温,从图中可以明显地看到 $NH_3 \cdot BH_3$ 水解放氢速率随着催化剂浓度的升高而增加。采用微分法对 $NH_3 \cdot BH_3$ 水解反应相对于 Co@rGO 杨梅果状催化剂浓度的反应技术进行求算。首先对催化剂的浓度和反应速率分别取对数,然后以它们分别为横纵坐标作图(图 3-4 (b)附图),经过线性拟合得到拟合后直线的斜率为 0.95,这表明 $NH_3 \cdot BH_3$ 水解反应相对于催化剂的浓度为一级反应。

为了进一步得到 Co@rGO 杨梅果状催化剂催化 $NH_3 \cdot BH_3$ 水解反应的活化能,我们同时测试了普通 Co 催化剂,杨梅果状 Co 催化剂及石墨烯负载的杨梅果状 Co 催化剂对 $NH_3 \cdot BH_3$ 在不同温度下的水解放氢性能测试,如图 3-5 所示。实验结果表明,在三种催化剂作用下,$NH_3 \cdot BH_3$ 水解放氢速率随着温度的升高而显著增加,在不同温度下对应的 TOF 值如各图中附图所示。根据 Arrhenius 方程,以 $1/T$ 和 $\ln r$ 分别为横纵坐标计算出反应的活化能分别为 $50.48\ kJ \cdot mol^{-1}$、$47.63\ kJ \cdot mol^{-1}$、$45.49\ kJ \cdot mol^{-1}$,与普通 Co 催化剂相比,杨梅果状结构的 Co 催化剂有效降低了催化 $NH_3 \cdot BH_3$ 水解反应的活化能,经石墨烯负载后的杨梅果状 Co 催化剂进一步降低了催化 $NH_3 \cdot BH_3$ 水解反应的活化能,具有明显改善的催化性能。Co、杨梅果状 Co、杨梅果状 Co@rGO 催化剂的 TOF 值、活化能和循环保持率,见表 3-1。

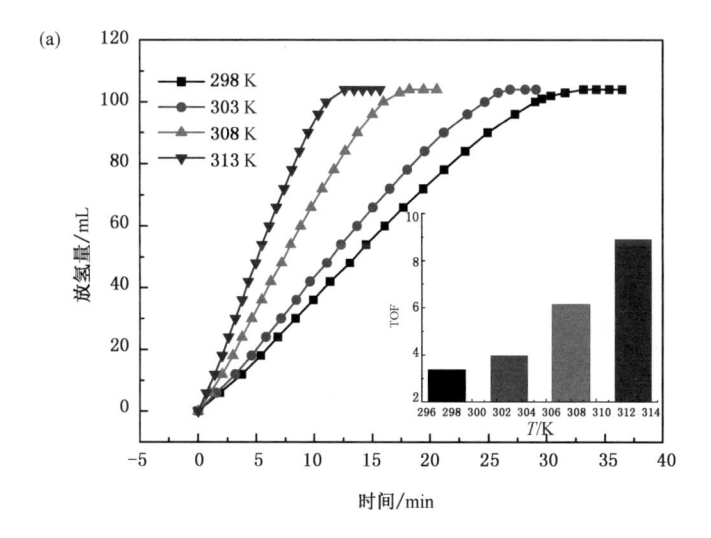

(b)

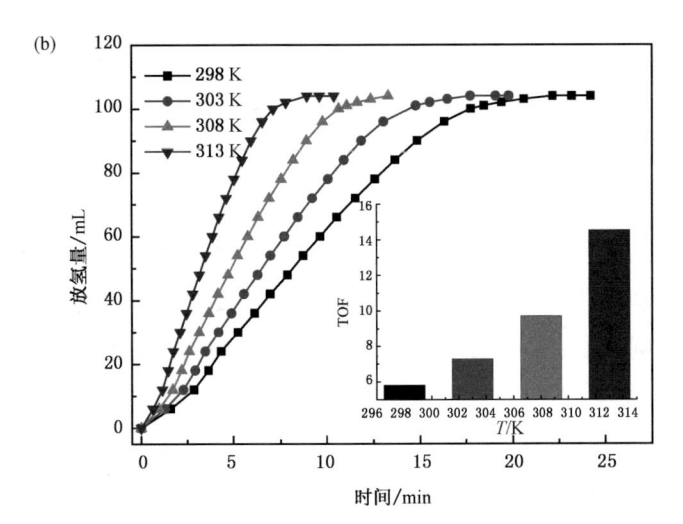

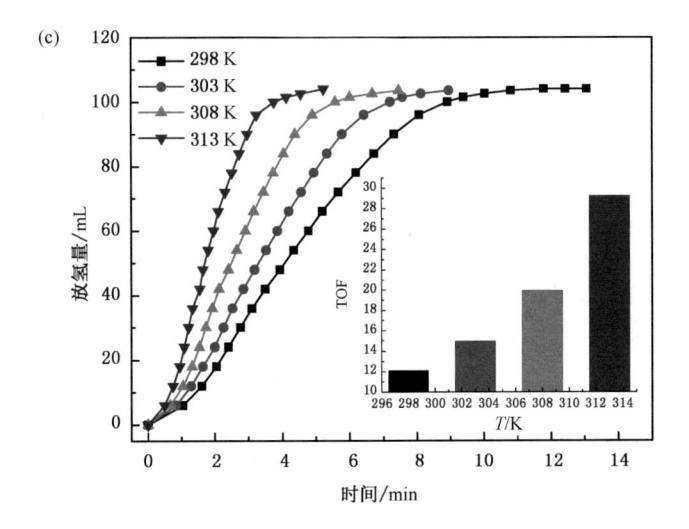

(c)

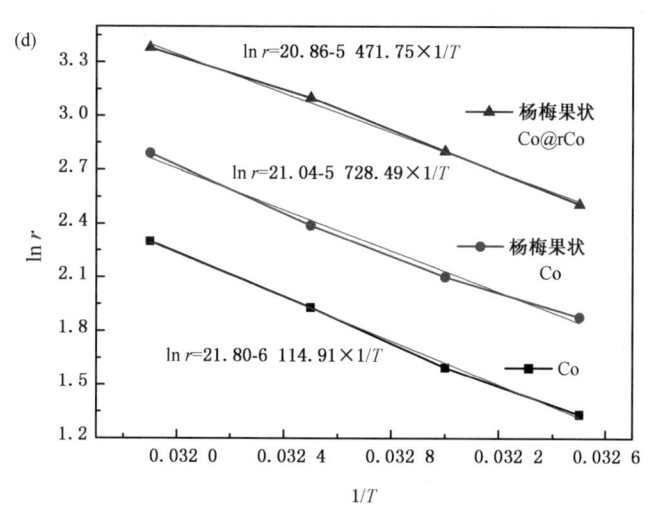

图 3-5 不同温度下 $NH_3 \cdot BH_3$ 水解放氢曲线（293～313 K）
及相对应的 TOF 值：(a)Co 催化剂；(b) 杨梅果状 Co 催化剂；
(c) 杨梅果状 Co@rGO 催化剂；(d) Arrhenius 方程计算活化能数据

表 3-1 Co、杨梅果状 Co、杨梅果状 Co@rGO 催化剂的 TOF 值、
活化能和循环保持率

催化剂	TOF/ $(mol_{H_2} \cdot min^{-1} \cdot mol_M^{-1})$	$E_a/$ $(kJ \cdot mol^{-1})$	循环保持率 R_5
Co	3.38	50.84	60.2%
杨梅果状 Co	5.84	47.63	69.4%
杨梅果状 Co@rGO	12.14	45.49	75.2%

3.1.4 杨梅果状 Co@rGO 催化 $NH_3 \cdot BH_3$ 水解放氢循环性能

催化剂循环稳定性测试是将催化剂进行多次循环利用，在第一次水解结束后，由于 Co 基催化剂具有磁性的特点，在外加磁铁的作用下，将反应后的溶液排掉，对催化剂颗粒进行多次洗涤后冷冻干燥再利用，加入与第一次等量的 $NH_3 \cdot BH_3$ 水溶液进行放氢测试。图 3-6(a，b，c)分别为 Co 催化剂、杨梅果状 Co 催化剂和杨梅果状 Co@rGO 催化剂在 5 次循环催化过程中的水解放氢曲线，(d)图为三种催化剂在 5 次循环过程中的 TOF 值。随着循环次数的增加，三种催化剂催化 $NH_3 \cdot BH_3$ 水解放氢反应所需时间逐渐增加，即催化活性逐渐降低，5 次循环保持率依次为 60.2%、69.4%、75.2%。图 3-7 为

催化剂 5 次循环后颗粒的 TEM 图,从图中可以发现,普通 Co 催化剂在 5 次循环后颗粒团聚性最明显,具有杨梅果状结构的 Co 催化剂在 5 次循环后颗粒团聚性得到改善,而经石墨烯负载后的杨梅果状 Co 催化剂仍呈现良好的分散性,说明在石墨烯载体作用下,颗粒保持良好的稳定性。催化剂失活的原因一般有如下几个因素:反应的副产物使催化剂的表面钝化,氢气产生后体积迅速膨胀导致载体坍塌,还有表面氧化、颗粒团聚、粒径增大等原因。但是杨梅果状 Co@rGO 催化剂重复使用 5 次之后的放氢速率仍达到 9.11 $mol_{H_2} \cdot min^{-1} \cdot mol_{Co}^{-1}$,具有一定的循环利用价值。

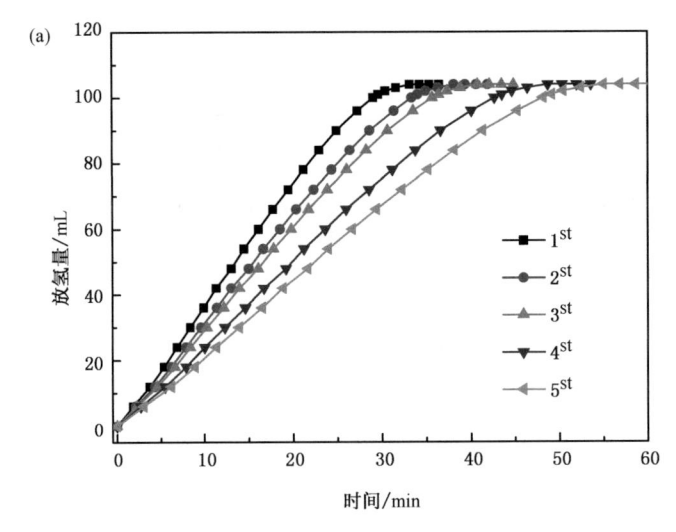

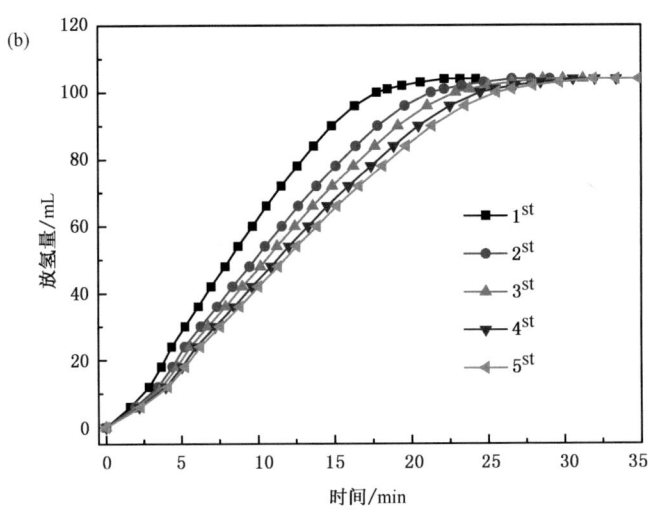

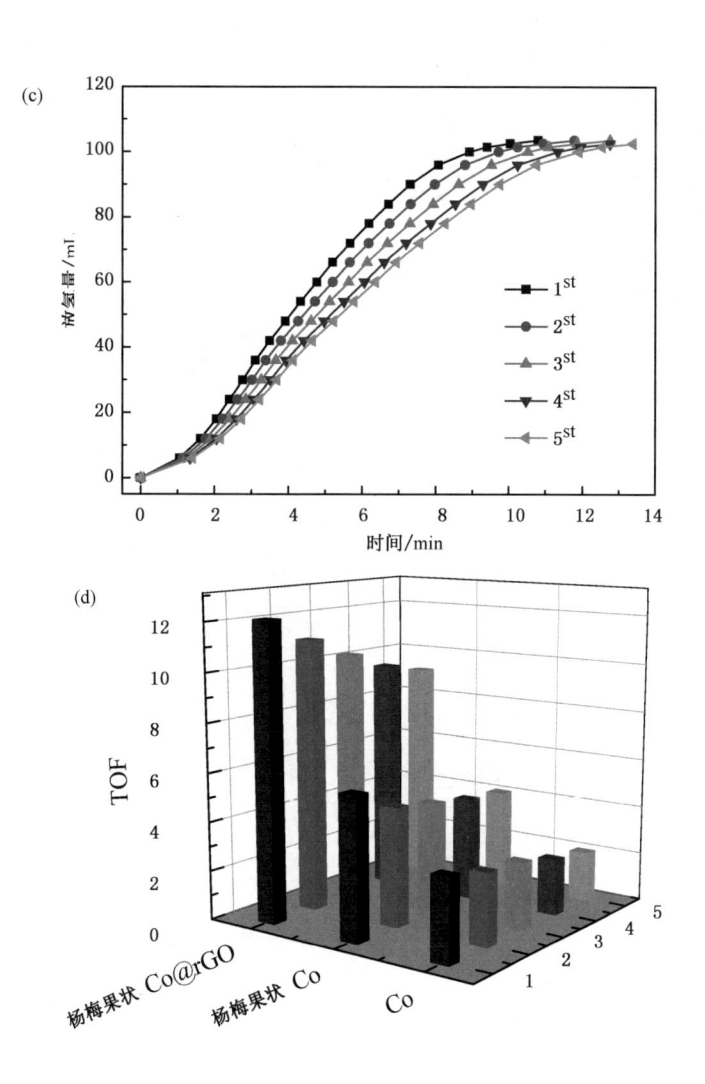

图 3-6　5 次循环过程中催化氨硼烷水解放氢曲线：(a) Co 催化剂；
(b) 杨梅果状 Co 催化剂；(c) 杨梅果状 Co@rGO 催化剂；
(d) 5 次循环过程中 TOF 值

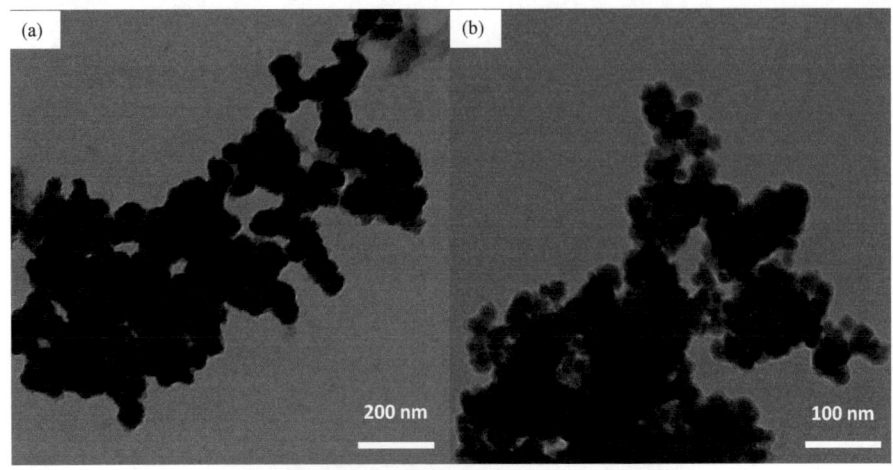

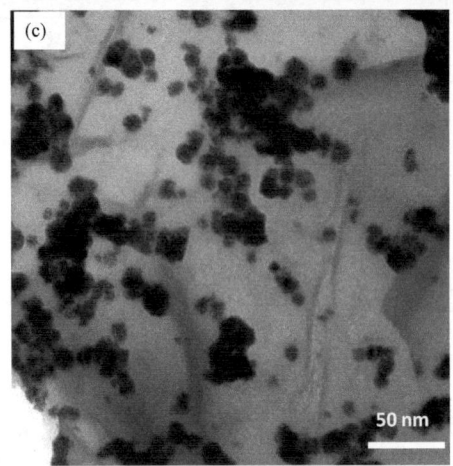

图 3-7　5 次循环后催化剂的 TEM 图：(a) Co；
(b) 杨梅果状 Co；(c) 杨梅果状 Co@rGO

3.2　杨梅果状 Co-Mo@rGO 的制备、结构表征及催化 AB 水解放氢性能研究

3.2.1　杨梅果状 Co-Mo@rGO 的制备

制备氧化石墨烯负载 Co_xMo_{1-x} NPs：将 50 mg GO 和 22 mg 聚乙烯醇分散到 100 mL 水中，充分超声 0.5 h，加入不同摩尔比的 $CoCl_2·6H_2O$ 和 $(NH_4)_6Mo_7O_{24}·4H_2O$ 混合溶液（金属 Co 离子和 Mo 离子的总金属物质的量为 0.5 mmol），在 N_2 气氛下将上述混合液超声分散 0.5 h，搅拌 1 h。保证金属

离子与 GO 充分混合。转移至冰水浴中,逐滴加入过量的 $NaBH_4$ 溶液,在 Ar 气氛保护下,冰水混浴中不断搅拌,直至溶液变成棕黑色,无气泡产生。将反应产物分别用水和乙醇洗涤后离心,在 -48 ℃的冷冻干燥机中冻干 2~3 天。保持金属总摩尔量不变,调整催化剂中 Mo 的含量,以同样的方法和条件制备不同钴钼比例的催化剂($Co_{0.85}Mo_{0.15}$@rGO、$Co_{0.75}Mo_{0.25}$@rGO、$Co_{0.60}Mo_{0.40}$@rGO、$Co_{0.50}Mo_{0.50}$@rGO、$Co_{0.30}Mo_{0.70}$@rGO、Mo@rGO)。

氧化石墨烯负载的 Co-Mo 双金属纳米催化剂是通过 Co^{2+}、$Mo_7O_{24}^{6-}$ 在表面活性剂(PVA)的作用下充分络合后在超声震动的作用下与石墨烯基体混合,然后在冰水浴中利用化学还原法制备的。金属离子被束缚在石墨烯表面的含氧官能团空间内部,呈现相对分散的状态,当还原剂 $NaBH_4$ 加入后,Co^{2+} 先被还原,生成 Co 原子团簇,在 Co 的诱导下 $Mo_7O_{24}^{6-}$ 被还原,逐渐聚集成合金纳米颗粒。

$$BH_4^- + 2Co^{2+} + 4OH^- \longrightarrow BO_2^- + 2Co\downarrow + 2H_2\uparrow + 2H_2O \qquad (3-1)$$

$$BH_4^- + Mo_7O_{24}^{6-} + H_2O \longrightarrow BO_2^- + Mo\downarrow + H_2\uparrow + OH^- \qquad (3-2)$$

3.2.2 杨梅果状 Co-Mo@rGO 催化 $NH_3·BH_3$ 水解放氢性能研究

图 3-8 为 $NH_3·BH_3$ 在 Co-Mo,杨梅果状 Co-Mo,杨梅果状 Co-Mo@rGO 催化作用下水解放氢曲线,较单一 Co 催化剂催化作用下的水解反应速率明显提高,催化 $NH_3·BH_3$ 水解反应的单位转化频率(TOF)值数据如表 3-2 所示。普通 Co-Mo 催化剂完全催化 $NH_3·BH_3$ 水解完全释放 114 mL H_2 需要 19.2 min,TOF 值为 6.01 $mol_{H_2}·min^{-1}·mol_{Co-Mo}^{-1}$,这一性能较单一 Co 催化剂提高了近一倍,说明 Co-Mo 双金属催化剂的催化活性远优于单一组分金属催化剂。根据"火山型"曲线可知:左侧吸附键能弱的原子(Co)与右侧吸附键能强的原子(Mo)结合后催化活性增强,同时,根据 Brower-Engel 价键理论:外层电子半满的过渡金属元素(Mo)与具有空轨道的过渡金属(Co)结合获得的合金具有更高的催化活性。因此,Co-Mo 双金属组分之间的电荷相互作用有利于水解反应的进行。

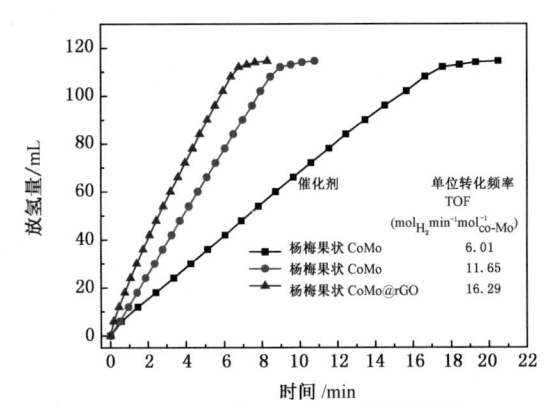

图3-8 $NH_3·BH_3$ 在 Co-Mo、杨梅果状 Co-Mo、杨梅果状 Co-Mo@rGO 催化作用下水解放氢曲线

表3-2 催化 $NH_3·BH_3$ 水解反应的单位转化频率(TOF)值数据

催化剂	反应时间/min	最大放氢速率(k)/(mL·min^{-1}·g^{-1})	TOF/(mol$_{H_2}$·min^{-1}·mol$_M^{-1}$)
Co	33.6	47.4	3.38
杨梅果状 Co	22.9	81.8	5.84
杨梅果状 Co@rGO	10.8	169.9	12.14
Co-Mo	19.2	84.3	6.01
杨梅果状 Co-Mo	9.5	163.2	11.65
杨梅果状 Co-Mo@rGO	7.1	228.2	16.29

通过控制制备工艺及表面活性剂作用下制备出具有杨梅果状结构的 Co-Mo 双金属催化剂，其催化 $NH_3·BH_3$ 水解反应较单一的杨梅果状 Co 催化剂和普通 Co-Mo 催化剂具有更高的催化活性，完全释放 114 mL H_2 需要 9.5 min，TOF 值为 11.65 mol$_{H_2}$·min^{-1}·mol$_{Co-Mo}^{-1}$。将杨梅果状 Co-Mo 双金属催化剂负载于石墨烯基体表面，得到的负载型催化剂具有最佳的催化活性，完全释放 114 mL H_2 需要 7.1 min，TOF 值为 16.29 mol$_2$·min^{-1}·mol$_{Co-Mo}^{-1}$。因此，催化剂的电子结构和表面状态决定了催化剂与 $NH_3·BH_3$ 的相互作用。

Mo 的含量变化对 Co-Mo@rGO 催化 $NH_3·BH_3$ 水解性能的影响如图3-9所示。保持 Co、Mo 金属成分在催化剂中的总物质的量不变来研究杨梅果状 Co_xMo_{1-x}@rGO (x=0、0.15、0.25、0.40、0.50、0.70、1)催化剂在 $NH_3·BH_3$ 水解放氢过程中催化活性的变化。显然催化剂的组成对催化性能有着重要的影响,单一 Mo 催化剂的催化活性较弱,在溶液中产氢速率很慢,制备过程中 Mo 离子很难被还原,在 Co 离子还原过程中诱导 Mo 离子沉积形成具有非晶结构的合金催化剂;制备成不同组分的 Co-Mo 双金属组分后的二元催化剂的催化活性显著提高,随着 Co 含量的增加,水解反应出现越来越快的趋势,当 Co、Mo 比例为 0.75∶0.25 时,双金属复合催化剂的催化活性最高,完全催化 $NH_3·BH_3$ 水解完全释放 114 mL H_2 仅需要 7.1 min,TOF 值达到 16.29 $mol_{H_2}·min^{-1}·mol_{Co-Mo}^{-1}$。再增加 Co 含量,纯 Co 催化剂的催化活性则明显降低。我们研究具有最高活性组分的 $Co_{0.75}Mo_{0.25}$@rGO 催化剂催化 $NH_3·BH_3$ 水解放氢性能。

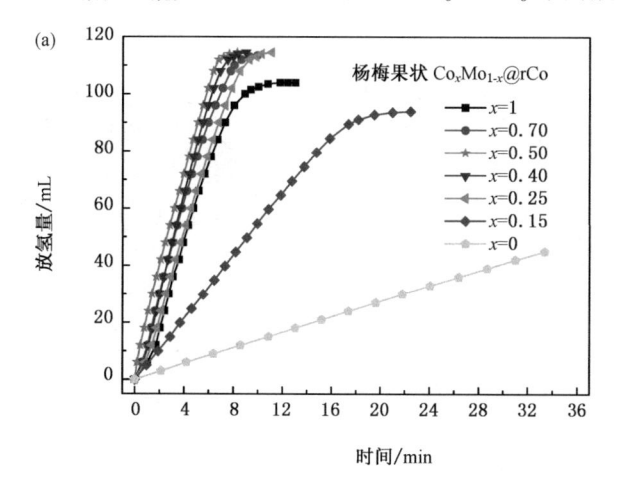

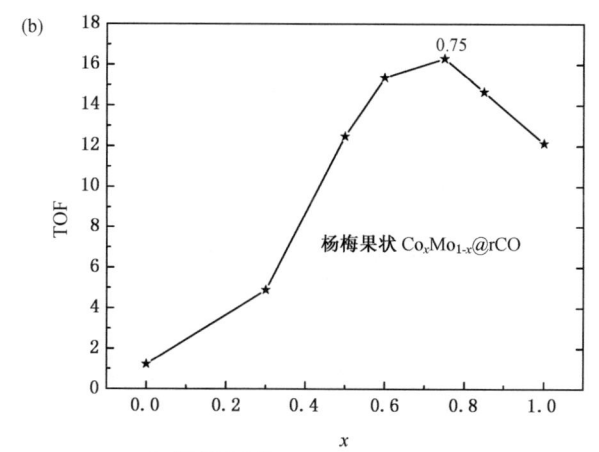

图 3-9 $NH_3·BH_3$ 在杨梅果状 Co_xMo_{1-x}@rGO($x=0$、0.15、0.25、0.40、0.50、0.70、1)催化剂作用下水解放氢曲线;(b) Co_xMo_{1-x}@rGO 催化剂中 Mo 含量对 $NH_3·BH_3$ 水解性能的影响

3.2.3 杨梅果状 $Co_{0.75}Mo_{0.25}$@rGO 的结构表征

我们对催化活性较好的样品进行 TEM 分析,观察不同样品的微观形貌。如图 3-10 所示普通 Co-Mo NPs 呈现不规则的球形结构,颗粒粒径为 40～60 nm,颗粒团聚明显。在表面活性剂 PVA 作用下,得到的 Co-Mo 纳米颗粒呈现类似杨梅果状结构,颗粒粒径为 25～35 nm,颗粒团聚仍较为明显。但经石墨烯负载后制备的 $Co_{0.75}Mo_{0.25}$@rGO 复合催化剂纳米颗粒均匀的分散于石墨烯表面,颗粒间团聚不明显,颗粒尺寸较为均一,粒径约为 20 nm。TEM 选区电子衍射花样为宽化的衍射环,说明掺杂 Mo 后,Co-Mo 纳米颗粒的晶体结构仍然呈现非晶或微晶结构。

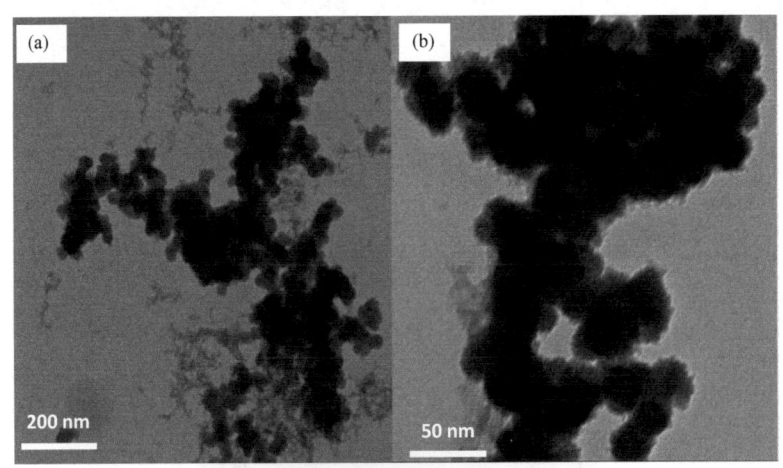

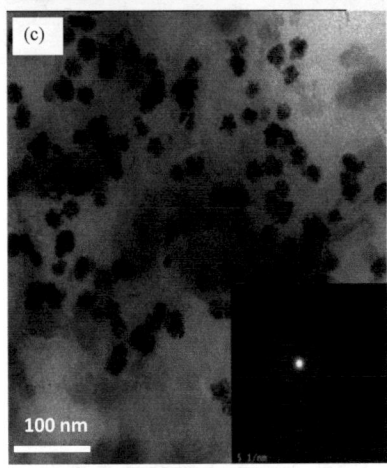

图 3-10 TEM 图 (a) $Co_{0.75}Mo_{0.25}$;
(b) 杨梅果状 $Co_{0.75}Mo_{0.25}$;(c) 杨梅果状 $Co_{0.75}Mo_{0.25}$@rGO

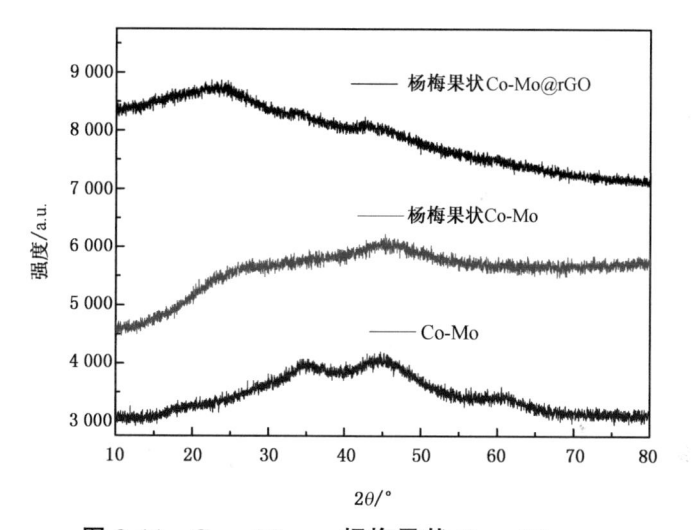

图 3-11 为 $Co_{0.75}Mo_{0.25}$、杨梅果状 $Co_{0.75}Mo_{0.25}$ 和杨梅果状 $Co_{0.75}Mo_{0.25}$@rGO 粉末颗粒的 XRD 衍射图谱,可以看出与未经负载的 $Co_{0.75}Mo_{0.25}$ 颗粒相比,杨梅果状 $Co_{0.75}Mo_{0.25}$ 和杨梅果状 $Co_{0.75}Mo_{0.25}$@rGO 颗粒的衍射峰宽化程度呈递增趋势,表明在制备的粉末颗粒中,杨梅果状形貌有助于合金颗粒的非晶化程度的提高,而负载 rGO 后,颗粒的非晶化程度更为明显。该结论与 TEM 衍射花样测试结果相符。这是由于与单一 Co 纳米颗粒相比,Mo 的引入有助于形成粒径更小、分散性更好的双合金催化剂。通过改变制备方法,在表面活性剂和石墨烯载体的作用下,得到的复合催化剂呈现单分散性能好的、具有特殊的杨梅果状结构,有助于增大催化剂的比表面积,提高催化 $NH_3·BH_3$ 水解反应速率。

图 3-11 $Co_{0.75}Mo_{0.25}$、杨梅果状 $Co_{0.75}Mo_{0.25}$、杨梅果状 $Co_{0.75}Mo_{0.25}$@rGO 粉末颗粒的 XRD 图谱

3.2.4 杨梅果状 $Co_{0.75}Mo_{0.25}$@rGO 催化 $NH_3·BH_3$ 水解放氢动力学性能

比较统一反应下反应的活化能大小,活化能越小表明反应越容易发生,催化剂的催化性能越强。分别测试普通 $Co_{0.75}Mo_{0.25}$ 催化剂、杨梅果状 $Co_{0.75}Mo_{0.25}$ 催化剂和杨梅果状 $Co_{0.75}Mo_{0.25}$@rGO 催化剂在 293~313 K 下催化 $NH_3·BH_3$ 水解放氢曲线,如图 3-12 所示,附图为对应温度下的 TOF 值。在三种催化剂作用下,$NH_3·BH_3$ 水解放氢速率随着温度的升高而显著增加。根据 Arrhenius 方程,以 $1/T$ 和 $\ln r$ 分别为横纵坐标计算出反应的活化能分别

为 48.03 kJ·mol^{-1}、45.98 kJ·mol^{-1}、43.72 kJ·mol^{-1}，与单一 Co 催化剂相比，Co-Mo 催化剂催化活性明显改善，反应速率提高，活化能降低。杨梅果状 Co$_{0.75}$Mo$_{0.25}$@rGO 催化剂在催化 NH$_3$·BH$_3$ 水解放氢性能上具有较高的催化活性，与文献报道的 Co 基催化剂相比，反应时间、放氢速率、活化能和循环效率等方面均有较好的性能，这主要归因于以下三个方面：

（1）Co-Mo 双金属组分之间的协同作用，降低金属-氢之间的键能，水解反应过程中，提高活性中间体 M-H 的活性，促进水解反应进行；

（2）Co-Mo 与石墨烯基体之间的界面相互作用，提高金属颗粒的分散性和稳定性，进而促进催化活性；

（3）催化剂纳米颗粒独特的杨梅果状疏松结构，增大催化剂的比表面积，增加反应活性位点。

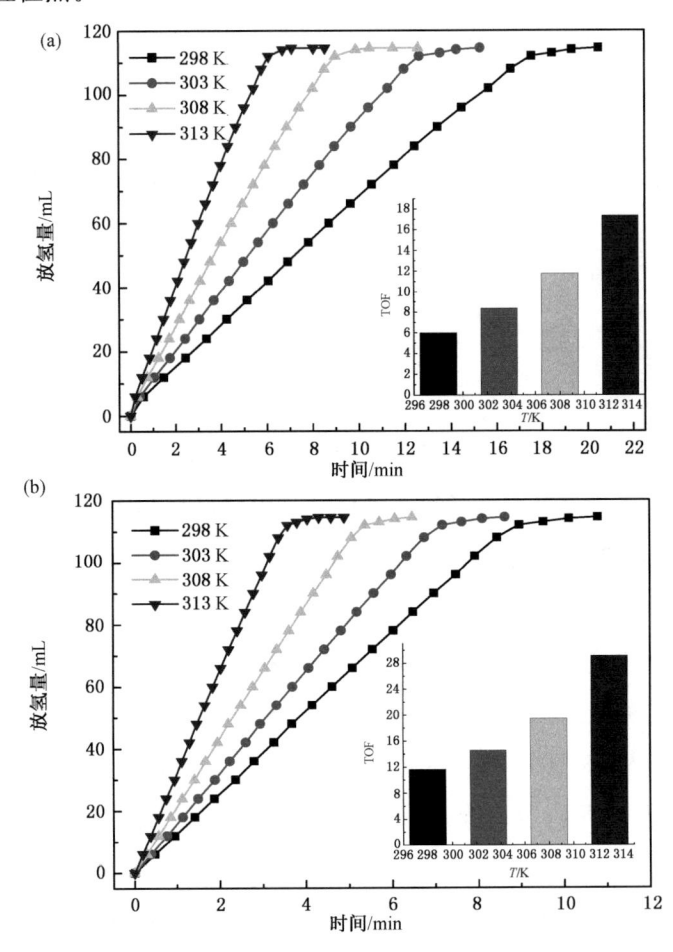

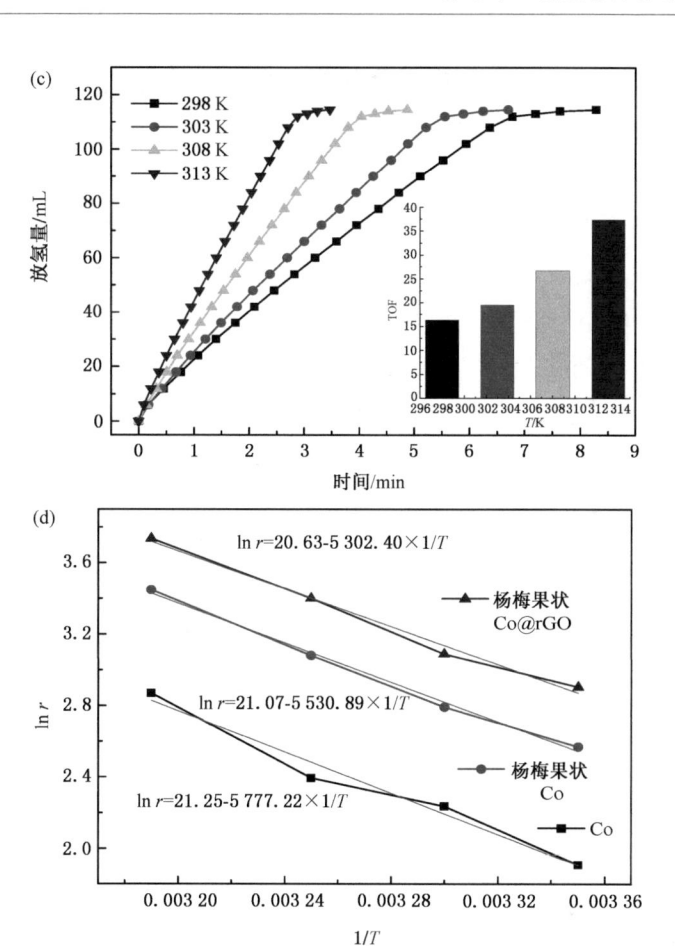

图 3-12 不同温度下 $NH_3 \cdot BH_3$ 水解放氢曲线（293～313 K）及相对应的 TOF 值：
（a）$Co_{0.75}Mo_{0.25}$ 催化剂；（b）杨梅果状 $Co_{0.75}Mo_{0.25}$ 催化剂；
（c）杨梅果状 $Co_{0.75}Mo_{0.25}$@rGO 催化剂；（d）Arrhenius 方程计算 E_a 数据

表 3-3 $Co_{0.75}Mo_{0.25}$、杨梅果状 $Co_{0.75}Mo_{0.25}$、

杨梅果状 $Co_{0.75}Mo_{0.25}$@rGO 催化剂的 TOF、活化能和循环保持率

催化剂	TOF/ ($mol_{H_2} \cdot min^{-1} \cdot mol_M^{-1}$)	E_a/ ($kJ \cdot mol^{-1}$)	循环保持率 R_5
$Co_{0.75}Mo_{0.25}$	6.01	48.03	70.1%
杨梅果状 $Co_{0.75}Mo_{0.25}$	11.65	45.98	75.0%
杨梅果状 $Co_{0.75}Mo_{0.25}$@rGO	16.29	43.72	80.3%

3.2.5 杨梅果状 $Co_{0.75}Mo_{0.25}$@rGO 催化 $NH_3 \cdot BH_3$ 水解放氢循环性能

图 3-13(a,b,c)分别为 $Co_{0.75}Mo_{0.25}$ 催化剂、杨梅果状 $Co_{0.75}Mo_{0.25}$ 催化剂

和杨梅果状 $Co_{0.75}Mo_{0.25}$@rGO 催化剂在 5 次循环催化过程中的水解放氢曲线,图(d)为三种催化剂在 5 次循环过程中的 TOF 值。随着循环次数的增加,三种催化剂催化 $NH_3·BH_3$ 水解放氢反应所需时间逐渐增加,即催化活性逐渐降低,5 次循环保持率依次为 70.1%、75%、80.3%。与单一 Co 催化剂相比,Co-Mo 催化剂在循环过程中的循环保持率均得到提高,说明在反复使用过程中,Co-Mo 催化剂更为稳定,具有杨梅果状结构的 $Co_{0.75}Mo_{0.25}$@rGO 催化剂循环保持率高达 80.3%,图 3-14 为催化剂 5 次循环后颗粒的 TEM 图,从图中可以发现循环后催化剂颗粒的结构保持不变,颗粒间出现一定的团聚,但是经石墨烯修饰之后的杨梅果状颗粒团聚性最小。与单一 Co 催化剂相比,Mo 的引入也有利于降低颗粒的团聚,提高稳定性。

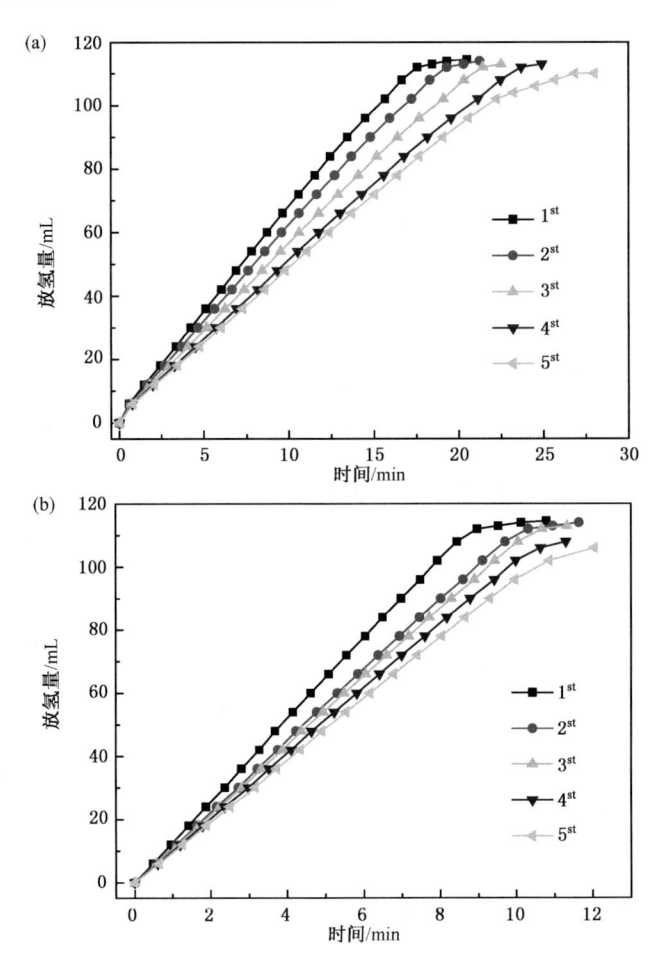

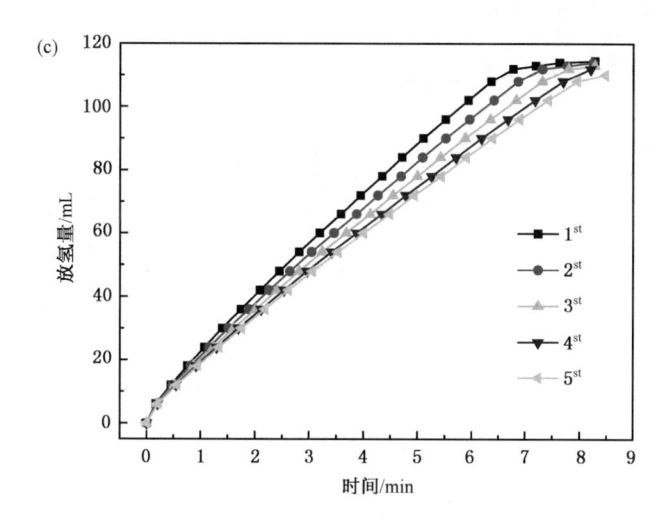

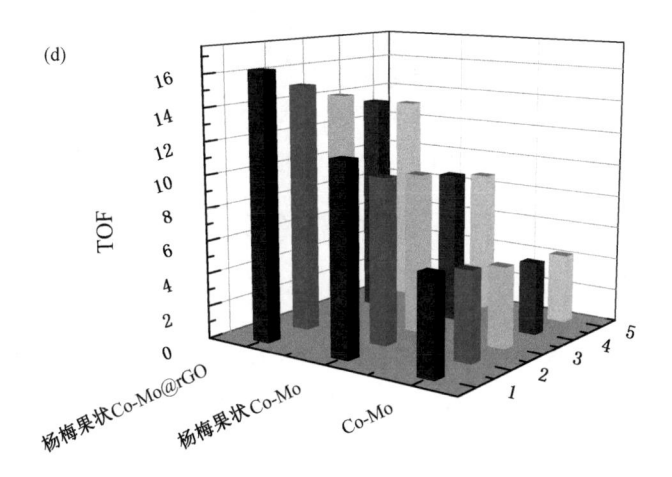

图 3-13　5 次循环过程中催化氨硼烷水解放氢曲线：(a) $Co_{0.75}Mo_{0.25}$ 催化剂；(b) 杨梅果状 $Co_{0.75}Mo_{0.25}$ 催化剂；(c) 杨梅果状 $Co_{0.75}Mo_{0.25}$@rGO 催化剂；(d) 5 次循环过程中 TOF 值

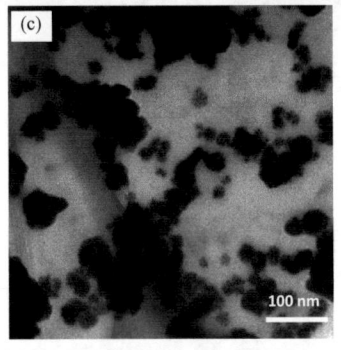

图 3-14 5 次循环后催化剂的 TEM 图：(a) $Co_{0.75}Mo_{0.25}$；
(b) 杨梅果状 $Co_{0.75}Mo_{0.25}$；(c) 杨梅果状 $Co_{0.75}Mo_{0.25}$@rGO

3.3　PAMAM 修饰 Ag-Co 的制备及催化 $NH_3·BH_3$ 水解放氢性能研究

在 $NH_3·BH_3$ 水解制氢催化剂研究中，人们发现采用高分子聚合物作为金属催化剂稳定剂和修饰剂后，能够显著改善其催化 $NH_3·BH_3$ 水解放氢性能。Derya Özhava 等人制备 PVP 负载的 Ni 纳米颗粒在催化 $NH_3·BH_3$ 醇解放氢反应上表现出其他载体负载所不具备的高催化活性和长效稳定性，TOF 值为 12.1 $mol_{H_2}·min^{-1}·mol_M^{-1}$。树枝状聚合物是近年来不断发展的一类高度支化的具有树状结构的超大分子，其结构有着极好的几何对称性，而且分子的体积、形状可以得到精确控制。其中，聚酰胺-胺树状大分子（PAMAM）作为具有高度支化、高度几何对称结构的三维球体结构聚合物，因其整个分子处在纳米尺寸，分子内具备纳米空腔以及末端有大量官能团，成为纳米材料制备过程中良好的模板剂和表面活性剂。然而在催化 $NH_3·BH_3$ 水解制氢反应体系中，PAMAM 负载金属纳米颗粒的结构特性及其增强催化剂催化活性的机理研究尚未见报道。因此,本章选取 Ag-Co 纳米颗粒作为催化剂,PAMAM 作为载体,系统研究 Ag_xCo_{1-x}/PAMAM($x=0.1$、0.3、0.5、0.7 和 0.9)催化剂的微观结构特征和催化 $NH_3·BH_3$ 水解反应活性,同时阐述 PAMAM 增强纳米颗粒催化活性的作用机制。

3.3.1 Ag-Co/PAMAM 催化剂的制备

本章采用共络合化学还原法制备聚酰胺-胺树枝状聚合物(PAMAM)负载的 Ag-Co 双金属纳米催化剂,主要合成方法如下:将不同摩尔比的 $AgNO_3$ 和 $Co(NO_3)_2$ 的混合物溶于含有 4 mL、0.5 mg·mL^{-1} PAMAM 的水溶液中,将上述混合溶液在 N_2 气氛保护下超声分散 2 h,使 PAMAM 树枝状聚合物与金属离子充分络合;然后转移至冰水浴中,逐滴加入过量的 0.1 mol/L $NaBH_4$ 溶液,不断搅拌,直至溶液变成棕黑色,无气泡产生。将反应产物分别用水和乙醇洗涤后离心,在 −48 ℃ 的冷冻干燥机中冻干。

将上述得到的催化剂颗粒置于 50 mL 三口圆底烧瓶中,在恒温水浴振荡器中,控制水浴的温度,同时开启震荡,圆底烧瓶另一端与排水集气装置连接,通过排水集气法来测定对 $NH_3·BH_3$ 水解的催化性能。快速加入 6 mL、1.5 mmol $NH_3·BH_3$ 水溶液,迅速封闭容器,开始收集气体,每排出 6 mL 水则记录 1 次时间,直到液面不变为止。将反应后的催化剂分别用水和乙醇洗 3 次,用冷冻干燥机低温冻干,收集起来用于其他测试。

采用 Ag^+ 与 Co^{2+} 离子溶液与四代末端为氨基的 PAMAM 树枝状聚合物(G_4-NH_2)共络合后在低温环境下化学还原法制备 PAMAM 树枝状聚合物修饰的 Ag-Co 纳米颗粒的反应历程如示意图 3-15 所示。金属离子与 PAMAM 树枝状聚合物中伯胺或叔胺发生络合反应,通过加入 $NaBH_4$ 作为还原剂发生还原反应,络合后的 Ag^+、Co^{2+} 离子被还原成金属原子,金属原子聚集成簇。因 $NaBH_4$ 具有较强的还原性,能够将金属离子同时还原,因此得到的纳米颗粒是合金型结构,而非核壳型结构。PAMAM 树枝状聚合物本身是一种空间结构高度有序的化合物,修饰纳米簇后,使其变得稳定,不易团聚。

图 3-15　PAMAM 树枝状聚合物修饰的 Ag-Co 纳米颗粒制备过程示意图

3.3.2　Ag-Co/PAMAM 催化 $NH_3·BH_3$ 水解放氢性能

为了探讨所制备的 Ag-Co/PAMAM 催化剂的活性,筛选 Ag-Co 合金纳米颗粒的最佳组成,我们对 PAMAM 树枝状聚合物修饰的 Ag、Co 不同比例复合催化剂在室温下催化 $NH_3·BH_3$ 水解放氢性能进行了研究,水解放氢曲线如图 3-16 所示。

由图 3-16 曲线可以看出,PAMAM 树枝状聚合物修饰的双金属 Ag-Co 水解放氢非常迅速,水解曲线几乎呈线性,值得注意的是,Ag、Co 不同组分时双金属催化剂的水解活性相差较大,随着 Co 含量的增加,水解放氢速率先增高后降低,即催化剂的活性先增强后减弱,当 Ag、Co 比例为 3∶7 时,催化剂催化 $NH_3·BH_3$ 水解反应速率最快,水解反应完成时间为 7.1 min,反应的单位转换频率(TOF)值为 15.84 $mol_{H_2}·min^{-1}·mol_M^{-1}$。

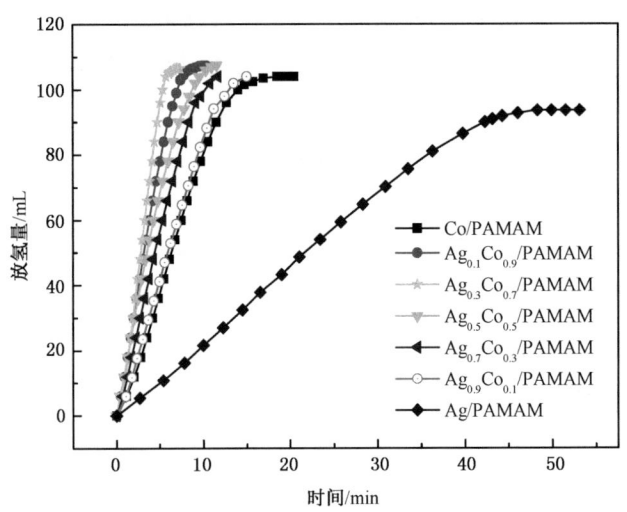

图 3-16　$NH_3·BH_3$ 在 $Ag_{1-x}Co_x$/PAMAM
($x=0$、0.1、0.3、0.5、0.7、0.9、1)催化作用下水解放氢曲线

与之相比，Co/PAMAM 催化 $NH_3 \cdot BH_3$ 水解反应需要 18.5 min，反应的 TOF 值为 6.68 $mol_{H_2} \cdot min^{-1} \cdot mol_M^{-1}$；Ag/PAMAM 催化 $NH_3 \cdot BH_3$ 水解反应需要更长的时间为 45 min，且水解反应不完全，反应的单位转换频率（TOF）值为 2.36 $mol_{H_2} \cdot min^{-1} \cdot mol_M^{-1}$。$Ag_{1-x}Co_x$/PAMAM（$x=0$、0.1、0.3、0.5、0.7、0.9、1）催化剂水解 $NH_3 \cdot BH_3$ 所需反应时间和反应 TOF 值列于表 3-4 中。结合表中数据，我们发现 PAMAM 树枝状聚合物修饰的双金属复合催化剂的活性明显优于单一 Ag 催化剂和单一 Co 催化剂。

表 3-4 聚酰胺-胺树状聚合物修饰 Ag-Co 催化剂
（$Ag_{1-x}Co_x$/PAMAM（$x=0$、0.1、0.3、0.5、0.7、0.9、1））
催化 $NH_3 \cdot BH_3$ 水解反应的反应时间、最大放氢速率、TOF 值数据

催化剂	反应时间/min	最大放氢速率/($mL \cdot min^{-1} \cdot g^{-1}$)	单位转化频率值/($mol_{H_2} \cdot min^{-1} \cdot mol_M^{-1}$)
Co/PAMAM	18.5	103.35	6.80
$Ag_{0.1}Co_{0.9}$/PAMAM	9.3	203.26	13.37
$Ag_{0.3}Co_{0.7}$/PAMAM	7.1	240.81	15.84
$Ag_{0.5}Co_{0.5}$/PAMAM	11.5	174.76	11.50
$Ag_{0.7}Co_{0.3}$/PAMAM	11.69	143.38	9.43
$Ag_{0.9}Co_{0.1}$/PAMAM	15.0	109.18	7.18
Ag/PAMAM	48.3	29.26	1.92

为进一步研究 $Ag_{0.3}Co_{0.7}$/PAMAM 的催化性能，我们对比空白 PAMAM 树枝状聚合物修饰材料、未添加任何表面修饰的 Co 纳米颗粒、$Ag_{0.3}Co_{0.7}$ 纳米颗粒催化 $NH_3 \cdot BH_3$ 水解放氢性能，水解放氢曲线如图 3-17 所示。可以看出空白的 PAMAM 树枝状聚合物修饰材料对 $NH_3 \cdot BH_3$ 水解放氢反应无催化效应，而在未进行任何表面修饰的 Co、$Ag_{0.3}Co_{0.7}$ 催化剂作用下，$NH_3 \cdot BH_3$ 水解反应完成的时间均超过 20 min，其单位转化频率（TOF）值分别为 3.44 $mol_{H_2} \cdot min^{-1} \cdot mol_M^{-1}$ 和 4.81 $mol_{H_2} \cdot min^{-1} \cdot mol_M^{-1}$。而经 PAMAM 修饰后，所制备的 PAMAM 树枝状聚合物修饰的 Ag-Co 催化剂均表现出显著提升的催化性能，其中 $Ag_{0.3}Co_{0.7}$/PAMAM 催化剂的 TOF 值达到 15.84 $mol_{H_2} \cdot min^{-1} \cdot mol_M^{-1}$。Yang 等研究发现，PAMAM 材料特殊的树枝状大分子结构能有效地使其负载的纳米粒子形成稳定的分散状态，同时，由于 PAMAM 具有大量的氨基和酰胺基官能团，具有较强的供电子能力，有利于降低反应物稳定性，提高催化剂的催化效率。可以看出，虽然高分子聚合物不只是负载金属催化剂的一个

惰性载体，但是当其负载催化剂后，既能够对催化剂活性中心进行修饰，并使催化剂的结构发生变化，又能在一定程度上影响反应物，从而增强催化剂的催化性能。

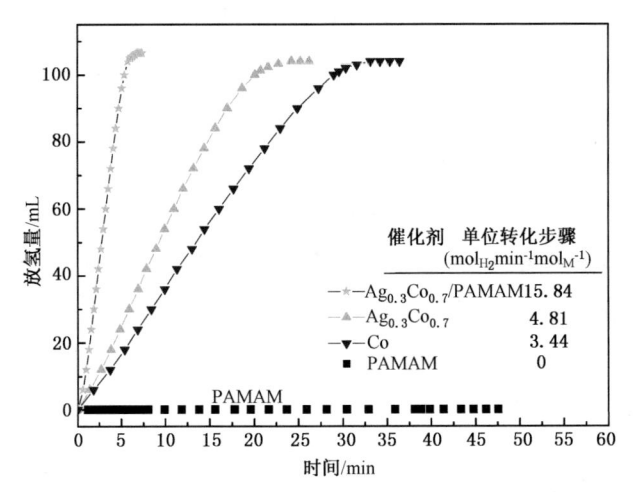

图 3-17　NH$_3$·BH$_3$ 分别在 PAMAM、Co、Ag$_{0.3}$Co$_{0.7}$ 和 Ag$_{0.3}$Co$_{0.7}$/PAMAM 催化作用下的水解放氢曲线

3.3.3　Ag-Co/PAMAM 催化剂的表征

图 3-18（a）为 PAMAM 树枝状分子与 Ag$^+$-Co^{2+} 离子发生络合反应前后溶液的颜色变化与紫外吸收光谱图。可以看出纯 PAMAM 在水溶液中呈无色透明状态，而 Ag$^+$-Co^{2+} 离子水溶液为红色，将上述两种液体混合后，溶液颜色转变为黄棕色，表明此时溶液中的 PAMAM 与 Ag$^+$、Co^{2+} 离子间形成螯合作用。从对应的紫外吸收光谱中可以看出，PAMAM 溶液在检测范围内未发现明显的特征吸收峰，Ag$^+$-Co^{2+} 离子溶液在 298 nm 和 517 nm 处表现出明显的特征吸收峰，而当 Ag$^+$-Co^{2+} 与 PAMAM 形成络合物后，则在 363 nm 附近出现新的特征吸收峰，这是由于有机配体与金属颗粒络合后，金属原子 d 轨道与有机配体官能团之间产生相互作用所致。通过改变溶液中 Ag$^+$、Co^{2+} 离子的摩尔配比，在所制得的混合溶液在 363 nm 处均出现稳定的特征峰（见图 3-18（b）），并且该特征峰的相对峰强随 Ag$^+$ 离子含量的增加而升高。该结果表明，PAMAM 树形分子能络合 Ag$^+$、Co^{2+} 离子，为 Ag-Co 纳米颗粒的附着提供活性位点，并且树形高分子内部的含氮官能团与金属间的相互作用随 Ag 离子浓度增加而增强。由于金属表面的吸附和键合能力直接影响催化剂性能的选择性和性能的

优劣。化学吸附键既不能太强也不能太弱。因此在催化剂载体选择时,载体与金属纳米粒子间的相互作用不宜过强。通过对比 PAMAM 负载不同 Ag^+-Co^{2+} 离子的紫外吸收数据以及图 3-16 给出的水解制氢曲线可以看出,当 Ag:Co 比例为 3:7 时,离子与载体间的相互作用明显,吸收特征峰强度较低,催化剂表现出良好的催化活性。

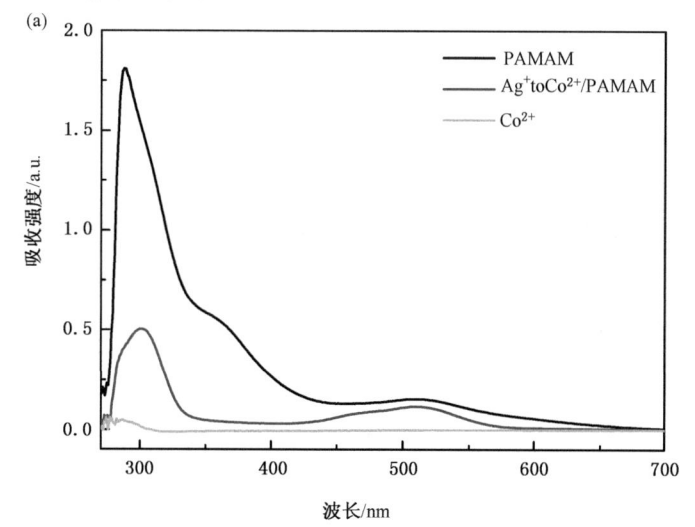

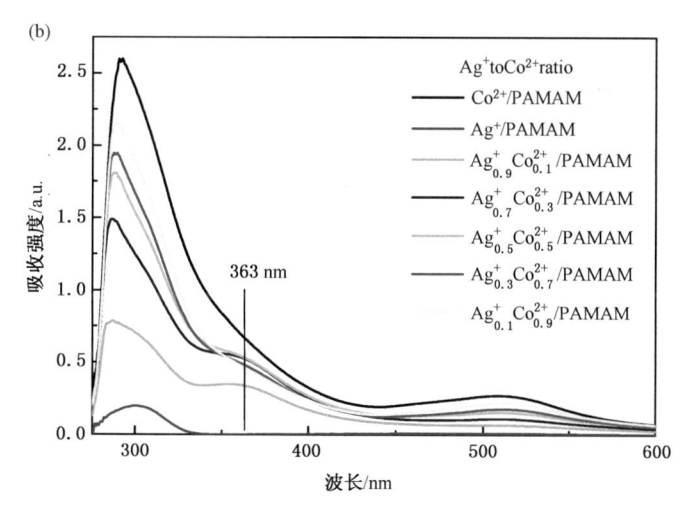

图 3-18 (a) PAMAM、Ag^+-Co^{2+} 和 Ag^+-Co^{2+}/PAMAM 的紫外吸收光谱图;(b) 水溶液中,未经 $NaBH_4$ 还原前 PAMAM 树枝状高分子修饰不同金属离子比例的混合溶液的紫外吸收光谱图

图 3-19 为 PAMAM 树形分子与其负载 $Ag_{0.3}Co_{0.7}$ 金属纳米颗粒后的红外光谱对比图。可以看出,水溶液中的纯 PAMAM 在 3 436 cm^{-1} 处呈现明显的羟基伸展振动吸收峰,而位于 1 640 cm^{-1}、3 094 cm^{-1}、1 554 cm^{-1} 和 1 040 cm^{-1} 处的吸收带则分别对应于酰胺Ⅰ(C=O 伸缩振动),酰胺Ⅱ(N—H 弯曲振动,C—N 伸缩振动)和 NC_3 伸缩振动的特征吸收峰,而这些条带状吸收峰的强度主要受其对应官能团的震动强度影响。当 PAMAM 树枝状聚合物负载金属纳米颗粒子后,其红外光谱呈现明显变化。3 436 cm^{-1} 处特征峰的出现是由于样品经冷冻干燥处理后残留一定量的结合水所导致。而在 1 640 cm^{-1}、1 380 cm^{-1} 和 955 cm^{-1} 处的三个特征峰则分别对应于酰胺键、叔胺和末端氨基的弯曲振动。该结果表明 $Ag_{0.3}Co_{0.7}$ 金属纳米颗粒与 PAMAM 中的酰胺和叔胺基团间产生明显的相互作用,可以认为是 PAMAM 树形分子通过上述基团螯合金属纳米颗粒。

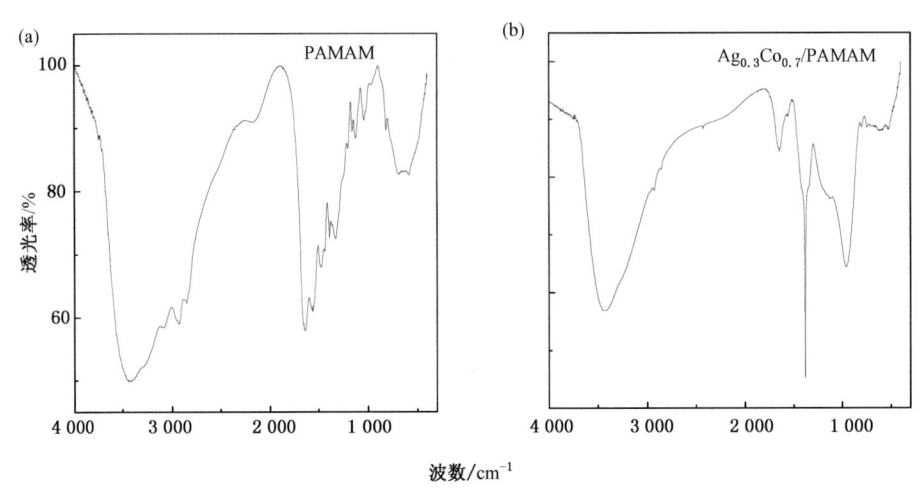

图 3-19　红外光谱图:(a) PAMAM;(b) $Ag_{0.3}Co_{0.7}$/PAMAM NPs

对复合催化剂的物相进行分析,测试 Ag_xCo_{1-x}/PAMAM (x=0、0.1、0.3、0.5、0.7、0.9 和 1)复合材料的 XRD,如图 3-20 所示。可以看到在 Co/PAMAM 粉末的 XRD 图谱中,仅在 42.5°衍射角处有微弱的馒头峰,表明所制备 Co 纳米颗粒呈微晶或非晶状态。随着 Ag 元素掺杂量的增加,粉末中 Ag 衍射峰的强度随之增强,而在 Ag/PAMAM 粉末中,Ag 衍射峰尖锐,表明 Ag 颗粒具有良好的结晶状态。与 Ag/PAMAM 样品相比,在 Ag-Co 双金属样品中,随着 Co 含量的增加,42.5°衍射角馒头峰逐渐增强,Ag 的衍射峰相对宽化,但其衍射峰角度未出现明显偏移,表明在共沉淀过程中,Co 并未掺杂入 Ag 晶胞内部,并且由于 Co 在还原过程中易形成微晶或非晶结构,导致 Ag-Co 纳米颗粒中 Ag 的晶粒细化,出现 XRD 衍射峰宽化的现象。

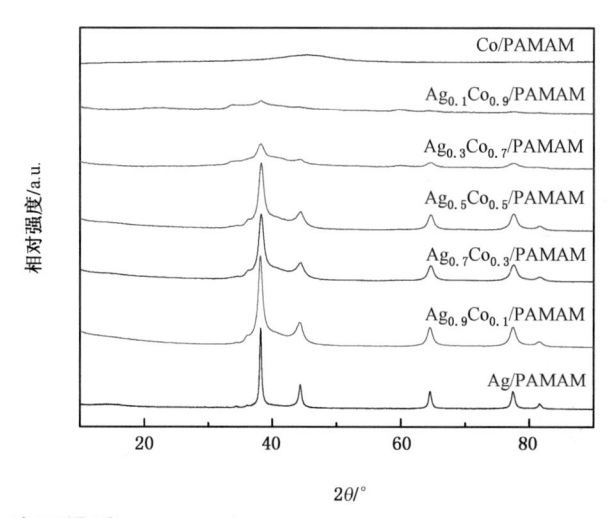

图 3-20 冷冻干燥后 Ag_xCo_{1-x}/PAMAM($x=0$、0.1、0.3、0.5、0.7、0.9 和 1)粉末的 XRD 图谱

为了明确 PAMAM 树枝状聚合物对 Ag-Co 纳米颗粒微观形貌的影响,我们测试 Ag、Co 组分比例为 0.3∶0.7 时的样品进行测试分析。图 3-21 为未修饰的 $Ag_{0.3}Co_{0.7}$ 双金属纳米颗粒与 PAMAM 树枝状聚合物修饰的 $Ag_{0.3}Co_{0.7}$ 纳米颗粒的 TEM 图和颗粒粒径正态分布曲线,可以看出未修饰的 $Ag_{0.3}Co_{0.7}$ 纳米颗粒呈现明显的团聚现象,并且其颗粒平均直径约为 25 nm。而通过 PAMAM 树枝状聚合物修饰后,$Ag_{0.3}Co_{0.7}$ 纳米颗粒分散状态得到改善,颗粒间的团聚减弱,粒径缩小到 5 nm。表明 PAMAM 有机大分子通过螯合作用能够有效控制 $Ag_{0.3}Co_{0.7}$ 双金属纳米颗粒的空间位置和颗粒尺寸。

为了研究负载纳米催化剂中载体与金属纳米颗粒间的相互作用,通过 XPS 光电子能谱对 $Ag_{0.3}Co_{0.7}$/PAMAM 纳米颗粒中原子的化学状态进行测试,如图 3-22 所示,测试原子的电子结合能和元素相对含量列于表 3-5 中。

图 3-22(a)为样品的 XPS 全谱图。图 3-22(b)为 C1S 的分峰,在 284.5 eV、285.65 eV 和 288.7 eV 处分峰分别代表 C—C 键、C—N 键和—C(O)NH—官能团。由于在 PAMAM 基体中,C—C 键为主要支撑架构,因此其相对衍射峰强度最高。图 3-22(c)为 N1S 分峰,N 原子分峰在 399.1 eV 处代表超支化

PAMAM 聚合物末端—NH_2 峰,399.9 eV 处的分峰代表聚合物分子内部的 N—H 和 C—N 峰。XPS 测试样品中的 N 原子含量为 12.53 at.%。图 3-22 (d)为 O_{1s} 分峰特征峰代表氧化态的 O,是由于样品暴露在空气中被氧化以及样品中的含氧官能团的存在。

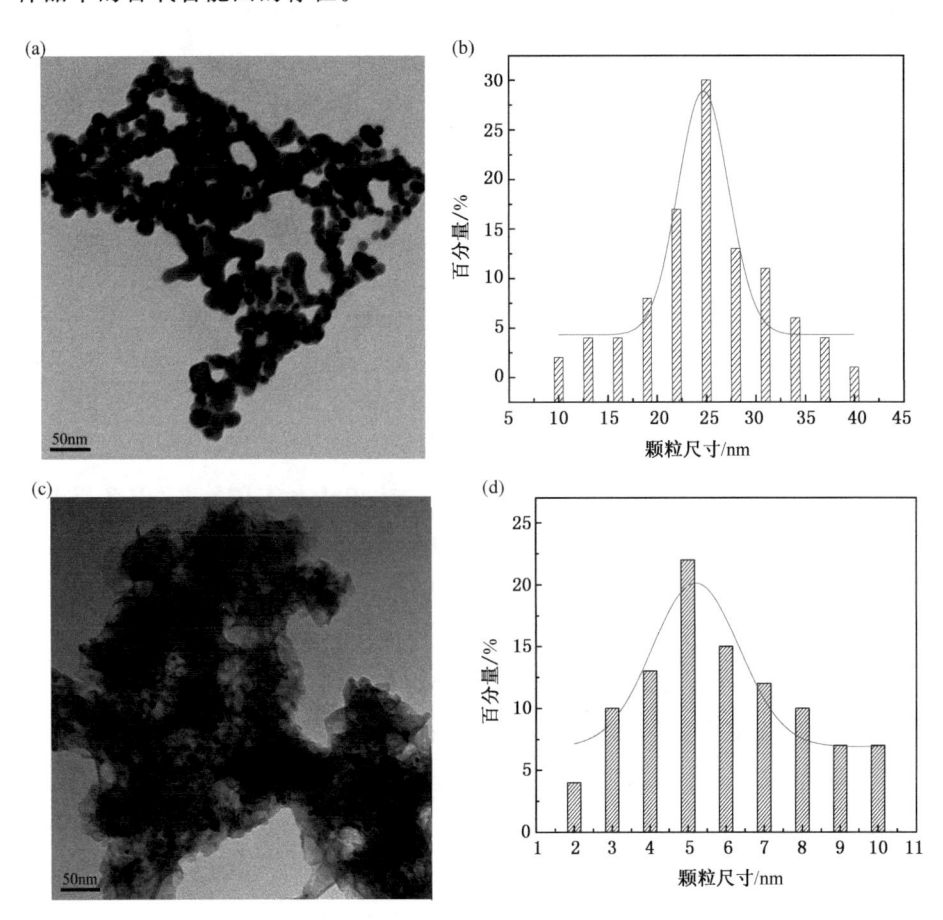

图 3-21 TEM 图和相对应的颗粒粒径分布：
(a,b) $Ag_{0.3}Co_{0.7}$ NPs,(c,d) $Ag_{0.3}Co_{0.7}$/PAMAM NPs

表 3-5　C_{1s}、N_{1s}、O_{1s}、Co_{2p} 和 Ag_{3d} 的元素相对含量和电子结合能

元素	C_{1s}	N_{1s}	O_{1s}	Co_{2p}	Ag_{3d}
元素相对含量/at.%	37.57	12.53	32.80	12.75	4.35
电子结合能/eV	284.4	399.1	531.6	779.12	367.8
	285.65	399.9	535.2	781.2	
	288.7				

为了研究负载纳米催化剂中载体与金属纳米颗粒间的相互作用,通过 XPS 光电子能谱对 $Ag_{0.3}Co_{0.7}$/PAMAM 纳米颗粒中原子的化学状态进行测试,如图 3-22 所示,测试原子的电子结合能和元素相对含量列于表 3-5 中。3-22(a)样品的 XPS 全谱图。图 3-22 (b) 为 C_{1s} 的分峰,在 284.5 eV、285.65 eV 和 288.7 eV 处分峰分别代表 C—C 键、C—N 键和—C(O)NH—官能团。由于在 PAMAM 基体中,C—C 键为主要支撑架构,因此其相对衍射峰强度最高。图 3-22 (c) 为 N_{1s} 分峰,N 原子分峰在 399.1 eV 处代表超支化 PAMAM 聚合物末端—NH_2 峰,399.9 eV 处的分峰代表聚合物分子内部的 N—H 和 C—N 峰。XPS 测试样品中的 N 原子含量为 12.53 at.%。图 3-22 (d) 为 O_{1s} 分峰特征峰代表氧化态的 O,是由于样品暴露在空气中被氧化以及样品中的含氧官能团的存在。

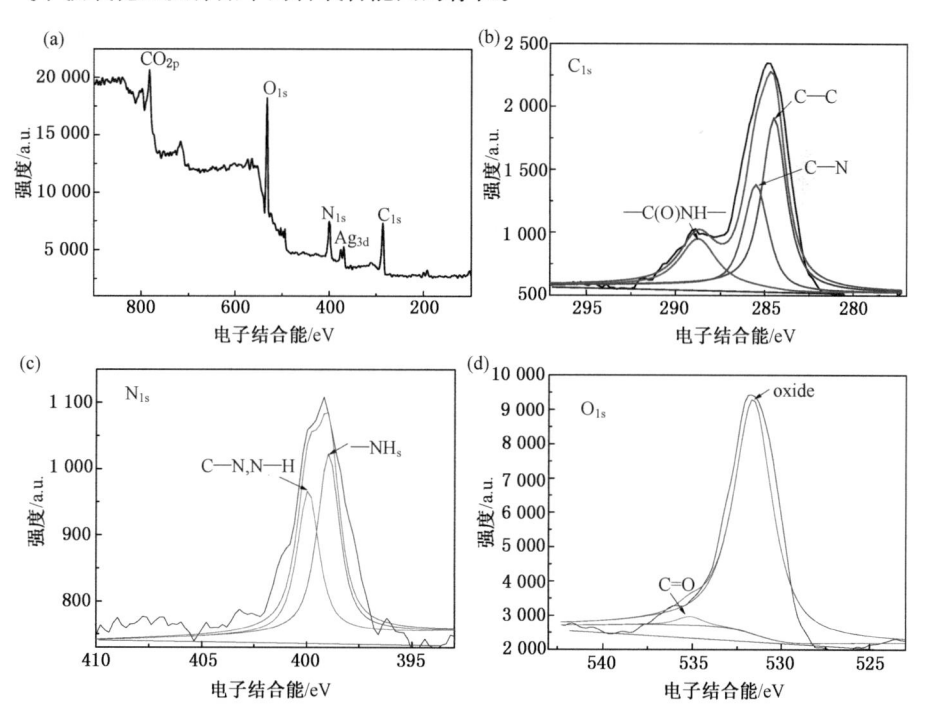

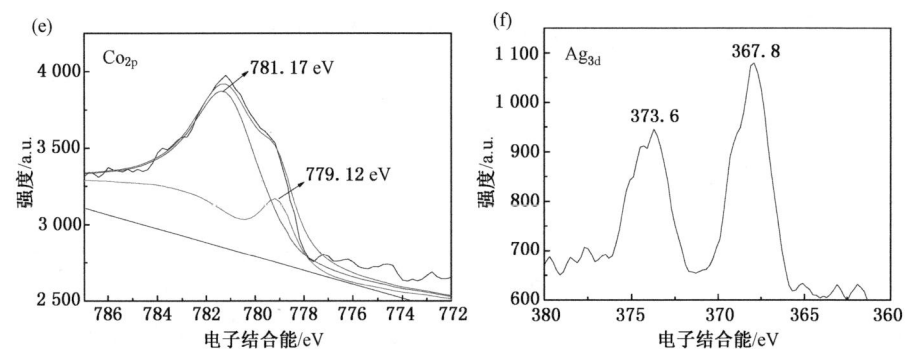

图 3-22 （a）$Ag_{0.3}Co_{0.7}$/PAMAM 样品的 XPS 全谱图；
（b）C_{1s} 分峰；（c）N_{1s} 分峰；（d）O_{1s} 分峰；（e）CO_{2p} 分峰；（f）Ag_{3d} 分峰

图 3-22（e）为 Co_{2p} 分峰，779.12 eV 和 781.17 eV 处的两处特征峰，分别对应于零价态形式存在的金属 Co 和以氧化态形式存在的 Co^{2+}，Co^{2+} 峰的出现是由于在制备过程中，Co 较活泼的化学特性使其被部分氧化形成 CoO；779.12 eV 处的峰值与 Co 原子标准束缚能（778.3 eV）相比提高了 0.82 eV，化学位移正向偏移，表明 Co 内层价电子减少。与之相对应的 Ag_{3d} 电子结合能所对应的分峰位置在 367.8 eV 附近（见图 3-22（f）），与标准值 371.0 eV 相比负移了 3.2 eV，化学位移负向偏移，表明 Ag 内层价电子增加。该结果表明在双金属 Ag-Co 组分中，Co 充当电子给体，Ag 为电子受体，电荷由 Co 原子向 Ag 原子转移，形成富电荷的 Ag 和缺电荷的 Co，这种多组分间的电荷相互作用促进催化性能的提高。

3.3.4 $Ag_{0.3}Co_{0.7}$/PAMAM 催化 $NH_3·BH_3$ 水解反应机理分析

氨硼烷在水溶液中相对稳定，在 $Ag_{0.3}Co_{0.7}$/PAMAM 催化剂作用下水解放氢速率和水解反应动力学性能均得到有效提高，在异相催化反应过程中，催化反应发生在催化剂的表面。文献中已多次报道对 $NH_3·BH_3$ 水解放氢反应机理的研究，结果表明 $NH_3·BH_3$ 水解反应的主要步骤是：在催化剂表面吸附氨硼烷分子，B—N 键断裂后生成 $M—BH_3^-$ 带负电荷的活性中间体；在水分子进攻下，活性中间体参与反应，BH_3^- 失去电子发生氧化反应生成 H_2 和副产物，而失去的电子则通过催化剂或载体供给在催化剂表面的水分子，并发生还原反应生成另一半 H_2（见图 3-23）。

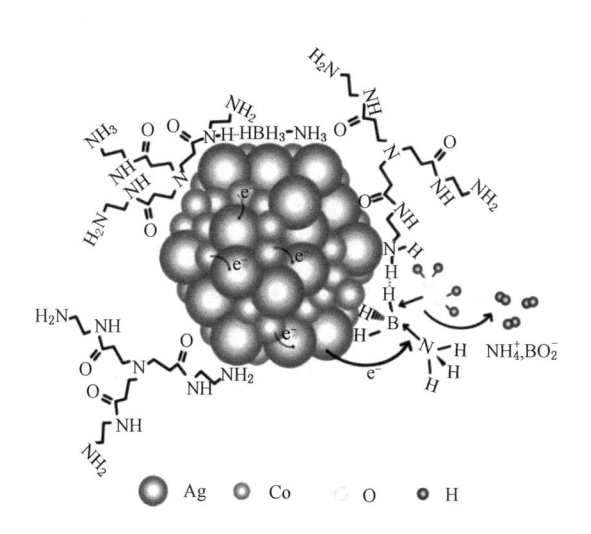

图 3-23　Ag-Co/PAMAM 催化剂催化作用下 $NH_3·BH_3$ 水解反应机理

通过微观结构分析和水解性能的初步研究,我们得到 PAMAM 树枝状高分子作为 $Ag_{0.3}Co_{0.7}$ 纳米颗粒的稳定剂和表面修饰剂,促进 $NH_3·BH_3$ 水解制氢反应的机理如下:

(1) PAMAM 树枝状高分子材料有效地修饰 Ag-Co 纳米颗粒,有利于 Ag-Co 纳米颗粒的分散,使纳米颗粒粒径更小,改善颗粒的团聚,提供更多有利于催化反应的活性表面。

(2) PAMAM 树枝状高分子表面含有大量的酰胺基和胺基基团,这些供电子基团促使相邻的氨硼烷分子中 B 原子与 PAMAM 中的 N 原子形成新的双氢键,从而有利于弱化氨硼烷分子中的 B—N 键,促进活性中间体的生成。

(3) 双金属 $Ag_{0.3}Co_{0.7}$ 组分在催化水解过程中存在电荷相互转移,使之形成富电子的 $Ag^{\delta-}$ 和缺电子的 $Co^{\delta+}$,能够在水分子中带正电荷的氢($H^{\delta+}$)和活性中间体中带负电荷的氢($H^{\delta-}$)相互作用生成 H_2 的过程中起到传递电子的作用,促进反应的进行。

综上所述,Ag-Co/PAMAM 催化氨硼烷水解放氢具有优良的催化性能,得益于 PAMAM 树枝状高分子的配位效应以及 PAMAM 树枝状高分子修饰 Ag-Co 纳米颗粒组分间的协同催化效应。

3.3.5　$Ag_{0.3}Co_{0.7}$/PAMAM 催化 $NH_3·BH_3$ 水解放氢动力学性能

由于 $Ag_{0.3}Co_{0.7}$/PAMAM 催化剂对 $NH_3·BH_3$ 水解制氢反应表现出良好

的催化性能,因此在本节研究中选取其为催化剂,通过研究催化水解过程中 $NH_3·BH_3$ 水溶液浓度、催化剂浓度和温度对 $NH_3·BH_3$ 水解放氢速率的影响规律来表征 $Ag_{0.3}Co_{0.7}$/PAMAM 催化剂催化 $NH_3·BH_3$ 水解制氢反应的动力学特性。图 3-24(a,b)给出了不同反应条件下 $Ag_{0.3}Co_{0.7}$/PAMAM 纳米颗粒催化 $NH_3·BH_3$ 水解制氢速率曲线及其动力学拟合曲线。根据反应初期的放氢曲线斜率很容易确定反应速率常数,在反应的初始阶段,随着 $NH_3·BH_3$ 浓度从 0.15 mol/L 到 0.375 mol/L,水解速率几乎不变。通过将 $NH_3·BH_3$ 浓度及其对应的放氢速率取对数进行拟合发现,其拟合曲线斜率为 0.196,表明相对于 $NH_3·BH_3$ 水溶液浓度,其水解反应为准零级反应。

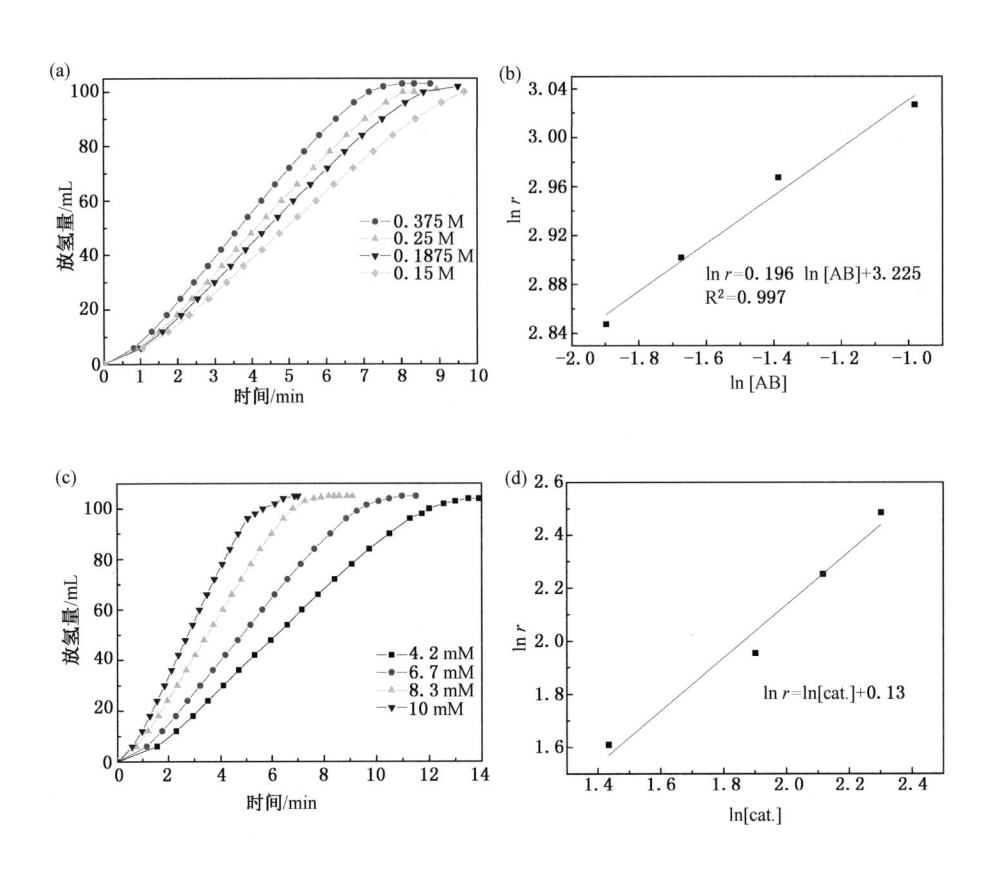

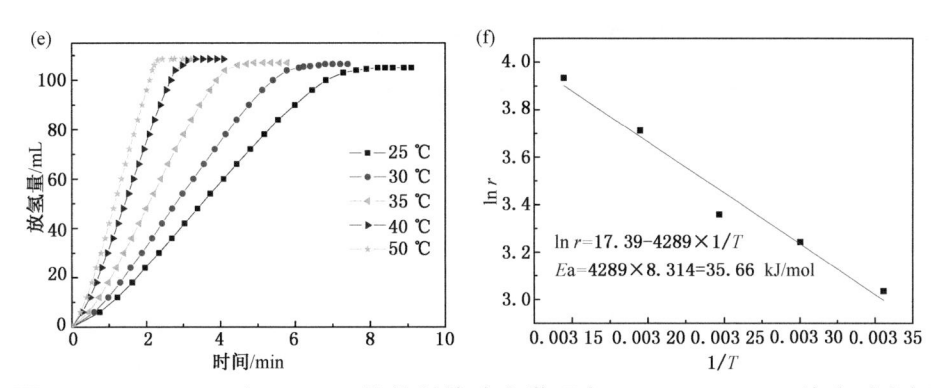

图 3-24 $Ag_{0.3}Co_{0.7}$/PAMAM 催化剂的动力学研究：(a) $NH_3·BH_3$ 浓度对水解速率的影响；(b) lnrate-ln[AB]的拟合曲线；(c) 不同 $Ag_{0.3}Co_{0.7}$/PAMAM 浓度对 $NH_3·BH_3$ 水解的影响；(d) lnrate-ln[cat.]的拟合曲线；(e) 不同温度对 $NH_3·BH_3$ 水解的影响；(f) lnrate-1/T 阿伦尼乌斯曲线

控制 $NH_3·BH_3$ 的浓度为 0.25 mol/L，通过改变催化剂的浓度来研究 $NH_3·BH_3$ 在室温下水解制氢的动力学性能。如图 3-24(c)所示，随着催化剂浓度的升高，$NH_3·BH_3$ 水解放氢速率加快，$NH_3·BH_3$ 完全水解所用时间由 13.35 min(4.2 mmol·L^{-1} 催化剂)显著缩短至 6.22 min (10 mmol·L^{-1} 催化剂)。我们采用微分法对该反应相对于催化剂浓度的反应级数进行了求算。首先对催化剂浓度和反应速率分别取对数，然后以它们分别为横纵坐标作图(见图 3-24(d))，经过线性拟合我们得到了拟合后直线的斜率为 1，表明 $NH_3·BH_3$ 水解反应相对于复合催化剂的浓度为一级反应，这说明其反应过程受催化剂浓度的影响。

在此复合催化剂的催化作用下，通过研究 $NH_3·BH_3$ 在不同温度下的水解放氢曲线(见图 3-24 (e))，我们发现随着反应温度的升高，$NH_3·BH_3$ 水解制氢速率明显加快，这说明 $NH_3·BH_3$ 水解制氢反应受温度影响很大，因此在实验过程中必须严格控制温度才能使测量结果精确可靠。通过 Arrhenius 公式对 $\ln k$ 和 $1/T$ 进行拟合分析发现，在 $Ag_{0.3}Co_{0.7}$/PAMAM 纳米颗粒催化时 $NH_3·BH_3$ 的水解反应活化能为 35.66 kJ·mol^{-1}。通过与表 3-6 列出的文献报道 Ag 基和 Co 基催化剂催化 $NH_3·BH_3$ 水解反应时间、TOF 值和活化能数据相比，本书研究的 $Ag_{0.3}Co_{0.7}$/PAMAM 纳米颗粒催化剂能够显著缩短 $NH_3·BH_3$ 水解放氢反应时间，并且其反应活化能也得到明显降低，这表明

$Ag_{0.3}Co_{0.7}$/PAMAM 催化剂具有优异的催化性能。

表 3-6 氨硼烷水溶液通过 Co 和 Ag 基催化剂催化释放氢气数据

催化剂	金属与 $NH_3 \cdot BH_3$ 摩尔比/(mol/mol)	最大放氢量与 $NH_3 \cdot BH_3$ 摩尔比/(mol/mol)	反应时间/min	$TOF^{①}$/($mol_{H_2} \cdot min^{-1} \cdot mol_M^{-1}$)	E_a/($kJ \cdot mol^{-1}$)
PSSA-co-MA stabilized Co(0)	0.02	3.0	13	25.7	34
AuCo@MIL-101	0.017	3.0	7.5	23.5	—
25 wt.%$Co_{35}Pd_{65}$/C	0.024	3.0	5.5	22.7	27.5
$Ag_{0.3}Co_{0.7}$/PAMAM	0.033	3.0	6	15.84	35.6
Ag@Co/graphene	0.05	3.0	5	10.24	20.03
PVP stabilized Au@Co	0.02	3.0	11	13.7	—
graphene-CuCo	0.02	3.0	16.3	9.18	—
Ag@CoFe/graphene	0.05	3.0	10	8.29	32.79
Ag/C/Ni	0.022	3.0	23	5.32	38.91
PVP-Co	0.025	3.0	25	4.8	46

① TOF 值由单位时间内单位催化剂催化产生的氢气的量来计算。催化剂的量由参与反应的金属组分的总摩尔量计算。

3.3.6 $Ag_{0.3}Co_{0.7}$/PAMAM 催化 $NH_3 \cdot BH_3$ 水解放氢循环性能

由于含 Co 催化剂通常具有明显的磁性，利用外加磁铁可以有效地使催化剂与反应溶液和产物分离，经过反复洗涤干净后可以重复利用测试催化剂，这使得催化剂在溶液体系中的实际循环应用更加便捷。根据这一特性，图 3-25 给出了 $Ag_{0.3}Co_{0.7}$/PAMAM 催化剂的循环催化曲线及循环前后的微观形貌和晶体结构测试结果。图(b)中催化剂表现出明显的磁性，在第一次催化反应后，$Ag_{0.3}Co_{0.7}$/PAMAM 催化剂被回收洗涤，随后将相同浓度的 $NH_3 \cdot BH_3$ 溶液加入含有洗涤后催化剂的反应器中进行水解性能测试，该过程重复 4 次。

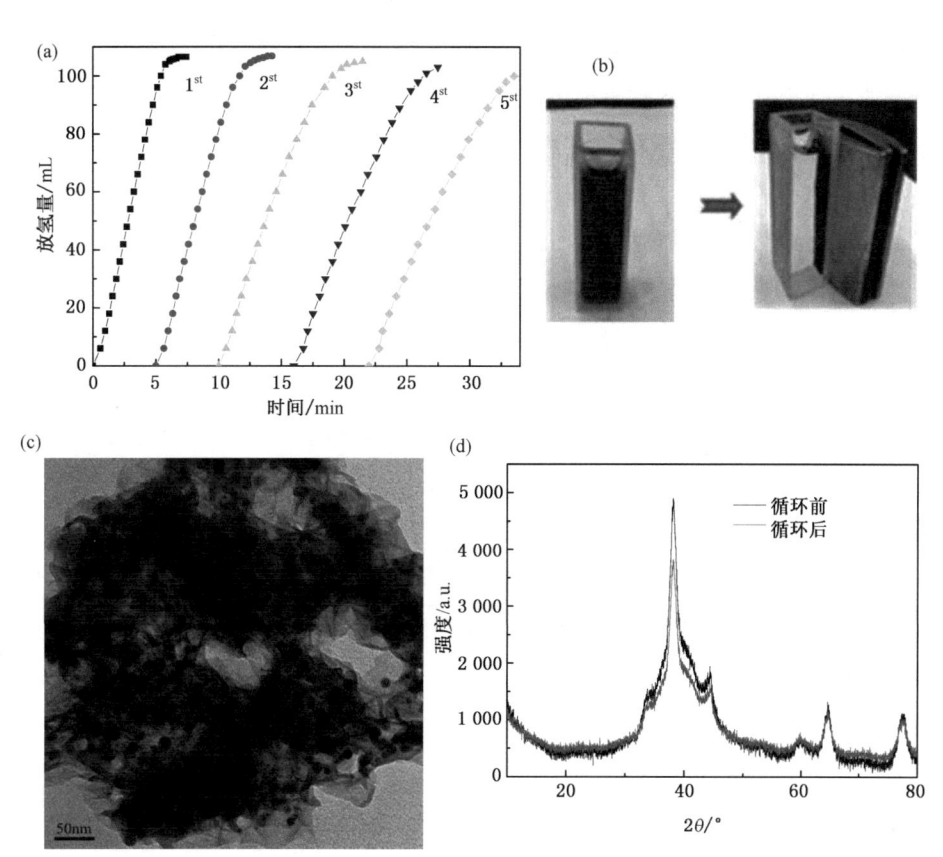

图 3-25 (a) $Ag_{0.3}Co_{0.7}$/PAMAM 在 5 次循环过程中催化氨硼烷水解放氢曲线；
(b) $Ag_{0.3}Co_{0.7}$/PAMAM 催化剂颗粒磁性可回收；
(c) 循环周期后 TEM 图像；(d) 循环测试前后样品的 XRD 图谱

如图 3-25(a)所示，随着催化剂循环次数的增加，当 5 次循环后，催化 $NH_3·BH_3$ 水解完全反应所用时间为 10 min，催化活性降低至初始活性的 60%，与文献报道相比所制备的 $Ag_{0.3}Co_{0.7}$/PAMAM 纳米颗粒的循环稳定性有待提高，但仍显著优于 $Ag_{0.3}Co_{0.7}$ 双金属纳米颗粒催化剂。图 3-25(c)为 5 次循环后 $Ag_{0.3}Co_{0.7}$/PAMAM 纳米颗粒的 TEM 图，发现 $Ag_{0.3}Co_{0.7}$ 双金属颗粒出现一定程度的团聚。对循环测试前后的催化剂进行 XRD 分析，发现催化剂循环测试前后的 X 射线衍射峰并未出现显著变化，表明在测试过程中，PAMAM 树枝状高分子聚合物修饰的 $Ag_{0.3}Co_{0.7}$ 双金属颗粒在晶体结构上没有发生变化。所制备的 $Ag_{0.3}Co_{0.7}$/PAMAM 纳米颗粒催化循环性能降低，其中有几个可能削弱其可重用性的因素，一个导致其衰减的可能解释是由于催化剂在反应过程中容易受到反应热等效应影响出现颗粒团聚现象,减少了催化剂的活性表面;另一个因素可能是催化剂被暴露在空气时,其表面被氧化。

3.4 小结

选取还原氧化石墨烯作为载体,通过添加表面活性剂 PVA,控制制备工艺成功制备出具有杨梅果状结构的 Co@rGO 和 Co-Mo@rGO 复合催化剂,系统研究催化剂的微观结构和催化剂组成对 $NH_3 \cdot BH_3$ 水解放氢性能的影响及其作用机理,微观形貌和晶体结构分析表明,表面活性剂 PVA 的加入能够起到调控金属纳米颗粒微观形貌的作用,制备出具有类似杨梅果状微观结构的纳米颗粒,载体 rGO 则能够显著改善金属纳米颗粒的团聚状态并降低颗粒尺寸,所制备的杨梅果状 Co@rGO 和 Co-Mo@rGO 纳米催化剂的颗粒尺寸分别为 25 nm 和 20 nm。与普通 Co 催化剂相比,杨梅果状结构的 Co 催化剂有效降低了催化 $NH_3 \cdot BH_3$ 水解反应的活化能,经石墨烯负载后的杨梅果状 Co 催化剂进一步降低了催化 $NH_3 \cdot BH_3$ 水解反应的活化能,具有明显改善的催化性能,且循环稳定性得到改善。动力学研究表明,Co@rGO 杨梅果状催化 $NH_3 \cdot BH_3$ 水解相对于 $NH_3 \cdot BH_3$ 浓度为准零级反应,相对于催化剂浓度为一级反应。杨梅果状结构 Co-Mo 双金属催化剂表现出良好的催化活性,其催化 $NH_3 \cdot BH_3$ 水解反应较单一的杨梅果状 Co 催化剂和普通 Co-Mo 催化剂具有更高的催化活性,当 Co、Mo 比例为 0.75∶0.25 时,双金属复合催化剂的催化活性最高,完全释放 114 mL H_2 需要 9.5 min,TOF 值为 11.65 $mol_{H_2} \cdot min^{-1} \cdot mol_{Co-Mo}^{-1}$。将杨梅果状 Co-Mo 双金属催化剂负载于石墨烯基体表面,得到的负载型催化剂具有最佳的催化活性,TOF 值为 16.29 $mol_{H_2} \cdot min^{-1} \cdot mol_{Co-Mo}^{-1}$,活化能为 43.72 $kJ \cdot mol^{-1}$,循环 5 次后容量保持率高达 80.3%。Co-Mo@rGO 催化剂的优良催化活性是由于掺杂 Mo 元素后,外层电子半满的过渡金属元素(Mo)与具有空轨道的过渡金属(Co)结合获得的合金具有更高的催化活性。同时金属颗粒的杨梅果状形貌和非晶结构为催化剂提供了较大的比表面积和丰富的活性位点。同时,Co-Mo 与石墨烯基体之间的界面相互作用,提高了金属颗粒的分散性和稳定性,进而促进催化活性。

采用共络合化学还原法制备聚酰胺-胺树枝状聚合物(PAMAM)修饰的 Ag-Co 双金属纳米催化剂,系统研究了 Ag-Co 双金属组分间不同比例组成对催化活性的影响,对催化剂的微观结构以及催化 $NH_3·BH_3$ 水解放氢的动力学性能、循环稳定性能,并解释 $Ag_{0.3}Co_{0.7}$/PAMAM 催化水解反应机理,聚酰胺-胺树枝状聚合物(PAMAM)能够有效控制 Ag-Co 双金属纳米颗粒的空间位置和颗粒尺寸,改善 Ag-Co 双金属纳米颗粒的分散性,颗粒粒径缩小到 5 nm。在 Ag-Co/PAMAM 催化剂中,Ag、Co 组分间的不同比例对催化活性影响较大。随着 Co 含量的增加,催化活性先增强后减弱,当 Ag、Co 比例为 3∶7 时,催化 $NH_3·BH_3$ 水解放氢速率最快,水解反应完成时间为 7.1 min,TOF 值为 15.84 $mol_{H_2}·min^{-1}·mol_M^{-1}$,水解反应活化能为 35.66 kJ·$mol^{-1}$,5 次循环保持率为 60%。与 $Ag_{0.3}Co_{0.7}$、Co/PAMAM 和 Ag/PAMAM 催化剂相比,催化活性明显得到改善。在催化 $NH_3·BH_3$ 水解制氢过程中,由于 PAMAM 树枝状高分子表面含有大量的酰胺基和胺基基团,这些供电子基团促使相邻的氨硼烷分子中 B 原子与 PAMAM 中的 N 原子形成新的双氢键,从而有利于弱化氨硼烷分子中的 B—N 键,促进活性中间体的生成。同时,富电子的 $Ag^{\delta-}$ 和缺电子的 $Co^{\delta+}$,能够在水分子中带正电荷的氢($H^{\delta+}$)和活性中间体中带负电荷的氢($H^{\delta-}$)相互作用生成 H_2 的过程中起到传递电子的作用,促进反应的进行。因此,复合催化剂表现出优良的催化活性和循环性能。

第4章 Mg_2Ni 基气态储氢材料研究实例

4.1 Mg_2Ni+x wt.%$LaMg_2Ni$($x=0$、10、20 和 30)复合材料储氢性能的研究

4.1.1 Mg_2Ni+x wt.%$LaMg_2Ni$($x=0$、10、20 和 30)复合材料的微观结构

为了揭示不同 $LaMg_2Ni$ 合金含量对复合材料储氢性能的影响机制,研究了复合材料的微观结构及形貌。图 4-1 给出了 Mg_2Ni+x wt.%$LaMg_2Ni$($x=0$、10、20 和 30)复合材料充分氢化后的 XRD 图谱。从图中可以看出,加入 $LaMg_2Ni$ 合金的复合材料均由 Mg_2NiH_4 相和 LaH_3 相组成,并未检测到 $LaMg_2Ni$ 相的存在,说明 $LaMg_2Ni$ 合金在氢化过程中完全分解为 LaH_3 相和 Mg_2NiH_4 相,并且 LaH_3 相的相对衍射强度随 $LaMg_2Ni$ 含量的增加而增加。在 $x=0$ 的纯 Mg_2Ni 氢化物衍射图谱中,在 19.7°和 44.8°处发现 $Mg_2NiH_{0.3}$ 相的衍射峰,表明在相同氢化条件下,纯 Mg_2Ni 样品不能被充分转化为 Mg_2NiH_4,而添加 $LaMg_2Ni$ 合金的复合材料则能够被充分氢化。

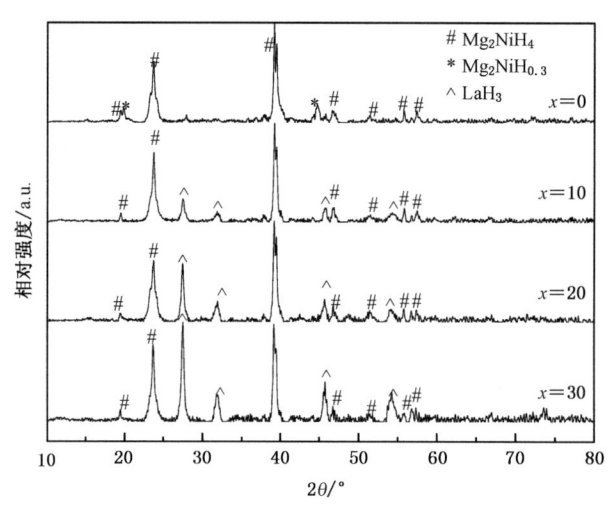

图 4-1 Mg_2Ni+x wt.%$LaMg_2Ni$($x=0$、10、20 和 30)复合材料充分氢化后的 XRD 图谱

图 4-2 为充分放氢后 Mg_2Ni+xwt.%$LaMg_2Ni$(x=0、10、20 和 30)复合材料的 XRD 图谱。经过放氢处理后,复合材料中 Mg_2Ni 的氢化物相均转变为 Mg_2Ni 相,而 LaH_3 相在放氢过程后没有发生相转变,并且在放氢后的复合材料中没有发现 $LaMg_2Ni$ 相的生成,这是由于 LaH_3 分解温度过高以及 $LaMg_2Ni$ 相的成相温度较高导致的。

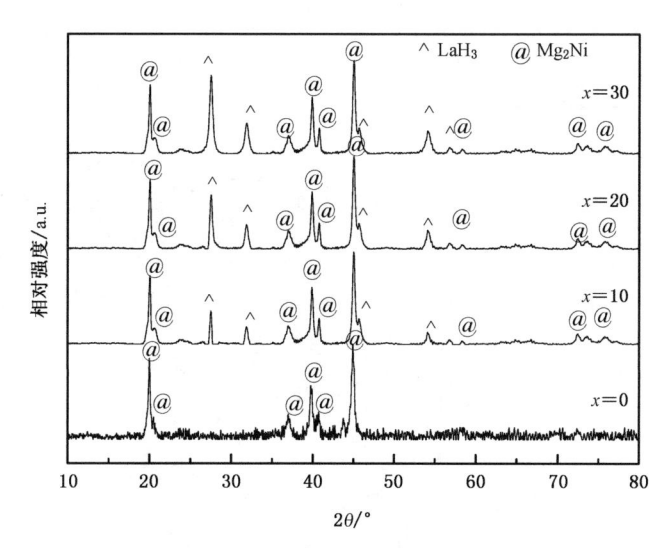

图 4-2 Mg_2Ni+xwt.%$LaMg_2Ni$(x=0、10、20 和 30) 复合材料充分放氢后的 XRD 图谱

图 4-3 给出了 Mg_2Ni+xwt.%$LaMg_2Ni$(x=10、20 和 30)复合材料的在 573 K 放氢后的背散射(BSE)图。从图中可以看出在复合材料颗粒中夹杂一定数量的白色亮区,该区域为原子量较大元素的聚集区。其中,x=20 复合材料中的白色亮区较少并且分布均匀。通过对样品进行 EDS 检测,发现图像中白色亮区均为 La 元素聚集区,而较暗的部分则由 Mg 元素与 Ni 元素组成,并且其质量百分比与 Mg_2Ni 合金比例相符,表明该类区域为 Mg_2Ni 合金基体。该结果与 XRD 结果分析相符。

表 4-1 为图 4-3 中标注区域的 EDS 检测结果,可以看出随着复合材料中 $LaMg_2Ni$ 含量的增加,Mg_2Ni 基体中的 La 元素含量显著增加,表明在球磨及吸/放氢过程中,伴随着 $LaMg_2Ni$ 合金氢化物的分解,La 元素扩散至 Mg_2Ni 基体合金中。这种微观结构使 LaH_3 在复合材料中能够更好地发挥其催化作用。这是由于 LaH_3 是由 $LaMg_2Ni$ 氢化分解得到,其反应方程式为下列反应(4-1)。

该反应生成的 LaH_3 在复合材料后续的吸/放氢过程中不再发生相转变，因此它使得反应(4-1)生成的 Mg_2NiH_4 与球磨加入的基体 Mg_2NiH_4 间存在大量稳定的相界面。

$$LaMg_2Ni + H_2 \longrightarrow LaH_3 + Mg_2NiH_4 \qquad (4-1)$$

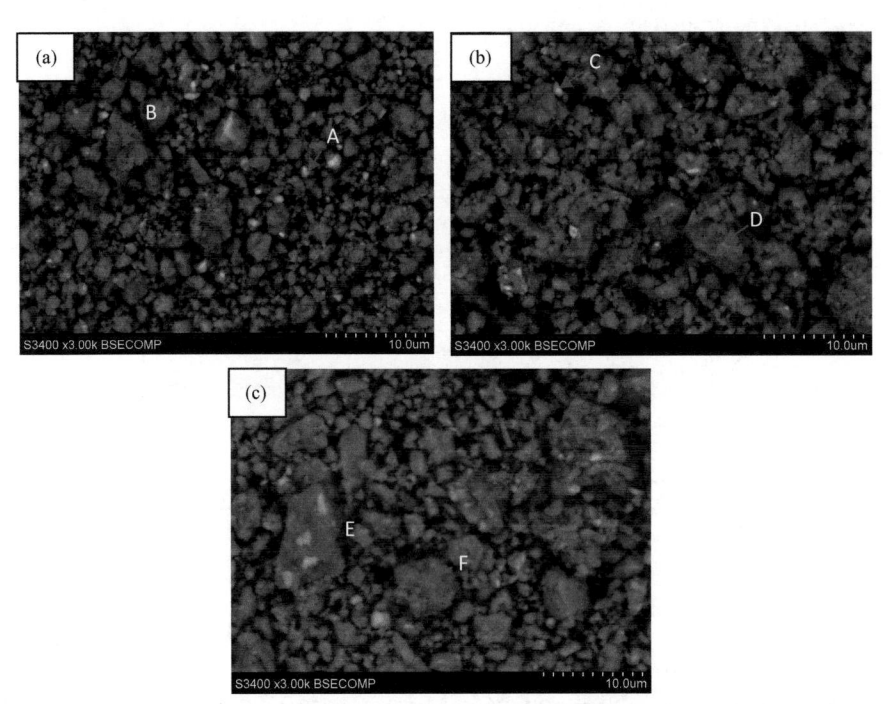

图 4-3 $Mg_2Ni + x$ wt.%$LaMg_2Ni$($x=0$、10、20 和 30)复合材料充分放氢后的 BSE 图：(a)$x=10$；(b)$x=20$；(c)$x=30$

表 4-1 图 4-3 中标注区域的 EDS 检测结果

组成	探测位点	元素含量/wt.%		
		La	Mg	Ni
$x=10$	A	46.40	28.09	25.51
	B	4.03	48.75	47.22
$x=20$	C	41.91	33.02	25.07
	D	10.00	45.73	44.26
$x=30$	E	44.75	30.11	25.15
	F	13.99	47.87	38.14

4.1.2 Mg_2Ni+x wt.%$LaMg_2Ni$($x=0$、10、20 和 30)复合材料储氢热力学性能

为了研究 Mg_2Ni+xwt.%$LaMg_2Ni$($x=0$、10、20 和 30)复合材料的储氢性能,对复合材料在不同温度(473 K 和 523 K)下进行了压力-组成-温度(PCT)性能测试。为了保证样品的充分活化,在进行测试前,复合材料在 573 K,3 MPa/0.001 MPa氢气压力下经过了两次吸/放氢处理,时间均为 1 h。图 4-4 给出了 Mg_2Ni+xwt.%$LaMg_2Ni$($x=0$、10、20 和 30)复合材料在 473 K 和 523 K 温度下的 PCT 曲线。从图中可以看出,当温度为 523 K 时,复合材料的最大储氢容量随着 x 的增加而减小,分别达到 3.81 wt.%($x=0$)、3.67 wt.%($x=10$)、3.51 wt.%($x=20$)和 3.31 wt.%($x=30$)。最大储氢容量的减少是由于在吸/放氢循环中,复合材料中的 LaH_3 相不发生吸/放氢反应。此外,发现纯 Mg_2Ni 合金的实际最大储氢容量与其理论值(3.6 wt.%)相比有所提升,这是由于当 Mg_2Ni 相达到吸氢饱和状态后,当外部氢气压力继续上升,其晶胞间隙中能够继续固溶一定量的 H 原子所致。当温度达到 473 K 时,添加 $LaMg_2Ni$ 合金的复合材料的最大储氢容量接近(3.22 wt.%),略低于纯 Mg_2Ni 合金(3.394 wt.%)。同时,发现在两个测试温度条件下,添加 $LaMg_2Ni$ 合金的复合材料的吸/放氢平台压力与纯 Mg_2Ni 合金相比均有所提升。在 473 K 条件下,复合材料的可逆吸/放氢容量分别为 2.47 wt.%($x=10$)、3.22 wt.%($x=20$)和 2.24 wt.%($x=30$),而纯 Mg_2Ni 合金的可逆吸/放氢容量仅为 0.75 wt.%。

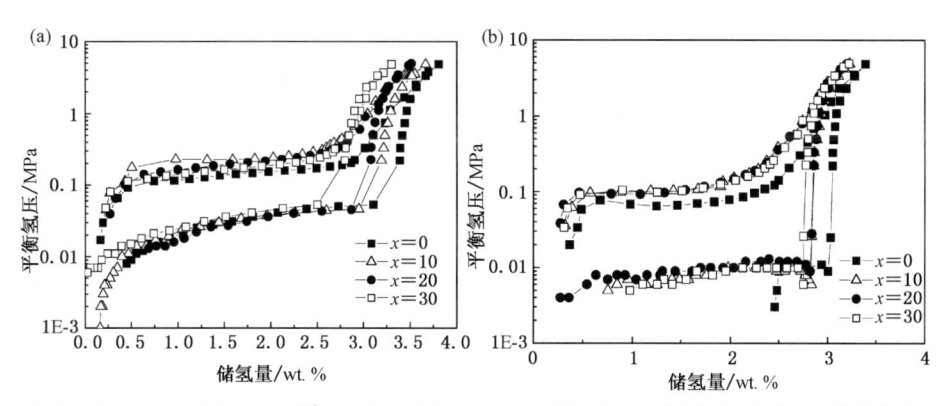

图 4-4 Mg_2Ni+xwt.%$LaMg_2Ni$($x=0$、10、20 和 30)复合材料在不同温度下的 PCT 曲线:(a) 523 K;(b) 473 K

为了更好地研究 Mg_2Ni+xwt.%$LaMg_2Ni$($x=0$、10、20 和 30)复合材料

的储氢热力学性能,根据 Van't Hoff 方程(4-2)计算了不同 $LaMg_2Ni$ 含量复合材料的放氢焓变(ΔH),并在图 4-5 中给出相应拟合曲线,复合材料放氢反应的熵(ΔS)和焓列于表 4-2 中。

$$\ln K^{\theta} = -\frac{\Delta H}{RT} + \frac{\Delta S}{R} \tag{4-2}$$

式中:K^{θ}——平衡常数,在放氢过程中 K^{θ} 等于放氢平台压力。

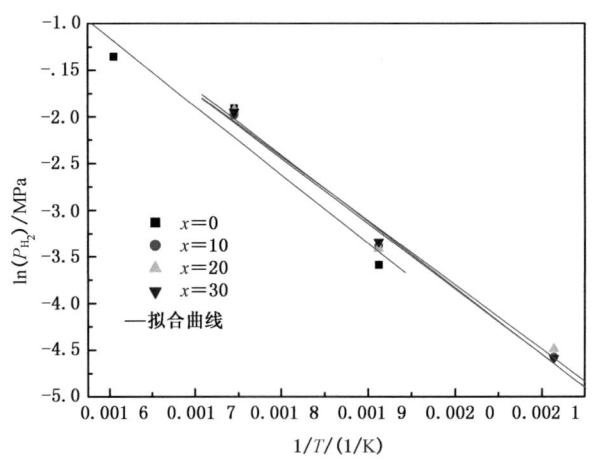

图 4-5 $Mg_2Ni + x$ wt.% $LaMg_2Ni$($x = 0$、10、20 和 30)复合材料的 Van't Hoff 曲线

可以看出,加入 $LaMg_2Ni$ 合金后,复合材料的放氢反应焓变明显降低,这是由于复合材料中存在 LaH_3 相。文献指出,LaH_3 相的存在能够显著改善 Mg_2Ni 合金的吸/放氢热力学性能。

表 4-2 $Mg_2Ni + x$ wt.% $LaMg_2Ni$($x = 0$、10、20 和 30)
复合材料的放氢反应热力学参数

组成	焓变 ΔH / (kJ/mol)	熵变 ΔS / (J/K·mol)
$x = 0$	64.50	123.1
$x = 10$	58.15	83.78
$x = 20$	59.33	86.33
$x = 30$	60.23	87.97

4.1.3 $Mg_2Ni + x$ wt.% $LaMg_2Ni$($x = 0$、10、20 和 30)复合材料储氢动力学性能

图 4-6 给出了 $Mg_2Ni + x$ wt.% $LaMg_2Ni$($x = 0$、10、20 和 30)复合材料在

473 K 时的等温吸氢曲线和 523 K 时的等温放氢曲线。在测试温度下,复合材料均表现出良好的吸氢性能,在 200 s 内均达到其最大吸氢容量。随着 LaMg$_2$Ni 合金添加量的增加,复合材料的最大吸氢容量逐渐降低,在 473 K 下分别为 3.62 wt.%($x=0$)、3.45 wt.%($x=10$)、3.26 wt.%($x=20$)和 3.15 wt.%($x=30$),该结果与 PCT 测试结果相吻合。当复合材料在 523 K 等温放氢时,复合材料的放氢量随 x 的增加呈现先增加后降低的趋势。其中,添加 $x=20$ 的复合材料在 2 h 内具有最高的放氢容量,达到 0.56 wt.%,其次是 $x=10$ (0.53 wt.%)、$x=30$ (0.51 wt.%)和 $x=0$ (0.49 wt.%)。

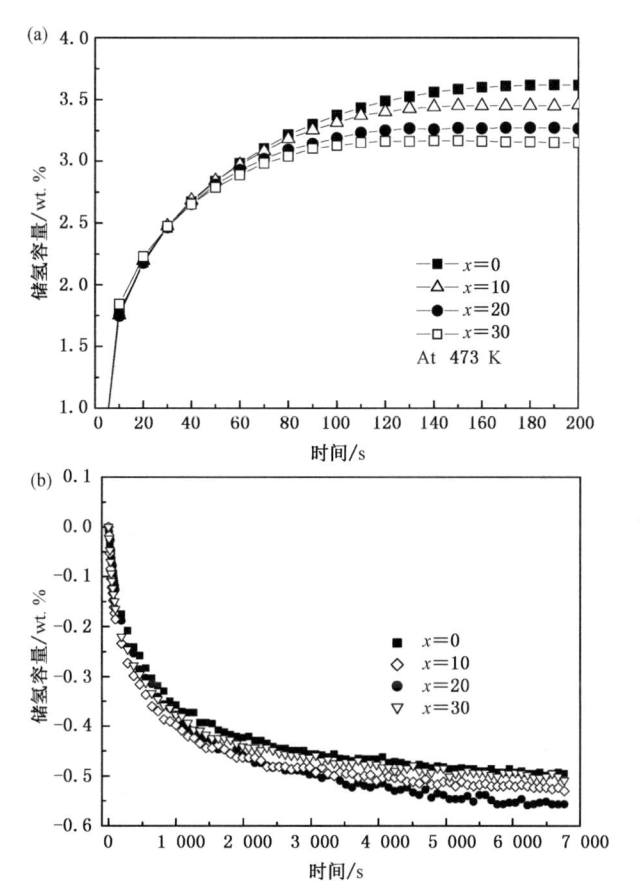

图 4-6 Mg$_2$Ni+x wt.%LaMg$_2$Ni($x=0$、10、20 和 30)复合材料吸/放氢动力学曲线:(a)473 K 下等温吸氢曲线;(b)523 K 下等温放氢曲线

为了进一步分析复合材料的吸氢动力学性能,采用 Jander 方程对复合材料 523 K 下的放氢曲线进行了三维扩散拟合,并将拟合曲线列于图 4-7 中。从图中可以看出，随着 $LaMg_2Ni$ 合金含量的增加，氢气在复合材料放氢过程中的扩散性能随之增加，这是由于 $LaMg_2Ni$ 分解产生的 LaH_3 存在于基体 Mg_2Ni 及分解 Mg_2Ni 之间，提供了丰富的 H 扩散通道。其中，由于 $x=20$ 复合材料中 LaH_3 相分布最为均匀，导致 H 在其中扩散性能的改善最为明显。

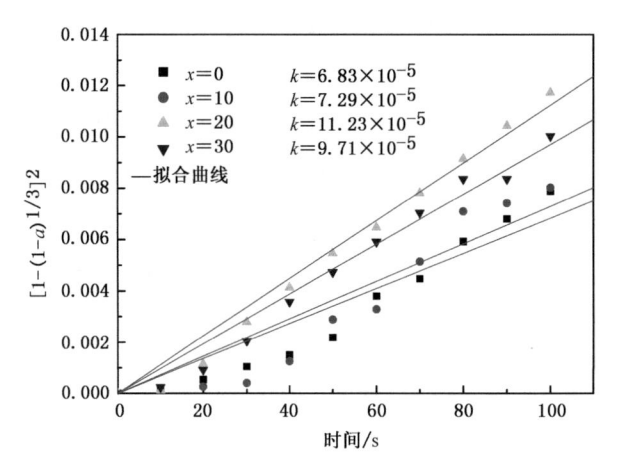

图 4-7　Mg_2Ni+x wt.％$LaMg_2Ni$（$x=0$、10、20 和 30）
复合材料 523 K 下的放氢 Jander 拟合曲线

4.2　Mg_2Ni+20 wt.％$REMg_2Ni$（RE＝La、Pr 和 Nd）复合材料储氢性能的研究

4.2.1　Mg_2Ni+20 wt.％$REMg_2Ni$（RE＝La、Pr 和 Nd）复合材料的微观结构

为了获得不同稀土氢化物对 Mg_2Ni 合金储氢性能的影响，同时为了使复合材料中具备较多的相界面以进一步提高其储氢动力学性能，本节选取 $REMg_2Ni$（RE＝La、Pr 和 Nd）合金与 Mg_2Ni 基体合金氢化物，通过高能球磨方式制备得到 Mg_2Ni+20 wt.％$REMg_2Ni$ 复合材料，并系统地研究了其微观结构和储氢性能。图 4-8 给出了 Mg_2Ni+20 wt.％$REMg_2Ni$ 复合材料吸氢后的 XRD 图谱。从图中可以看出，作为添加剂的 $REMg_2Ni$ 合金在复合材料氢化物中均以相应稀土氢化物（LaH_3、$PrH_{2.37}$ 和 $NdH_{2.5}$）和 Mg_2NiH_4 的形式存在，并且复合材料氢化物中基体 Mg_2Ni 合金均转化为 Mg_2NiH_4。复合材料氢化物中各相对应晶胞参数列于表 4-3 中，可以看出加入 $REMg_2Ni$ 的复合材料中，

Mg_2NiH_4/Mg_2Ni 相的晶胞体积与纯 Mg_2Ni 样品相比均有所降低,表明稀土元素没有扩散入 Mg_2Ni 晶胞内,而是以嵌入物形式存在于 Mg_2Ni 晶粒之间的晶界内,增大了材料内部应力。其中,Mg_2Ni+20 wt.% $PrMg_2Ni$ 复合材料氢化物中的 Mg_2NiH_4 相晶胞体积最小,为 545.54 Å,表明在该复合材料氢化物中 Mg_2NiH_4 相所受应力最为明显。

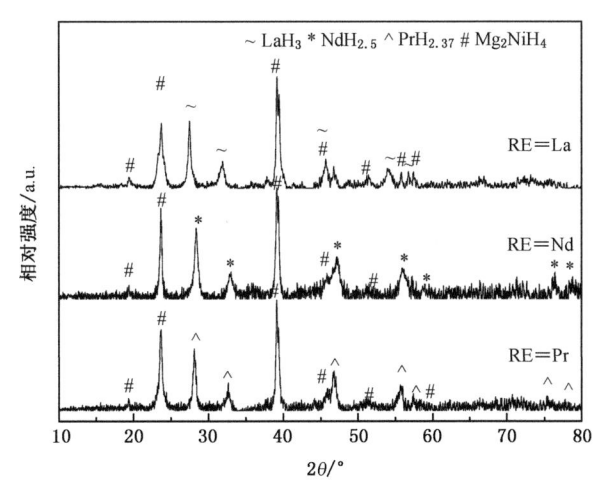

图 4-8 Mg_2Ni+20 wt.% $REMg_2Ni$(RE=La、Pr 和 Nb)复合材料充分氢化后的 XRD 图谱

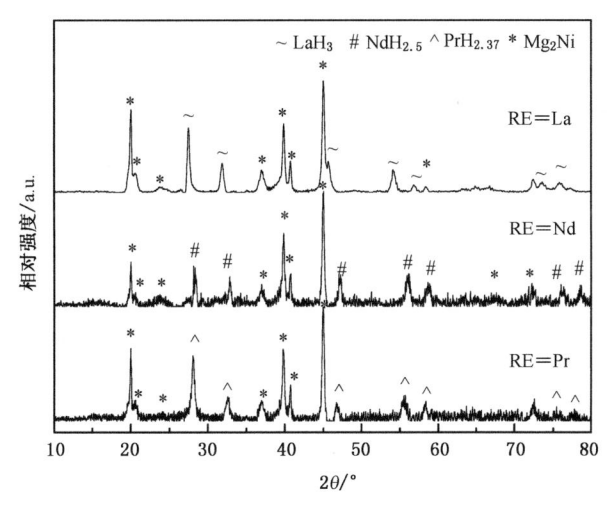

图 4-9 Mg_2Ni+20 wt.% $REMg_2Ni$(RE=La、Pr 和 Nb)复合材料充分放氢后的 XRD 图谱

表 4-3　$Mg_2Ni+20\ wt.\%\ REMg_2Ni$（RE＝La、Pr 和 Nb）复合材料的晶胞参数

组分		结构物	晶胞参数			
			a (Å)	b (Å)	c (Å)	V (Å³)
Mg_2Ni	吸氢	Mg_2NiH_4	11.43	11.26	4.52	581.65
	放氢	Mg_2Ni	5.19	—	13.21	308.15
Mg_2Ni + 20 wt.% $LaMg_2Ni$	吸氢	LaH_3	5.60	—	—	175.71
		Mg_2NiH_4	11.4	11.19	4.53	580.98
	放氢	LaH_3	56.1	—	—	176.31
		Mg_2Ni	5.18	—	13.23	307.93
Mg_2Ni + 20 wt.% $PrMg_2Ni$	吸氢	$PrH_{2.37}$	5.48	—	11.11	333.61
		Mg_2NiH_4	11.37	11.31	4.51	579.81
	放氢	$PrH_{2.37}$	5.49	—	11.08	334.45
		Mg_2Ni	5.18	—	13.20	306.74
Mg_2Ni + 20 wt.% $NdMg_2Ni$	吸氢	$NdH_{2.5}$	5.43	—	10.94	322.56
		Mg_2NiH_4	11.48	11.27	4.51	583.69
	放氢	$NdH_{2.5}$	5.43	—	10.95	322.90
		Mg_2Ni	5.20	—	13.25	310.67

图 4-9 为 $Mg_2Ni+20\ wt.\%\ REMg_2Ni$（RE＝La、Pr 和 Nd）复合材料充分放氢后的 XRD 图谱。经过 573 K 下，2 h 动态真空放氢处理后，复合材料中的 Mg_2NiH_4 相均转化为 Mg_2Ni 相，而稀土氢化物（LaH_3、$PrH_{2.37}$ 和 $NdH_{2.5}$）则稳定存在于复合材料中，这是由于稀土氢化物的分解温度较高造成的。同时，由表 4-3 可以看出，放氢后的 $Mg_2Ni+20\ wt.\%\ PrMg_2Ni$ 复合材料中，Mg_2Ni 相的晶胞体积最大，为 307.14 Å，表明其所受应力最为明显。该结果与其充分氢化后的 XRD 结果分析相符。由于复合材料中 $REMg_2Ni$ 在球磨前即已进行氢化处理，发生反应(4-3)，因此在球磨过程中，添加剂由 $REMg_2Ni$ 合金转化为带有原位生成稀土氢化物的 Mg_2NiH_4。在复合材料后续的吸/放氢过程中，反应机理为式(4-4)。

$$REMg_2Ni+(2+0.5x)H_2 \longrightarrow REH_x + Mg_2NiH_4 \qquad (4\text{-}3)$$

$$Mg_2Ni + 2H_2 \underset{}{\overset{REH_x}{\rightleftharpoons}} Mg_2NiH_4 \qquad (4\text{-}4)$$

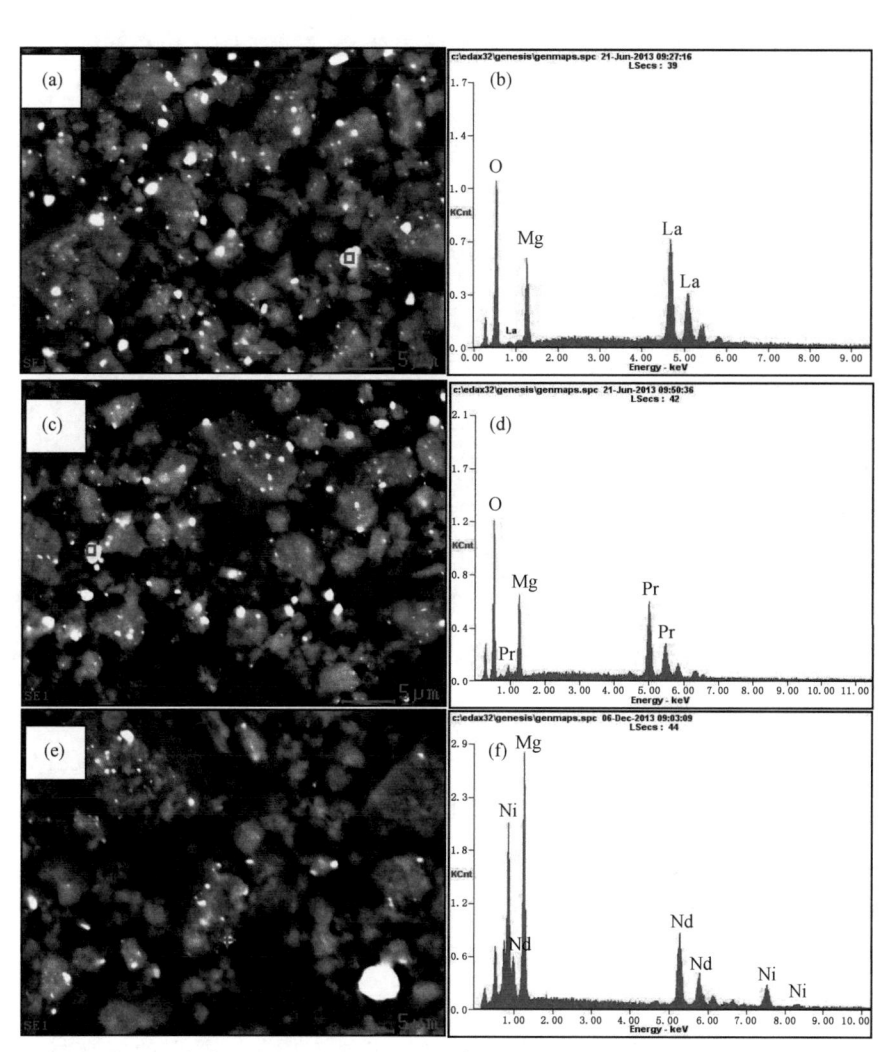

图 4-10 球磨后 Mg₂Ni+20 wt.% REMg₂Ni（RE=La、Pr 和 Nb）
复合材料的 BSE 图和 EDS 结果

图 4-10 给出了球磨后 Mg₂Ni+20 wt.% REMg₂Ni（RE=La、Pr 和 Nd）复合材料的 BSE 图和 EDS 结果。从 BSE 图中可以看出，白色颗粒为所对应复合材料中稀土元素的富集区，其中，图 4-10（a）和（b）所对应的 La 和 Pr 元素分布较为均匀，图 4-10（e）所对应的 Nd 元素在一定区域出现较明显的富集。结合 XRD 结果，白色颗粒为所对应稀土元素的氢化物（LaH₃、PrH₂.₃₇ 和 NdH₂.₅），并且 PrH₂.₃₇ 颗粒的粒径更细更均匀，有利于发挥其催化性能并且提高复合材料中的晶体缺陷及应力。

为了揭示复合材料吸氢后的表面形貌变化，图 4-11 给出了 Mg_2Ni+20 wt.% $PrMg_2Ni$ 复合材料球磨后和吸/放氢活化后的 SEM 图。复合材料球磨后的颗粒表面较为平滑，而在经过吸/放氢循环后，颗粒表面出现大量裂纹，导致其平均粒径与球磨后的颗粒相比大幅降低，具有更高的比表面积。

图 4-11 球磨和吸/放氢后 Mg_2Ni+20 wt.% $PrMg_2Ni$ 复合材料的 SEM 图

4.2.2 Mg_2Ni+20 wt.% $REMg_2Ni$（RE=La、Pr 和 Nd）复合材料储氢动力学性能

图 4-12 给出了 Mg_2Ni+20 wt.% $REMg_2Ni$（RE=La、Pr 和 Nd）复合材料 523 K 下的等温吸/放氢曲线。从图 4-12（a）中可以看出，添加 $REMg_2Ni$ 后，由于其氢化分解后所对应的稀土氢化物在复合材料吸/放氢过程中不参与反应而导致复合材料的最大吸氢量与 Mg_2Ni 合金（3.60 wt.%）相比均有所降低，其中 Mg_2Ni+20 wt.% $PrMg_2Ni$ 复合材料的最大吸氢量为 3.46 wt.%，加入 $NdMg_2Ni$ 的复合材料的最大吸氢量为 3.49 wt.%。与 Mg_2Ni+20 wt.% $LaMg_2Ni$（3.32 wt.%）相比均有所提高。在图 4-12（b）给出的复合材料在 523 K 等温放氢曲线中，发现复合材料的最大放氢容量与纯 Mg_2NiH_4（0.49 wt.%）相比均有所提升，其中添加 $PrMg_2Ni$ 的复合材料在 2 h 内的最大放氢容量达到 0.66 wt.%，其次为添加 $NdMg_2Ni$（0.59 wt.%）和 $LaMg_2Ni$（0.56 wt.%）的复合材料。与纯 Mg_2NiH_4 相比，复合材料的放氢速率也有明显改善，当样品放氢量达到 0.4 wt.% 时，其所对应的时间分别为 1590 s（Mg_2NiH_4）、1290 s（RE=La）、740 s（RE=Pr）和 955 s（RE=Nd）。

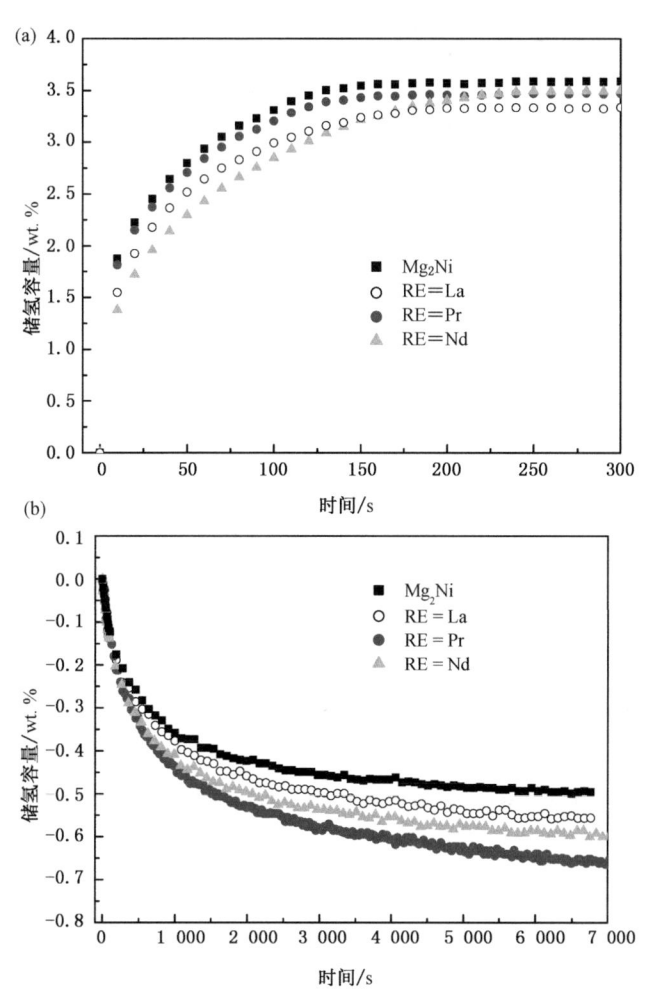

图 4-12　Mg_2Ni+20 wt.% $REMg_2Ni$（RE=La、Pr 和 Nb）复合材料在
523 K 时的等温吸/放氢曲线：(a) 等温吸氢；(b) 等温放氢

为了进一步分析 Mg_2Ni+20 wt.% $REMg_2Ni$（RE=La、Pr 和 Nd）复合材料在等温放氢过程中的氢扩散性能，采用 Jander 方程对复合材料 523 K 下的放氢曲线进行了三维扩散拟合，并将拟合曲线列于图 4-13 中。在复合材料中，随着 RE 原子序数的增加，其氢扩散性能呈现先增高后降低的趋势，并且与纯 Mg_2NiH_4 相比均有所改善。其中氢在 Mg_2Ni+20 wt.% $PrMg_2Ni$ 复合材料中的扩散性能表现出最为明显的提高，其次依此为添加 $LaMg_2Ni$ 和 $NdMg_2Ni$ 的复合材料。与纯 Mg_2NiH_4 相比，氢在复合材料中扩散性能的改善是由于 $REMg_2Ni$ 分解产生的稀土氢化物存在于基体 Mg_2Ni 及分解 Mg_2Ni 之间，提供

了丰富的 H 扩散通道。此外,由于复合材料中稀土氢化物的分布差异,导致氢在复合材料中的扩散性能改善存在不同,其中 Mg_2Ni+20 wt.% $PrMg_2Ni$ 复合材料中 $PrH_{2.37}$ 相的分布最为均匀,导致其 H 扩散性能的改善最为明显。

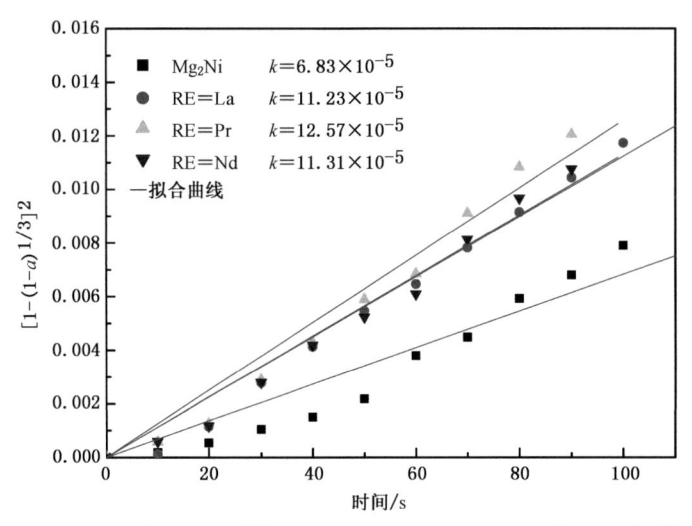

图 4-13 Mg_2Ni+20 wt.% $REMg_2Ni$($RE=La$、Pr 和 Nb)复合材料 523 K 下的放氢 Jander 拟合曲线

4.2.3 Mg_2Ni+20 wt.% $REMg_2Ni$($RE=La$、Pr 和 Nd)复合材料储氢热力学性能

图 4-14 为 Mg_2Ni+20 wt.% $REMg_2Ni$($RE=La$、Pr 和 Nd)复合材料在 523 K 和 473 K 时的 PCT 曲线。可以看出复合材料在测试条件下的吸氢平台与纯 Mg_2Ni 相比均显著提升,并且复合材料在 473 K 时的吸氢平台均高于 0.1 MPa,而纯 Mg_2Ni 仅为 0.07 MPa。对于放氢过程,复合材料的放氢平台也表现出一定的提高,其中 Mg_2Ni+20 wt.% $PrMg_2Ni$ 复合材料在测试温度下的放氢平台分别为 0.05 MPa(523 K)和 0.015 MPa(473 K),而纯 Mg_2Ni 在 523 K 时的放氢平台仅为 0.036 MPa,并且在 473 K 时不能放氢。Mg_2Ni+20 wt.% $REMg_2Ni$($RE=La$ 和 Nd)复合材料在测试温度下的放氢平台分别为 0.04 MPa($RE=La$, 523 K)、0.009 MPa($RE=La$, 473 K)和 0.041 MPa($RE=Nd$, 523 K)。放氢平台的提高是由于在复合材料中,Mg_2NiH_4 受稀土氢化物存在所提供的应力导致其晶胞体积降低,影响到了 Mg-H、Ni-H 和 Mg-Ni 原子间的相互作用,从而使 H 原子较易从 Mg_2NiH_4 中溢出,即有利于 Mg_2NiH_4 的

分解。在所测试样品中,Mg_2Ni+20 wt.% $REMg_2Ni$($RE=La$ 和 Pr)复合材料在 473 K 时表现出良好的可逆吸/放氢性能,可逆储氢量达到 3.18 wt.%。此外,复合材料的最大吸氢容量接近,在测试温度下均为 3.50 wt.%(523 K)和 3.18 wt.%(473 K),与纯 Mg_2Ni 相比分别下降了 0.31 wt.%(523 K)和 0.21 wt.%(473 K)。

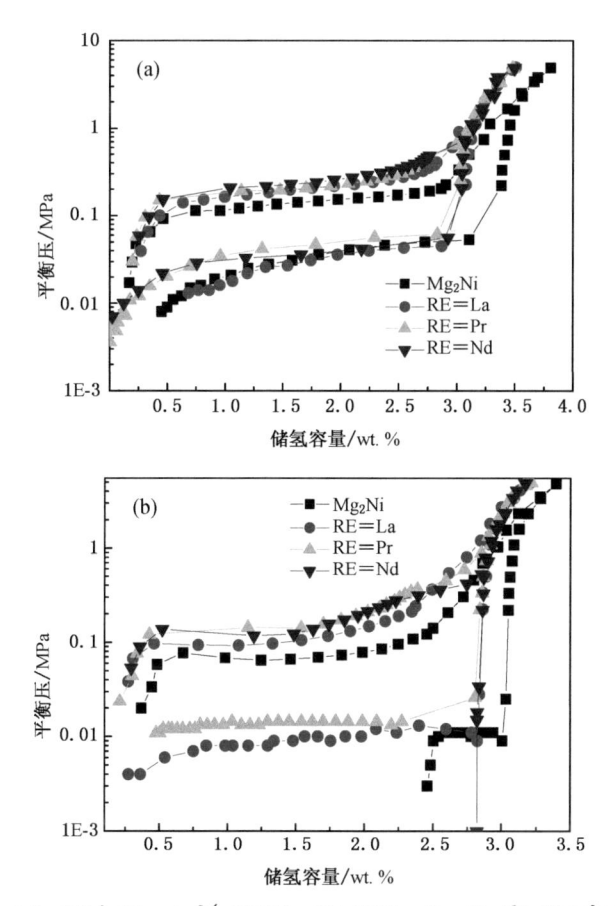

图 4-14 Mg_2Ni+20 wt.% $REMg_2Ni$($RE=La$、Pr 和 Nb)复合材料在不同温度下的 PCT 曲线:(a) 523 K;(b) 473 K

为了揭示不同稀土氢化物对复合材料储氢热力学性能的影响,图 4-15 给出了 Mg_2Ni+20 wt.% $REMg_2Ni$($RE=La$、Pr 和 Nd)复合材料放氢 Van't Hoff 方程(4-2)拟合曲线,并将拟合计算结果列于表 4-4 中。可以看出,随着稀土元素原子序数的增加,复合材料的放氢反应焓变呈现先降低后增高的趋势,这是由于复合材料中稀土氢化物对 Mg_2NiH_4 放氢反应的催化性能差异引起的。这种催化性能差异是由于在复合材料中,稀土氢化物在复合材料中的分布均匀程度不同引起的 Mg_2NiH_4 晶胞体积的差异导致的。

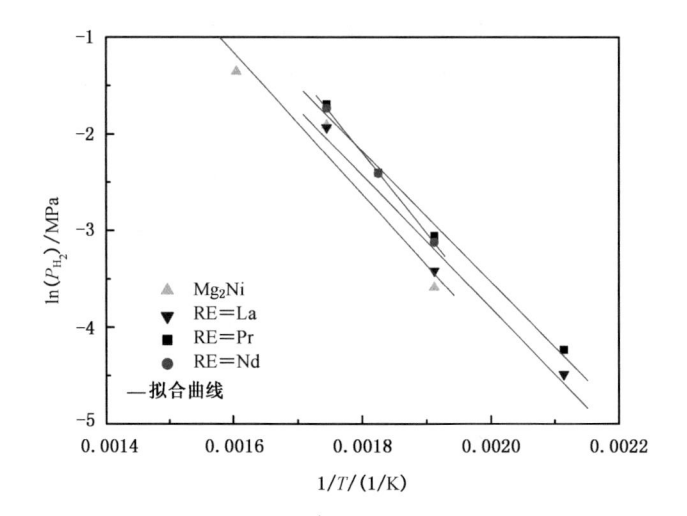

图 4-15 Mg_2Ni+20 wt.% $REMg_2Ni$（RE=La、Pr 和 Nb）
复合材料的 Van't Hoff 曲线

表 4-4 Mg_2Ni+20 wt.% $REMg_2Ni$（RE=La、Pr 和 Nb）
复合材料的放氢反应热力学参数

组成	焓变 ΔH/(kJ/mol)	熵变 ΔS/(J/K·mol)
Mg_2Ni	64.50	123.1
$Mg_2Ni + 20$ wt.% $LaMg_2Ni$	58.15	83.78
$Mg_2Ni + 20$ wt.% $PrMg_2Ni$	56.37	76.62
$Mg_2Ni + 20$ wt.% $NdMg_2Ni$	66.65	98.97

在上一章中,我们系统地研究了稀土氢化物对 Mg_2Ni 合金微观结构和储氢性能的影响。结果表明,稀土氢化物的加入能够降低 Mg_2Ni 合金的晶胞体积,并且在其吸/放氢过程中提供 H 扩散通道,进而明显改善 Mg_2Ni 合金在 473 K 下的可逆吸/放氢性能,并提高其吸/放氢动力学性能。Yang 等指出由于过渡金属的不饱和次外层电子结构,使得添加过渡金属能够显著改善 Mg_2Ni 合金的储氢性能。为了研究 Ti 和 Nb 的氢化物/氮化物对 Mg_2Ni 合金储氢性能的影响,并且获得其对 Mg_2Ni 合金吸/放氢过程的影响机制,本章中选取 Ti

和 Nb 的氢化物(TiH$_2$ 和 NbH)和氮化物(TiN 和 NbN)作为添加剂与 Mg$_2$Ni 合金制备得到复合材料,从而深入了解 Ti 和 Nb 的氢化物和氮化物在复合材料吸/放氢过程中的作用机制以及对复合材料反应历程的影响。

4.3 Ti 和 Nb 的氢化物(TiH$_2$ 和 NbH)对 Mg$_2$Ni 合金储氢性能的影响

4.3.1 Mg$_2$Ni+10 wt.% TMH(TMH=TiH$_2$ 和 NbH)复合材料的微观结构

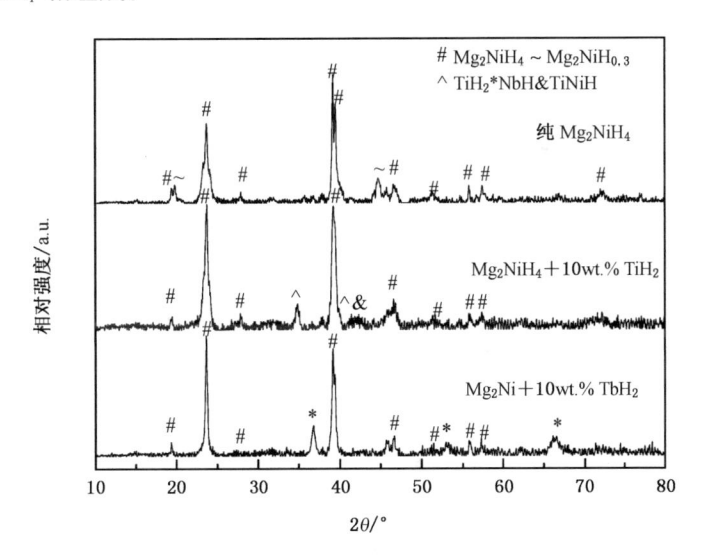

图 4-16 给出了 Mg$_2$Ni+10 wt.% TMH(TMH=TiH$_2$ 和 NbH)复合材料与纯 Mg$_2$Ni 合金充分吸氢后的 XRD 图谱。其中纯 Mg$_2$Ni 合金氢化物由 Mg$_2$NiH$_4$ 相和 Mg$_2$NiH$_{3.5}$ 相组成,而复合材料氢化物中则不含有 Mg$_2$NiH$_{3.5}$ 相,表明在相同氢化制度下,复合材料中的 Mg$_2$Ni 相能够充分的与氢反应生成 Mg$_2$NiH$_4$ 相。Mg$_2$Ni+10 wt.% TiH$_2$ 复合材料氢化物由 TiH$_2$ 相、TiNiH 相和 Mg$_2$NiH$_4$ 相组成,而 Mg$_2$Ni+10 wt.% NbH 复合材料氢化物则由 NbH 相和 Mg$_2$NiH$_4$ 相组成。

图 4-16 Mg$_2$Ni+10 wt.% TMH(TMH=TiH$_2$ 和 NbH)复合材料充分吸氢后的 XRD 图谱

上述样品经过 573 K、2 h 动态真空处理后,XRD 图谱在图 4-17 中给出。

可以看出经过放氢过程后,纯 Mg_2Ni 样品仅由 Mg_2Ni 相组成,Mg_2Ni+ 10 wt.% TiH_2 复合材料由 TiH_2 相、TiNi 相和 Mg_2Ni 相组成,而 Mg_2Ni+ 10 wt.% NbH 复合材料由 NbH 相和 Mg_2Ni 相组成。表明在复合材料吸/放氢过程中,NbH 相稳定存在于复合材料中并且不与 Mg_2Ni 相发生进一步反应。TiH_2 相则与 Mg_2Ni 相反应生成 TiNi 相,并且 TiNi 相在后续吸氢过程中转变为 TiNiH 相,该反应可用下列反应方程式表示:

$$TiH_2 + Mg_2NiH_4 \xrightarrow{573\ K} 2Mg + TiNi + 3H_2 \tag{4-1}$$

$$TiNi + \frac{1}{2}H_2 \longrightarrow TiNiH \tag{4-2}$$

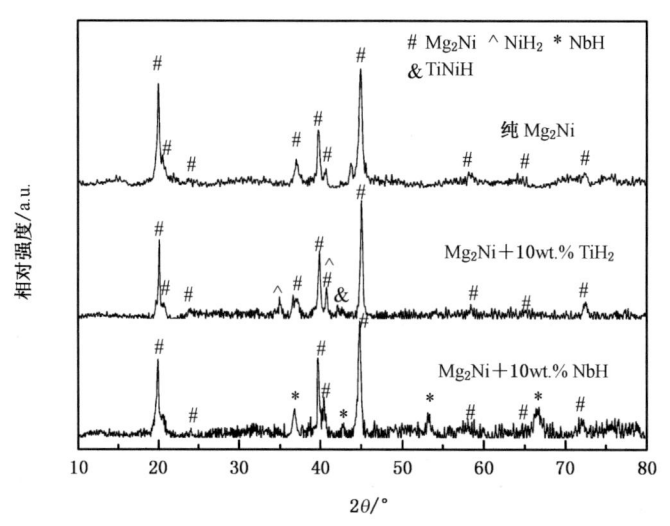

图 4-17 Mg_2Ni+10 wt.% TMH(TMH=TiH_2 和 NbH) 复合材料充分放氢后的 XRD 图谱

图 4-18 给出了 Mg_2Ni+10 wt.% TMH(TMH=TiH_2 和 NbH)复合材料的 BSE 图和 EDS 图谱。从 BSE 图中可以看出复合材料颗粒均发生明显团聚现象,并且在颗粒间存在大量裂缝。在 Mg_2Ni+10 wt.% NbH 复合材料中可以观察到明显的白色亮区,通过 EDS 测试发现白色亮区为 Nb 聚集区域,其 Nb 含量达到 85.54 wt.%,而在较暗区域中,Nb 含量则降低到 6.06 wt.%,说明 NbH 在复合材料中出现区域富集现象。在 Mg_2Ni+10 wt.% TiH_2 复合材料中未发现明显的亮区,通过 EDS 测试发现在图 4-3(e)和(g)中,对应选区的 Ti 含量分别为 10.65 wt.% 和 8.85 wt.%,表明 TiH_2 在复合材料中呈现均匀的

弥散分布状态。

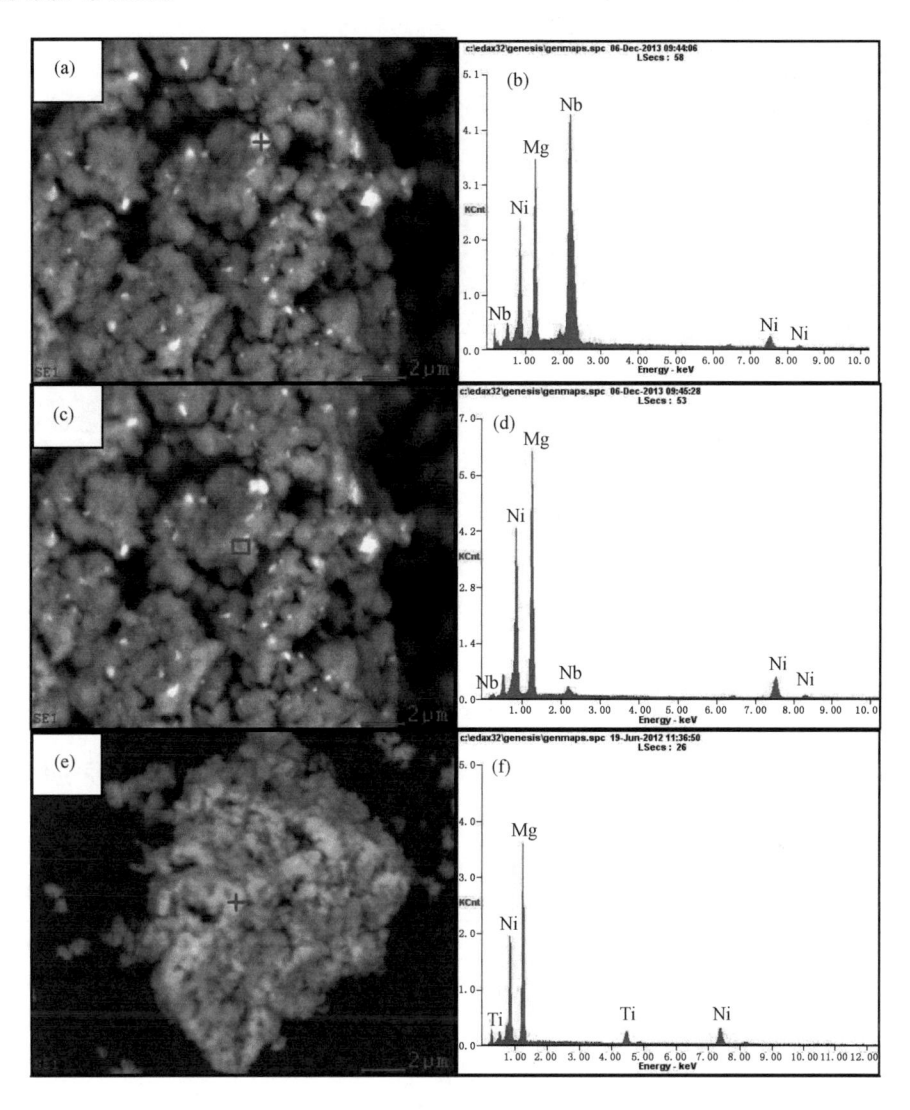

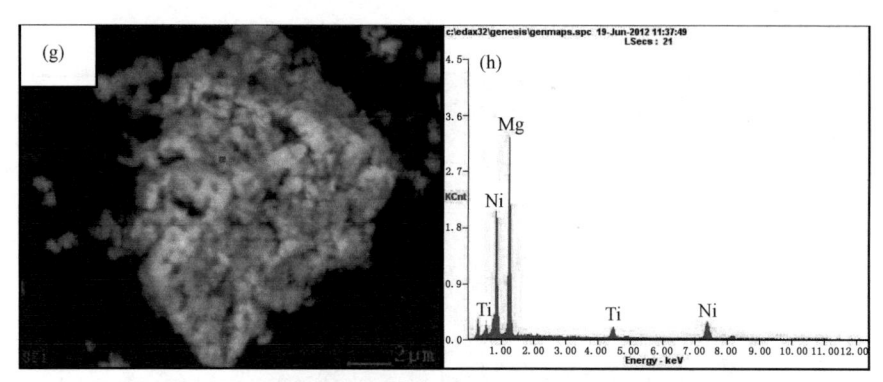

图 4-18　Mg₂Ni＋10 wt.％ TMH（TMH＝TiH₂ 和 NbH）
复合材料的 BSE 图和 EDS 结果

（a）BSE for TMH＝NbH；(b) EDS for TMH＝NbH；(c) BSE for TMH＝NbH；
（d）EDS for TMH＝NbH；(e) BSE for TMH＝TiH₂；
（f）EDS for TMH＝TiH₂(g) BSE for TMH＝TiH₂；（h）EDS for TMH＝TiH₂

4.3.2　Mg₂Ni＋10 wt.％ TMH（TMH＝TiH₂ 和 NbH）复合材料的储氢性能

图 4-19 为 Mg₂Ni＋10 wt.％ TMH（TMH＝TiH₂ 和 NbH)复合材料在不同温度时的 PCT 曲线。可以看出复合材料的吸/放氢平台均随温度的增高而增加。在 523 K 时,复合材料的吸氢平台分别为 0.16 MPa（TMH＝NbH）和 0.17 MPa（TMH＝TiH₂），与纯 Mg₂Ni 相比分别提高了 0.02 MPa 和 0.03 MPa。对于放氢过程,复合材料在 523 K 时的放氢平台分别为 0.041 MPa（TMH＝NbH）和 0.053 MPa（TMH＝TiH₂），与纯 Mg₂Ni 相比分别提高了 0.005 MPa 和 0.017 MPa。

这是由于加入 Ti 和 Nb 的氢化物后,复合材料中 Mg₂NiH₄/Mg₂Ni 相的晶胞体积受应力影响而减小,使其吸/放氢平台压力均有所增加。同时,复合材料的最大吸氢容量随测试温度的降低没有发生明显变化,约为 3.31 wt.％（TMH＝TiH₂)和 3.32 wt.％（TMH＝NbH）。复合材料最大储氢容量的降低是由于 TiH₂ 和 NbH 作为添加剂稳定存在于复合材料吸/放氢过程中。

为了揭示 Ti 和 Nb 的氢化物对 Mg₂Ni 合金氢化物放氢热力学性能的影响,图 4-20 给出了 Mg₂Ni＋10 wt.％ TMH（TMH＝TiH₂ 和 NbH)复合材料放氢 Van't Hoff 方程拟合曲线,并将拟合计算结果列于表 4-5 中。可以看出,加入 NbH 后，Mg_2Ni 合金氢化物的放氢反应焓变明显降低，达到 59.45 kJ/mol，而加入 TiH_2 的复合材料的放氢反应焓变降低至 62.53 kJ/mol，与纯 Mg_2Ni 合金氢化物相比分别降低了 5.05 kJ/mol 和 2.15 kJ/mol。表明复合材料与纯 Mg_2Ni 合金氢化物相比更容易放氢。

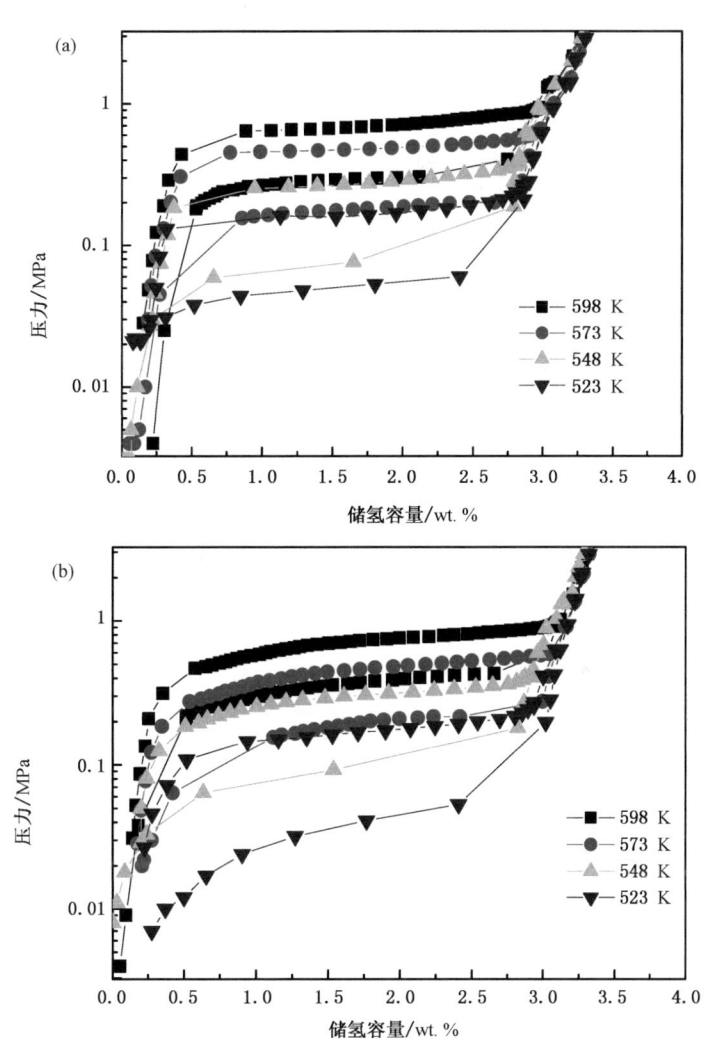

图 4-19　Mg_2Ni+10 wt.% TMH（TMH＝TiH_2 和 NbH）复合材料在不同温度下的 PCT 曲线：(a) TMH＝TiH_2；(b) TMH＝NbH

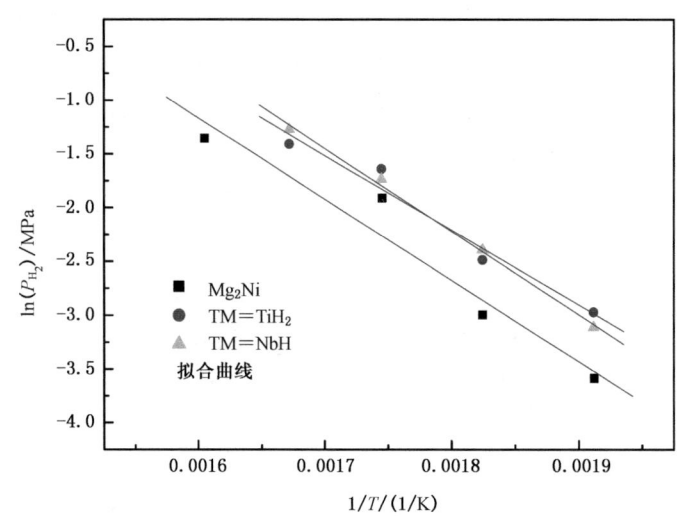

图 4-20 Mg$_2$Ni＋10 wt.％ TMH（TMH＝TiH$_2$ 和 NbH）复合材料的 Van't Hoff 曲线

表 4-5　Mg$_2$Ni＋10 wt.％ TMH（TMH＝TiH$_2$ 和 NbH）

复合材料的放氢反应热力学参数

组成	焓变 ΔH/(kJ/mol)	熵变/ΔS(J/K·mol)
Mg$_2$Ni	64.50	123.1
Mg$_2$Ni ＋ 10 wt.％ NbH	59.45	92.57
Mg$_2$Ni ＋ 10 wt.％ TiH$_2$	62.53	99.61

为了进一步表征 Ti 和 Nb 的氢化物对 Mg$_2$Ni 合金放氢热力学性能的影响，图 4-21 给出了 Mg$_2$Ni＋10 wt.％ TMH（TMH＝TiH$_2$ 和 NbH）复合材料氢化物与纯 Mg$_2$Ni 样品的程序升温放氢（TPD）曲线。当样品温度高于 475 K 时，测试样品均进入放氢阶段，加入 TMH 添加剂的复合材料在对应温度下的放氢量与 Mg$_2$NiH$_4$ 相比明显提高，其中 Mg$_2$Ni＋10 wt.％ NbH 复合材料氢化物的改善效果最为明显。当测试样品放氢量达到 0.1 wt.％时，其所对应温度分别为 491 K（纯 Mg$_2$NiH$_4$）、487 K（TMH＝TiH$_2$）和 481 K（TMH＝NbH），该结果与 Van't Hoff 方程拟合结果相符。当温度升高至终止温度 675 K 时，测试样品所对应放氢容量分别为 3.35 wt.％（纯 Mg$_2$NiH$_4$）、3.03 wt.％（TMH＝TiH$_2$）和 3.01 wt.％（TMH＝NbH）。

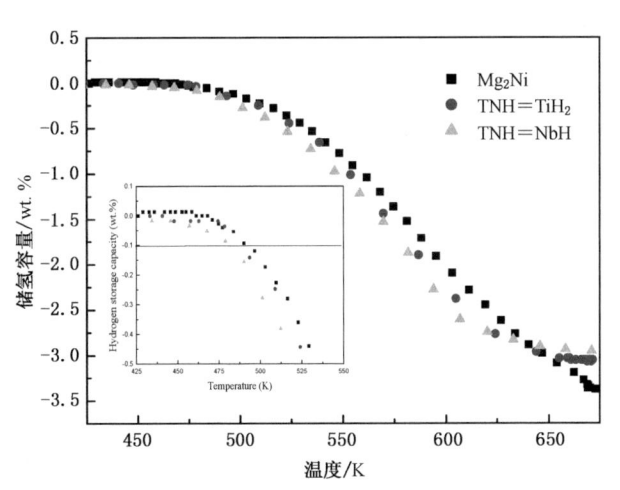

图 4-21　Mg_2Ni+10 wt.％ TMH（TMH＝TiH_2 和 NbH）复合材料与纯 Mg_2Ni 样品的 TPD 曲线

图 4-22 分别给出了 Mg_2Ni+10 wt.％ TMH（TMH＝TiH_2 和 NbH）复合材料 373 K 和 423 K 下的等温吸氢曲线。加入 Ti 和 Nb 的氢化物后，Mg_2Ni 的低温储氢性能得到了明显改善，Mg_2Ni+10 wt.％ TiH_2 复合材料在 373 K、3 MPa 氢气环境下 2 h 的吸氢容量达到 1.77 wt.％，Mg_2Ni+10 wt.％ NbH 复合材料则达到 1.48 wt.％，而未加入添加剂的 Mg_2Ni 合金在相同环境下的吸氢容量仅为 0.79 wt.％。同时，从图中可以看出，测试样品的吸氢过程明显分为两个阶段，第一阶段为样品的快速吸氢过程（前 300 s），即氢气被样品表面活性点快速吸附后分解为氢原子并与样品表面的 Mg_2Ni 形成 Mg_2NiH_4 的过程；第二阶段为表面氢原子向样品颗粒内部扩散的过程（后 2 h），通过对样品等温吸氢的第二阶段进行线形拟合得到其在 373 K 下的 H 扩散速率分别为 0.39 wt.％/h（TMH＝TiH_2）、0.31 wt.％/h（TMH＝NbH）和 0.08 wt.％/h（纯 Mg_2Ni）。随着温度的提高，在 423 K 时，加入 TiH_2 和 NbH 的复合材料在 2 h 内的最大吸氢容量分别为 3.49 wt.％和 2.81 wt.％，与纯 Mg_2Ni 合金相比分别提高了 2.49 wt.％和 1.81 wt.％，并且 Mg_2Ni+10 wt.％ TiH_2 复合材料的吸氢容量在 40 s 内即达到其最大吸氢容量的 90％。表明在该温度下 H 原子在 Mg_2Ni+10 wt.％ TiH_2 复合材料颗粒间的扩散性能得到明显改善。

图 4-23 为 Mg_2Ni+10 wt.％ TMH（TMH＝TiH_2 和 NbH）复合材料氢化物在 523 K 和 573 K 下的等温放氢曲线。可以看出在测试条件下，复合材料氢

化物的放氢容量及放氢速率与纯 Mg_2NiH_4 相比均有所改善。在 523 K 时,复合材料氢化物在 2 h 内的放氢容量分别达到 1.05 wt.%（TMH＝TiH_2）和 0.69 wt.%（TMH＝NbH），与纯 Mg_2Ni 样品相比分别提高了 0.56 wt.% 和 0.20 wt.%。在 573 K 时,复合材料氢化物在 2 h 内的放氢容量分别达到 2.03 wt.%（TMH＝TiH_2）和 1.83 wt.%（TMH＝NbH），与纯 Mg_2Ni 样品相比分别提高了 0.48 wt.% 和 0.28 wt.%。并且在 573 K 时,复合材料氢化物达到其最大放氢容量 90% 所用的时间分别为 840 s（TMH＝TiH_2）和 1230 s（TMH＝NbH），而纯 Mg_2NiH_4 所用时间为 1 450 s。

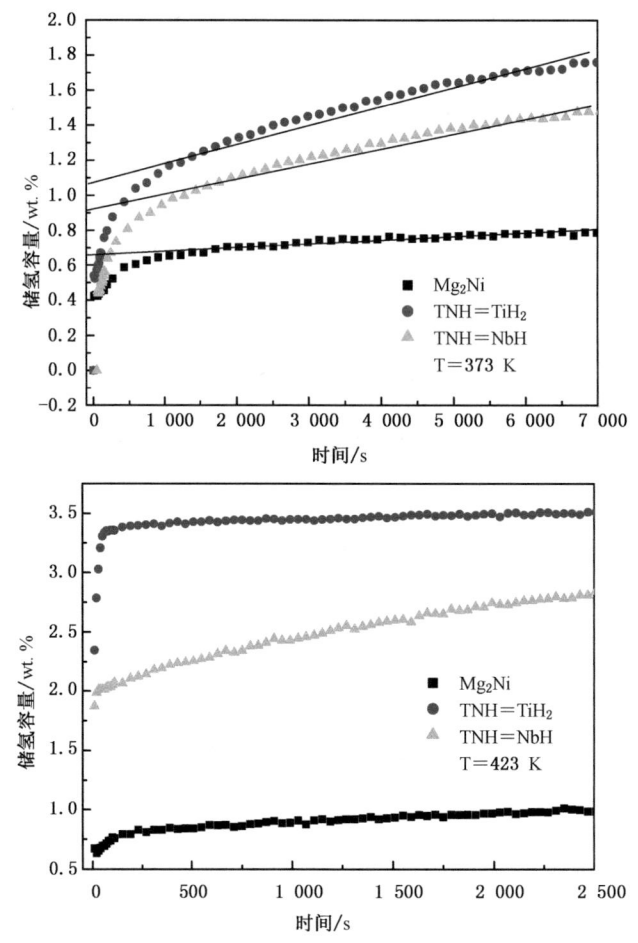

图 4-22 Mg_2Ni＋10 wt.% TMH（TMH＝TiH_2 和 NbH）复合材料 373 K 和 423 K 下的等温吸氢曲线

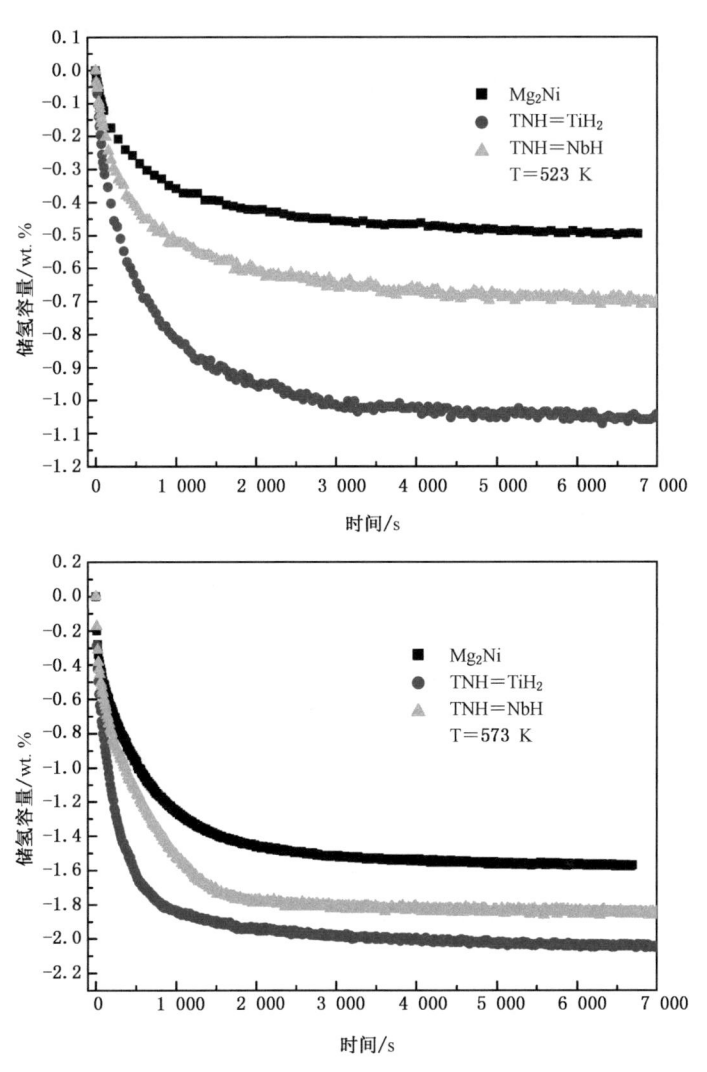

图 4-23　Mg_2Ni+10 wt.% TMH（TMH=TiH_2 和 NbH）复合材料 523 K 和 573 K 下的等温放氢曲线

为了进一步研究 Ti 和 Nb 的氢化物对 Mg_2NiH_4 等温放氢性能的影响，采用 Jander 方程对复合材料 523 K 下的放氢曲线进行了三维扩散拟合，并将拟合曲线列于图 4-24 中。可以看出，在放氢过程中，氢原子在 Mg_2Ni+10 wt.% TiH_2 复合材料氢化物中的扩散性能与纯 Mg_2NiH_4 相比得到明显改善，而在 Mg_2Ni+10 wt.% NbH 复合材料氢化物中的改善效果并不明显。这是由于在复合材料中，NbH 出现明显的聚集，导致其对 Mg_2Ni 基体合金提供的氢扩散通道有限,并且这种限制在较低放氢温度下表现尤为突出;而根据 EDS 分析结果,Ti 元素均匀地分布在 Mg_2Ni 基体合金中,为氢在复合材料颗粒中的扩散提供了丰富的通道。

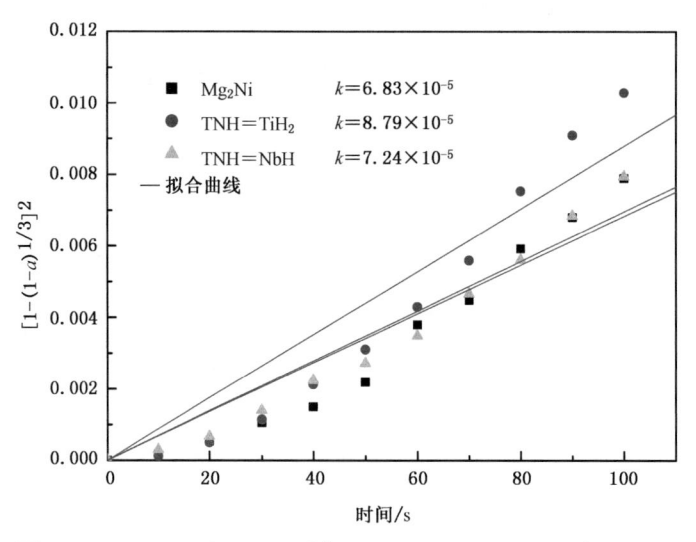

图 4-24 Mg_2Ni+10 wt.% TMH(TMH=TiH_2 和 NbH)
复合材料 523 K 下的放氢 Jander 拟合曲线

4.3.3 Ti 和 Nb 的氢化物的作用

从以上的数据和分析可以看出,添加 Ti 和 Nb 的氢化物后明显降低了 Mg_2Ni 合金氢化物的初始放氢温度,并增强了复合材料的吸/放氢动力学性能。为了更好地解释过渡金属氢化物改善 Mg_2Ni + 10 wt.% TMH(TMH = TiH_2 和 NbH)复合材料吸/放氢过程中的作用机制,系统地分析了复合材料吸/放氢中各个相的微观结构变化规律。表 4-6 给出了复合材料吸/放氢后的晶胞参数。可以看出在复合材料中,Mg_2Ni 晶胞吸/放氢后的晶胞体积与其在纯 Mg_2Ni 合金中的晶胞体积相比均明显降低,其中加入 TiH_2 的复合材料中,Mg_2NiH_4/Mg_2Ni 晶胞的体积分别为 577.28 $Å^3$ 和 307.98 $Å^3$,与其在纯 Mg_2Ni 合金中相比分别减小了 0.75% 和 0.05%;加入 NbH 的复合材料中,Mg_2NiH_4/Mg_2Ni 晶胞的体积分别为 580.56 $Å^3$ 和 308.02 $Å^3$,与其在纯 Mg_2Ni 合金中相比分别减小了 0.18% 和 0.04%。晶胞体积的降低是由于在球磨过程中,Ti 和 Nb 的氢化物作为嵌入物被机械作用力嵌入 Mg_2NiH_4 基体中,使 Ti 和 Nb 的氢化物颗粒与 Mg_2NiH_4 基体间存在应力,导致 Mg_2NiH_4 晶胞发生形变,产生晶体缺陷,同时其晶胞体积也相应减小。

复合材料放氢热力学性能的改善是由于加入添加剂后,复合材料氢化物中 Mg_2NiH_4 相的晶胞参数发生变化,即晶胞体积与纯 Mg_2NiH_4 相比明显降低,进而影响晶胞中 H 原子与 Ni 原子和 Mg 原子间的相互作用;同时,由于过渡金属具有能与其他孤对电子产生相互作用的空轨道,能够影响 Mg_2NiH_4 中 H 与其他原子间的相互作用。由于 NbH 具有较低的电子云密度,Nb 的电负性与 Ti 相比更强,因此 Mg_2Ni+10 wt.% NbH 复合材料的放氢热力学性能改善更为明显。

表 4-6 Mg_2Ni+10 wt.% TMH（TMH=TiH_2 和 NbH）复合材料的晶胞参数

组成	结构物		晶胞参数			
			a (Å)	b (Å)	c (Å)	V (Å³)
Mg_2Ni	吸氢	Mg_2NiH_4	11.43	11.26	4.52	581.65
	放氢	Mg_2Ni	5.19	—	13.21	308.15
Mg_2Ni + 20 wt.% $LaMg_2Ni$	吸氢	TiNiH	6.22	—	12.34	477.92
		TiH_2	4.46	—	—	88.49
		Mg_2NiH_4	11.38	11.21	4.53	577.28
	放氢	TiNi	3.02	—	—	27.59
		TiH_2	4.46	—	—	88.76
		Mg_2Ni	5.18	—	13.21	307.98
Mg_2Ni + 10 wt.% NbH	吸氢	NbH	4.81	4.92	3.48	82.33
		Mg_2NiH_4	11.39	11.29	4.51	580.56
	放氢	NbH	4.82	4.92	3.47	82.45
		Mg_2Ni	5.18	—	13.23	308.02

4.4　Ti 和 Nb 的氮化物（TiN、NbN）对 Mg_2Ni 合金储氢性能的影响

4.4.1　Mg_2Ni+10 wt.% TMN（TMN=TiN 和 NbN）复合材料的微观结构

图 4-25 给出了 Mg_2Ni+10 wt.% TMN（TMN=TiN 和 NbN）复合材料球磨后及吸/放氢后的 XRD 图谱。对于球磨后的复合材料,其衍射峰与吸/放氢后相比明显宽化,这是由于在球磨过程中,机械能促使样品晶体结构产生错位、缺陷导致非晶化造成的。经过吸/放氢循环后,由于 Mg_2Ni 相与 Mg_2NiH_4

相的多次相互转化,使得 Mg_2Ni/Mg_2NiH_4 晶体排列得到优化,由机械能造成的错位、缺陷被部分消除,造成样品的衍射峰半峰宽明显降低,峰型变得尖锐。经过吸/放氢处理后,可以看出 Mg_2Ni+10 wt.% NbN 复合材料衍射峰(见图 4-25 (a))在 36.9°、54.1°和 66.6°处出现可标定为 NbH 的衍射峰,在 33.6°、38.4°、62.4°和 72.4°处出现可标定为 $NbN_{0.95}$ 的衍射峰。

(a) TMN=NbN

(b) TMN=TiN

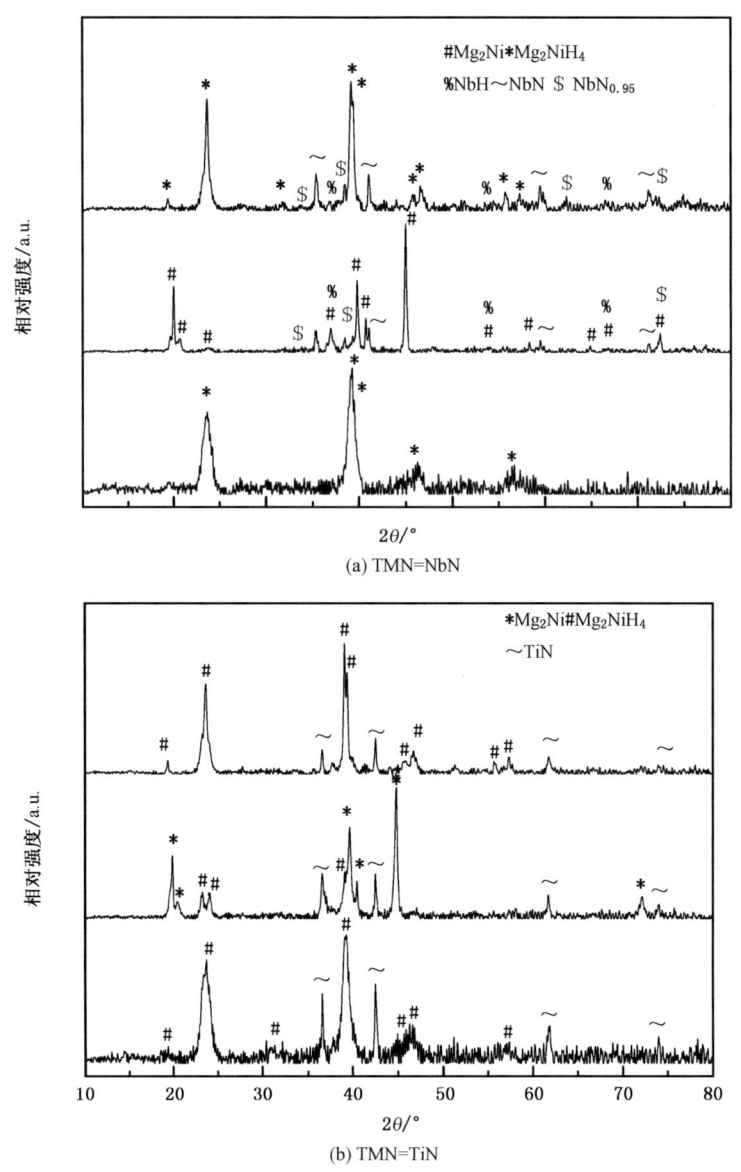

图 4-25　Mg_2Ni+10 wt.% TMN(TMN=TiN 和 NbN)复合材料的 XRD 图谱

表明经过吸/放氢循环后,复合材料中的部分 NbN 在氢气作用下分解为 NbH 和 $NbN_{0.95}$,并且该过程不可逆,其反应可用下列方程式表示:

$$2NbN + 0.575H_2 \longrightarrow NbH + NbN_{0.95} + 0.05NH_3 \tag{4-3}$$

而作为储氢主体的 Mg_2Ni 则在吸/放氢过程中与 Mg_2NiH_4 充分转化。在 Mg_2Ni+10 wt.% TiN 复合材料中(见图 4-25(b)),TiN 在样品吸/放氢循环后没有发生相转变,表明其在复合材料中呈稳定存在状态,而作为放氢主体的 Mg_2NiH_4 在 573 K、2 h 的放氢处理后没有完全转化为 Mg_2Ni,表明在该温度下 TiN 添加剂影响了 Mg_2NiH_4 的分解。

图 4-26 给出了 Mg_2Ni+10 wt.% TMN(TMN=TiN 和 NbN)复合材料的 BSE 图和 EDS 图谱。从 BSE 图中可以看出 Mg_2Ni+10 wt.% NbN 复合材料颗粒发生明显的团聚现象,并且在颗粒间存在大量裂缝。同时,有大量白色亮区存在于颗粒边缘处,通过 EDS 测试发现白色亮区为 Nb 聚集区域,其 Nb 含量达到 70.53 wt.%;图中较暗区域元素以 Mg、Ni 为主,并且 Mg、Ni 原子比接近 2:1,表明其为 Mg_2Ni 基体,而 Nb 元素含量仅为 3.92 wt.%,表明 NbN 在复合材料中出现区域富集现象。在 Mg_2Ni+10 wt.% TiN 复合材料中未发现明显的亮区,并且颗粒粒径与 Mg_2Ni+10 wt.% NbN 复合材料相比明显减小,通过 EDS 测试发现在图 4-26 (a) 和 (c) 中,对应选区的 Ti 含量分别为 11.05 wt.% 和 9.37 wt.%,表明 TiH_2 在复合材料中呈现均匀的弥散分布状态。

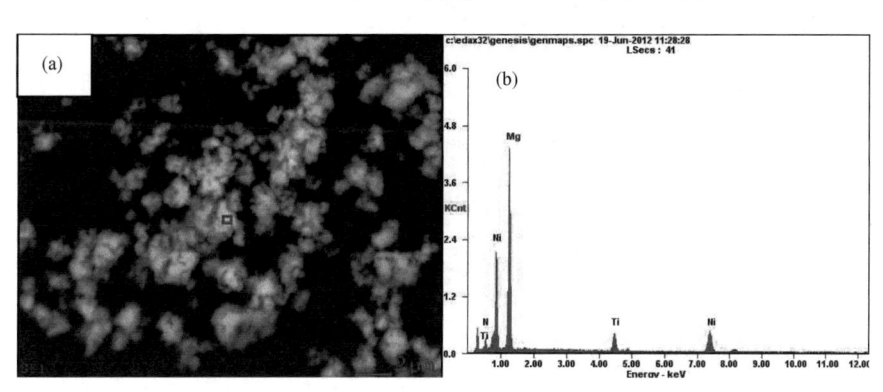

(a) TMN=TiN 的 BSE 图　　　　　(b) TMN=TiN 的 BDE 图

(c) TMN=TiN的BSE图　　　　　　(d) TMN=TiN的BDE图

(e) TMN=NbN的BSE图　　　　　　(f) TMN=NbN的BDE图

(g) TMN=NbN的BSE图　　　　　　(h) TMN=NbN的BDE图

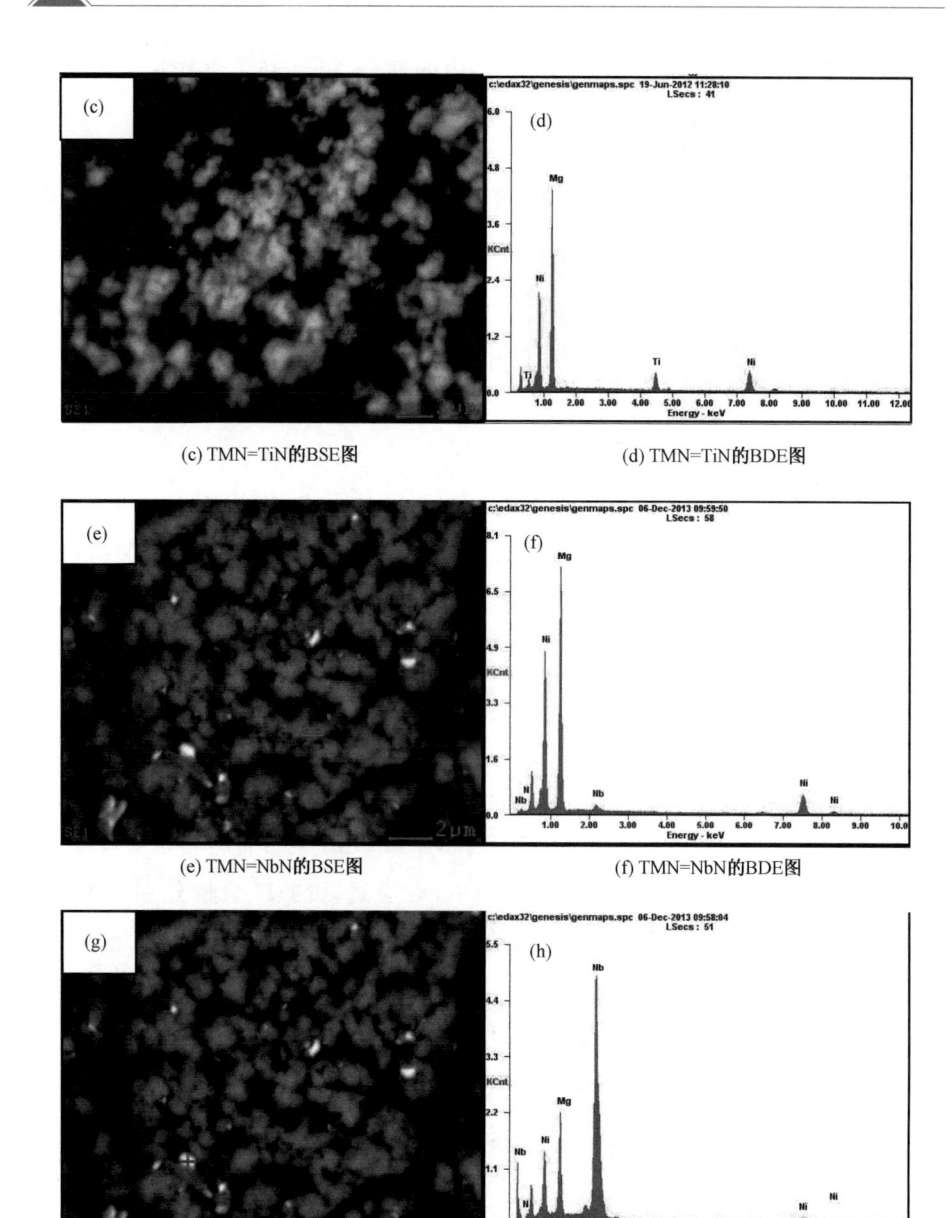

图 4-26　Mg$_2$Ni+10 wt.% TMN(TMN=TiN 和 NbN)
复合材料的 BSE 图和 EDS 结果

4.4.2　Mg$_2$Ni+10 wt.% TMN (TMN=TiN 和 NbN) 复合材料的储氢性能

图 4-27 为 Mg$_2$Ni+10 wt.% TMN (TMN=TiN 和 NbN)复合材料在不

同温度时的 PCT 曲线。可以看出复合材料的吸/放氢平台均随温度的升高而增加。在 523 K 时,复合材料的吸氢平台分别为 0.16 MPa(TMN=NbN)和 0.17 MPa(TMN=TiN),与纯 Mg_2Ni 相比分别提高了 0.02 MPa 和 0.03 MPa。对于放氢过程,复合材料在 523 K 时的放氢平台分别为 0.053 MPa(TMN=NbN)和 0.061 MPa(TMN=TiN),与纯 Mg_2Ni 相比分别提高了 0.017 MPa 和 0.025 MPa。同时,复合材料的最大吸氢容量随测试温度的降低而略微减小,当测试温度从 598 K 降低至 523 K 时,Mg_2Ni+10 wt.% TiN 复合材料的最大吸氢量由 3.49 wt.%降低至 3.31 wt.%,Mg_2Ni+10 wt.% NbN 复合材料的最大吸氢量由 3.59 wt.%降低至 3.18 wt.%。在相同测试温度下,复合材料最大储氢容量与纯 Mg_2Ni 样品相比有所降低是由于 TiN 和 NbN 作为添加剂稳定存在于复合材料吸/放氢过程中。

为了揭示不同 Ti 和 Nb 的氮化物对 Mg_2Ni 合金氢化物放氢热力学性能的影响,图 4-28 给出了 Mg_2Ni+10 wt.% TMN(TMN=TiN 和 NbN)复合材料放氢 Van't Hoff 方程(4-2)拟合曲线,并将拟合计算结果列于表 4-7 中。可以看出,加入 NbN 后,Mg_2Ni 合金氢化物的放氢反应焓变明显降低,达到 55.01 kJ/mol,而加入 TiH_2 的复合材料的放氢反应焓变降低至 42.39 kJ/mol,与纯 Mg_2Ni 合金氢化物相比分别降低了 9.49 kJ/mol 和 22.11 kJ/mol。表明复合材料与纯 Mg_2Ni 合金氢化物相比更容易放氢。

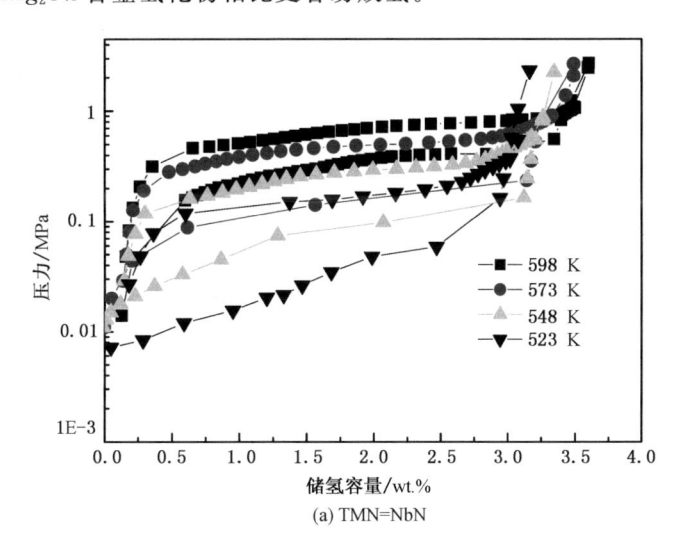

(a) TMN=NbN

(b) TMN=TiN

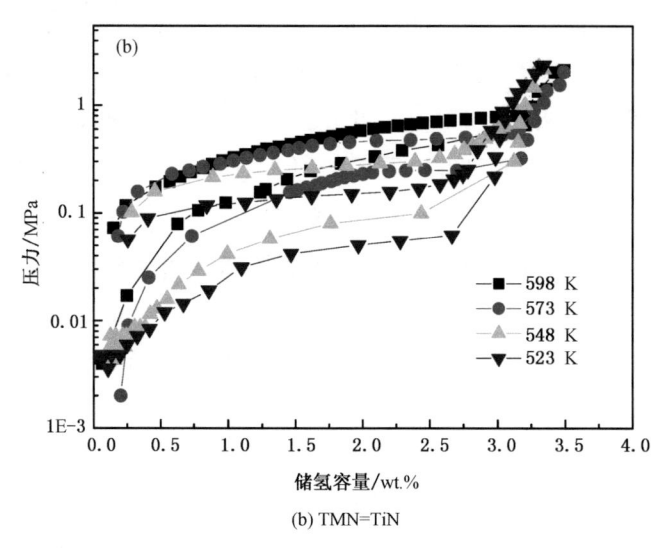

图 4-27　Mg_2Ni+10 wt.％ TMN（TMN＝TiN 和 NbN）复合材料在不同温度下的 PCT 曲线

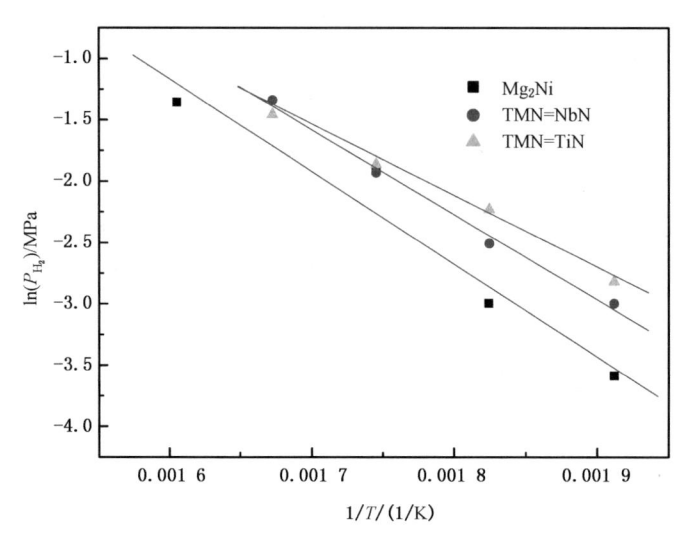

图 4-28　Mg_2Ni+10 wt.％ TMN（TMN＝TiN 和 NbN）复合材料的 Van't Hoff 曲线

表 4-7　Mg_2Ni+10 wt.% TMN（TMN=TiN 和 NbN）
复合材料的放氢反应热力学参数

组成	焓变(ΔH)/(kJ/mol)	熵变(ΔS)/(J/K·mol)
Mg_2Ni	64.50	123.1
Mg_2Ni+10 wt.% NbN	55.01	72.86
Mg_2Ni+10 wt.% TiN	42.39	60.17

为了进一步表征 Ti 和 Nb 的氮化物对 Mg_2Ni 合金放氢热力学性能的影响，图 4-29 给出了 Mg_2Ni+10 wt.% TMN（TMN=TiN 和 NbN）复合材料氢化物与纯 Mg_2Ni 样品的程序升温放氢（TPD）曲线。当样品温度高于 475 K 时，测试样品均进入放氢阶段，加入 TMN 添加剂的复合材料在对应温度下的放氢量与 Mg_2NiH_4 相比明显提高，其中 Mg_2Ni+10 wt.% TiN 复合材料氢化物的改善效果最为明显。当测试样品放氢量达到 0.1 wt.% 时，其所对应温度分别为 491 K（纯 Mg_2NiH_4）、484 K（TMN=NbN）和 478 K（TMN=TiN），该结果与 Van't Hoff 方程拟合结果相符。当温度升高至终止温度 675 K 时，测试样品所对应放氢容量分别为 3.35 wt.%（纯 Mg_2NiH_4）、3.02 wt.%（TMN=NbN）和 1.91 wt.%（TMN=TiN），Mg_2Ni+10 wt.% TiN 复合材料在高温条件下 TPD 放氢容量的显著降低是由于其放氢平台压力随温度的提高增加较为缓慢，因此其在较高温度下容易达到吸/放氢平衡状态。

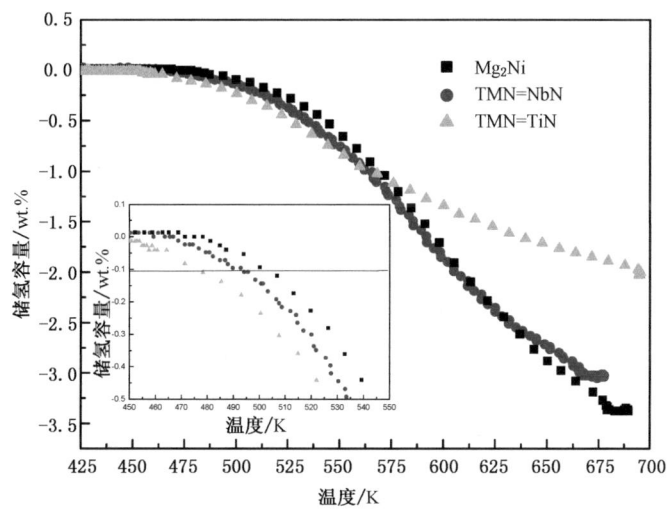

图 4-29　Mg_2Ni+10 wt.% TMN（TMN=TiN 和 NbN）
复合材料与纯 Mg_2Ni 样品的 TPD 曲线

图 4-30 分别给出了 Mg_2Ni+10 wt.% TMN（TM＝Ti 和 Nb）复合材料 373 K 和 423 K 下的等温吸氢曲线。加入 Ti 和 Nb 的氮化物后，Mg_2Ni 的低温吸氢性能得到了一定的改善，Mg_2Ni+10 wt.% TMN 复合材料在 373 K、3 MPa 氢气环境下 2 h 内的吸氢容量分别达到 1.01 wt.%（TMN＝NbN）和 0.84 wt.%（TMN＝TiN），与纯 Mg_2Ni 样品相比分别提高了 0.22 wt.% 和 0.05 wt.%。在样品的 473 K 下的快速吸氢阶段，复合材料的吸氢量与纯 Mg_2Ni 样品相比有所提高，当吸氢过程变为表面氢原子向样品颗粒内部扩散后，H 在复合材料中的扩散速率均为 0.11 wt.%/h，表明所选添加剂对低温条

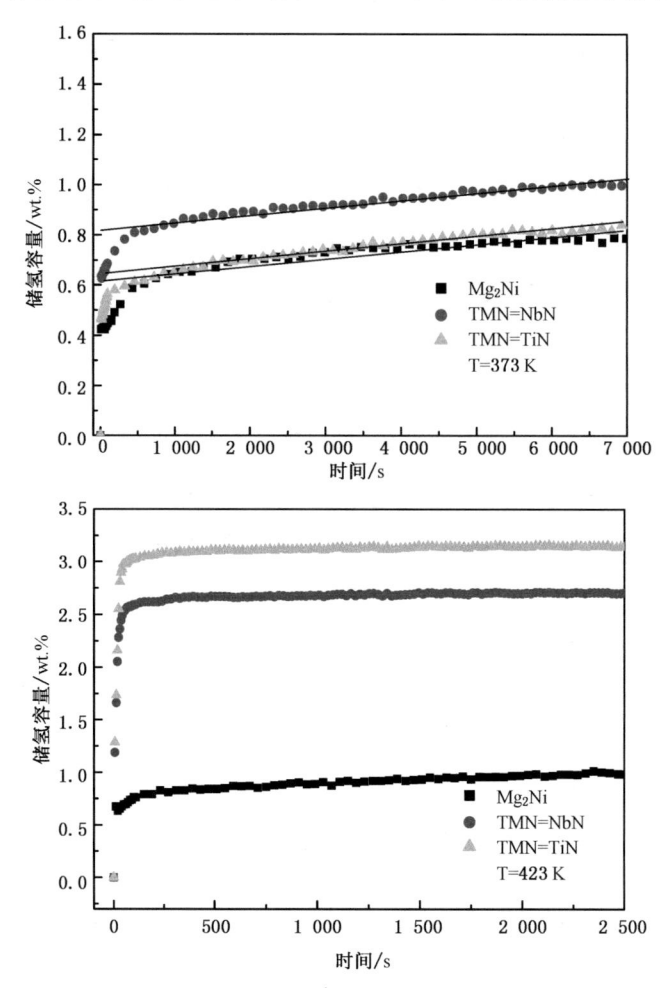

图 4-30 Mg_2Ni+10 wt.% TMN（TMN＝TiN 和 NbN）复合材料 373 K 和 423 K 下的等温吸氢曲线

件下 H 在 Mg_2Ni 合金中的扩散性能改善没有明显差异。当样品吸氢温度升高至 423 K 时,复合材料的吸氢性能明显提升,其在 100 s 内的吸氢容量分别达到了 2.57 wt.%（TMN=NbN）和 3.08 wt.%（TMN=TiN）。而未加入添加剂的 Mg_2Ni 合金在相同环境下的吸氢容量仅为 0.79 wt.%,表明在该温度下 H 原子在 Mg_2Ni+10 wt.% TMN 复合材料颗粒中的扩散性能得到明显改善。

图 4-31 为 Mg_2Ni+10 wt.% TMN（TMN=TiN 和 NbN）复合材料氢化物在 523 K 下的等温放氢曲线。可以看出在测试条件下,复合材料氢化物的放氢容量及放氢速率与纯 Mg_2NiH_4 相比均有所改善。复合材料氢化物在 2 h 内的放氢容量分别达到 0.75 wt.%（TMN=TiN）和 0.81 wt.%（TMN=NbN）,与纯 Mg_2NiH_4 相比分别提高了 0.26 wt.% 和 0.32 wt.%。

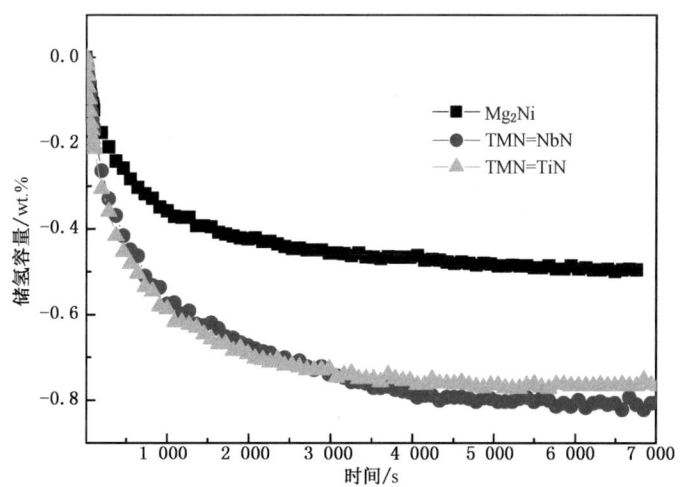

图 4-31　Mg_2Ni+10 wt.% TMN（TMN=TiN 和 NbN）复合材料 523 K 下的等温放氢曲线

为了进一步研究 Ti 和 Nb 的氮化物对 Mg_2NiH_4 等温放氢性能的影响,采用 Jander 方程对复合材料 523 K 下的放氢曲线进行了三维扩散拟合,并将拟合曲线列于图 4-32 中。可以看出,在放氢过程中,氢原子在复合材料氢化物中的扩散性能与纯 Mg_2NiH_4 相比得到明显改善,其中 H 在 Mg_2Ni+10 wt.% TiN 复合材料氢化物中的改善效果较为明显。这是由于在复合材料中,TiN 均匀分布在 Mg_2Ni 基体中,为氢在复合材料颗粒中的扩散提供了丰富的通道;而 NbN 则在 Mg_2Ni 基体中出现明显的聚集,导致其对 Mg_2Ni 基体合金提供的氢扩散通道有限。

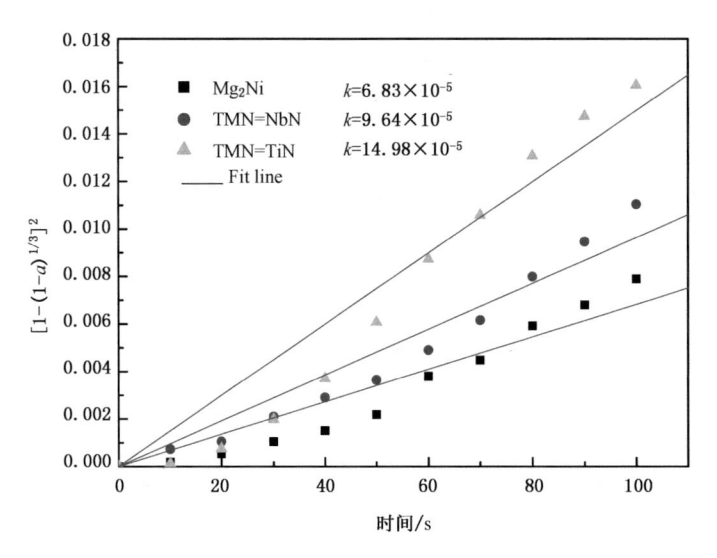

图 4-32 Mg$_2$Ni＋10 wt.％ TMN（TMN＝TiN 和 NbN）
复合材料 523 K 下的放氢 Jander 拟合曲线

4.4.3 Ti 和 Nb 的氮化物的作用机制

从以上的数据和分析可以看出,添加 Ti 和 Nb 的氮化物后明显降低了 Mg$_2$Ni 合金氢化物的初始放氢温度,并增强了复合材料材料的吸/放氢动力学性能。为了更好地解释 Ti 和 Nb 的氮化物改善 Mg$_2$Ni＋10 wt.％ TMN（TMN＝TiN 和 NbN）复合材料吸/放氢过程中的作用机制,系统地分析了复合材料吸/放氢中各个相的微观结构变化规律。表 4-8 给出了复合材料吸/放氢后的晶胞参数。可以看出,在加入 Ti 和 Nb 的氮化物后,Mg$_2$Ni/Mg$_2$NiH$_4$ 相的晶胞体积均有所减小,表明加入的 Ti 和 Nb 的氮化物主要是以嵌入物的形式存在于基体材料中,造成基体材料晶胞体积受应力影响而减小,进而导致复合材料吸/放氢平台压力的提高。此外,由于过渡金属氮化物具有电子空穴,能够在复合材料颗粒中形成 N 缺陷活性点,进而影响了 Mg$_2$NiH$_4$ 基体中原子间相互作用,使其吸/放氢平台压力均有所增加。

表 4-8　Mg_2Ni+10 wt.％ TMN(TMN＝TiN 和 NbN)复合材料的晶胞参数

组成		相结构	晶胞参数			
			$a/Å$	$b/Å$	$c/Å$	$V/Å^3$
Mg_2Ni	吸氢	Mg_2NiH_4	11.43	11.26	4.52	581.65
	放氢	Mg_2Ni	5.19	—	13.21	308.15
Mg_2Ni +10 wt.％ NbN	吸氢	NbN	4.39			84.55
		Mg_2NiH_4	11.43	11.25	4.52	579.25
	放氢	NbN	4.38	—	—	84.52
		Mg_2Ni	5.18	—	13.21	308.11
Mg_2Ni + 10 wt.％ TiN	吸氢	TiN	4.23			76.18
		Mg_2NiH_4	11.42	11.31	4.49	579.16
	放氢	TiN	4.24	—	—	76.53
		Mg_2Ni	5.17	—	13.22	306.02
		Mg_2NiH_4	11.42	11.31	4.50	580.33

对于金属氮化物在氢气氛下的结构变化,Kojima 等人通过对不同金属氮化物(Li_3N、Ca_3N_2、h-BN、Mg_3N_2、Si_3N_4、AlN、TiN、VN 和 ZrN)进行氢气反应球磨处理发现,随着金属离子半径和电负性的增加,金属氮化物形成 N—H 键的难度也随之升高。为了揭示 TiN 和 NbN 中 N 离子对 Mg_2NiH_4 中 H 原子的影响,图 4-33 给出了 Mg_2Ni+10 wt.％ TMN(TM＝Ti 和 Nb)复合材料氢化物的 FT-IR 图谱。

在 Mg_2Ni+10 wt.％ TiN 复合材料氢化物的红外衍射图谱中,有较强的衍射峰出现在 3 210 cm^{-1} 处,该位置衍射峰的出现是由于在复合材料中存在 N—H 的伸缩振动,表明 N 原子与 H 原子间存在相互作用。在 Mg_2Ni+10 wt.％ NbN 复合材料氢化物的红外衍射图谱中则未观测到有明显的衍射峰出现,表明在复合材料中 NbN 中的 N 原子与 Mg_2NiH_4 中的 H 原子没有产生明显的相互影响。这是由于 Nb 具有较强的电负性,使得在 NbN 中的 N 原子较难与相邻的 H 原子产生相互作用。综上所述,TiN 能显著降低 Mg_2NiH_4 热力学稳定性的原因是由于 N—H 键间相互作用的影响,导致 Mg_2NiH_4 中 Ni—H 键和 Mg—H 的强度受到削弱,进而使其放氢温度明显降低。

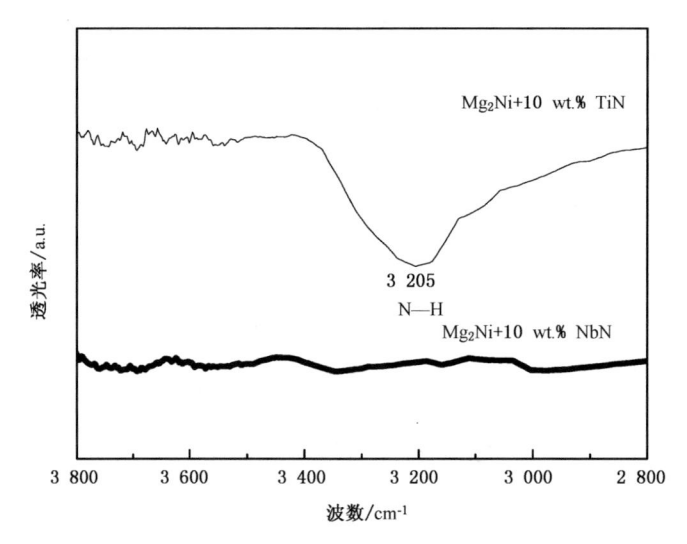

图 4-33　Mg_2Ni+10 wt. % TMN (TMN=TiN 和 NbN)
复合材料吸氢后的 FT-IR 图谱

4.5　小结

本章利用了 $LaMg_2Ni$ 合金的氢化分解特性,将充分氢化后的 $LaMg_2Ni$ 合金和 Mg_2Ni 合金通过机械球磨方法制备得到 Mg_2Ni+x wt. % $LaMg_2Ni$ ($x=$ 0、10、20 和 30)复合材料,以实现向 Mg_2Ni 合金中掺杂 LaH_3 的目的。结构分析表明,制备得到的复合材料氢化物由 Mg_2NiH_4 相和 LaH_3 相组成,当 $x=20$ 时,复合材料中 LaH_3 的分布均匀性显著提升,导致 Mg_2NiH_4 相的晶胞体积明显收缩。加入 $LaMg_2Ni$ 合金后,复合材料的储氢性能与采用相同工艺处理的纯 Mg_2Ni 样品相比得到显著改善。其中,Mg_2Ni+20 wt. % $LaMg_2Ni$ 复合材料能够在 473 K 下实现 100 % 可逆吸/放氢,并且其储氢容量达到 3.22 wt. %,而纯 Mg_2Ni 样品在该温度下的可逆储氢容量仅为 0.75 wt. %。通过 Jander 方程分析表明,LaH_3 的存在能够为复合材料提供丰富的 H 扩散通道,进而显著改善 H 在复合材料中的扩散性能。

研究关于 Mg_2Ni+20 wt. % $REMg_2Ni$ (RE=La、Pr 和 Nd)复合材料的微观结构和储氢性能发现 $PrMg_2Ni$ 和 $NdMg_2Ni$ 在复合材料氢化物中均分解为稀土氢化物($PrH_{2.37}$ 和 $NdH_{2.5}$)和 Mg_2NiH_4。与纯 Mg_2Ni 样品相比,由于复合材料中稀土氢化物的不同,其储氢性能呈现出差异化的改善效果。其中,

Mg_2Ni+20 wt.% $PrMg_2Ni$ 复合材料在 473 K 下的放氢平台压达到 0.015 MPa，并且在 523 K 下的放氢过程中，H 在其中的扩散系数达到 12.57×10^{-5}，与纯 Mg_2Ni 样品相比提高了约 2 倍。这是由于在复合材料中，$PrH_{2.37}$ 的分布较为均匀，导致其能够为复合材料提供较丰富的 H 扩散通道，同时，$PrH_{2.37}$ 的存在显著减小了 Mg_2NiH_4 相的晶胞体积，使复合材料表现出显著提高的放氢热力学性能。

本章研究了 Ti 和 Nb 的氢化物（TiH_2 和 NbH）添加剂对 Mg_2Ni 合金储氢性能影响及其机理。发现加入 Ti 和 Nb 的氢化物后，Mg_2Ni+10 wt.% TMH（TMH=TiH_2 和 NbH）复合材料的吸/放氢热力学和动力学性与纯 Mg_2Ni 样品相比得到显著改善。其中，当测试样品氢化物的放氢量达到 0.1 wt.%时，加入 Ti 和 Nb 的氢化物（TiH_2 和 NbH）的复合材料的对应温度分别为 487 K 和 481 K，与纯 Mg_2NiH_4 样品相比降低了 4 K 和 10 K。这是由于 NbH 具有较低的电子云密度，且 Nb 的电负性与 Ti 相比更强，导致其对 Mg_2Ni 合金吸/放氢热力学性能改善较为明显。而通过微观形貌分析发现，TiH_2 添加剂在 Mg_2Ni+10 wt.% TiH_2 复合材料中分布均匀，为复合材料的吸/放氢过程提供了丰富的 H 扩散通道。在 573 K 时，添加 TiH_2 的复合材料氢化物达到其最大放氢容量 90%所用的时间为 840 s，与纯 Mg_2Ni 合金氢化物相比提高 610 s。

研究了 Ti 和 Nb 的氮化物（TiN 和 NbN）添加剂对 Mg_2Ni 合金储氢性能的影响及其机理。添加的过渡金属氮化物以嵌入物的形式存在于 Mg_2Ni 基体中，造成基体材料晶胞体积受应力影响而减小，进而导致复合材料吸/放氢平台压力的提高，改善了复合材料的吸/放氢热力学性能。此外，在 Mg_2Ni+10 wt.% TiN 复合材料中发现了 N—H 的伸缩振动，表明 N 原子与 H 原子间存在相互作用，导致 Mg_2NiH_4 中 Ni—H 键和 Mg—H 键的强度受到削弱，进而使其放氢温度明显降低，进一步改善了复合材料的放氢性能。加入 TiN 后，当复合材料放氢量达到 0.1 wt.%时，其所对应温度为 478 K，与纯 Mg_2Ni 样品相比降低了 13 K；并且在 423 K 下，复合材料在 100 s 内的吸氢容量达到 3.08 wt.%，与纯 Mg_2Ni 样品相比提高了 2.29 wt.%。

第5章 CeMg$_{12}$型合金电化学储氢性能研究实例

5.1 球磨CeMg$_{12}$/Ni储氢合金微观结构及电化学性能

到目前为止,Mg基储氢材料的研究已经形成多个系列,除了纯镁和Mg-Ni系之外还包括RE-Mg系储氢合金,该类储氢合金的理论电化学放电容量达1 000 mAh/g。然而,其较差的电化学循环稳定性成为制约其实际应用的瓶颈,也成为科研工作者极力攻克的关键科学问题。在改善该类合金微观结构及电化学吸/放氢性能的过程中,运用球磨工艺结合添加过渡金属及其化合物的办法可以取得非常显著地效果。Ouyang等研究了Mg$_3$Mm合金储氢性能的变化机制,认为Ni的添加可以改善合金的热力学稳定性,进而改善其储氢性能。Gao在机械球磨La$_2$Mg$_{17}$的过程中添加了一定量的Ni粉之后发现金属镍相均匀分散在纳米晶的母相,这显著地改善了合金的电化学放电容量,当Ni的添加量为200 wt.%时合金最大电化学放电容量达1000 mAh/g以上。Lu在文献中在对Nd$_5$Mg$_{41}$合金进行球磨的过程中添加不同含量的Ni粉有助于增强合金内部非晶纳米晶形成能力结构。作者分析认为合金内部纳米晶的多晶界性、非晶合金的多缺陷性、在合金颗粒表面形成的富镍层及分散在合金内部的纳米Ni晶粒均有助于改善球磨Nd$_5$Mg$_{41}$合金的电化学反应动力学性能。Wang采用机械球磨法制备了PrMg$_{12-x}$Ni$_x$/Ni复合储氢合金。结果发现在球磨过程中添加一定量的Ni可以显著改善合金的电化学性能,其中球磨PrMg$_{11}$Ni+150 wt.%Ni合金具有最好的电化学放电及动力学性能,究其原因与合金内部形成的最佳非晶纳米晶有关。另外,合金的电化学循环稳定性随着Ni含量的增加得到显著改善,这与合金在电化学循环过程中形成的Mg(OH)$_2$钝化层以及合金内部形成的非晶密切相关。基于以上的文献调研发现关于CeMg$_{12}$型合金电化学性能的研究相对较少,特别是从热力学及动力学角度研究过渡金属及过渡金属化合物对稀土镁系储氢合金电化学性能影响的研究更是少之又少。因此,本部分在球磨CeMg$_{12}$合金的过程中通过添加过渡金属Ni及过渡金属化合物研究合金热力学、动力学及电化学综合性能的影响。

5.1.1 微观结构及相组成

如图 5-1 所示为球磨 $CeMg_{12}$ 合金过程中添加不同含量的 Ni 后合金的 XRD 图谱。显然，随着 Ni 含量的增加，合金的衍射峰逐渐出现宽化并且形成大量的漫散射峰，这表明球磨 $CeMg_{12}$ 合金过程中添加 Ni 粉有助于合金内部形成非晶纳米晶结构，这是由于 Ni 的加入可以降低合金由晶态向非晶态转变的活化能使得非晶形成能力增强，Ni_{150} 和 Ni_{200} 中及其明显的馒头状漫散射峰进一步说明了这一点。另外，通过合金的相结构分析可以看出在球磨 $CeMg_{12}$ 的过程中添加 Ni 有助于多相结构的形成，特别是促使合金内部形成一定量的 Mg_2Ni 相，这对于改善合金的电化学性能是有利的。

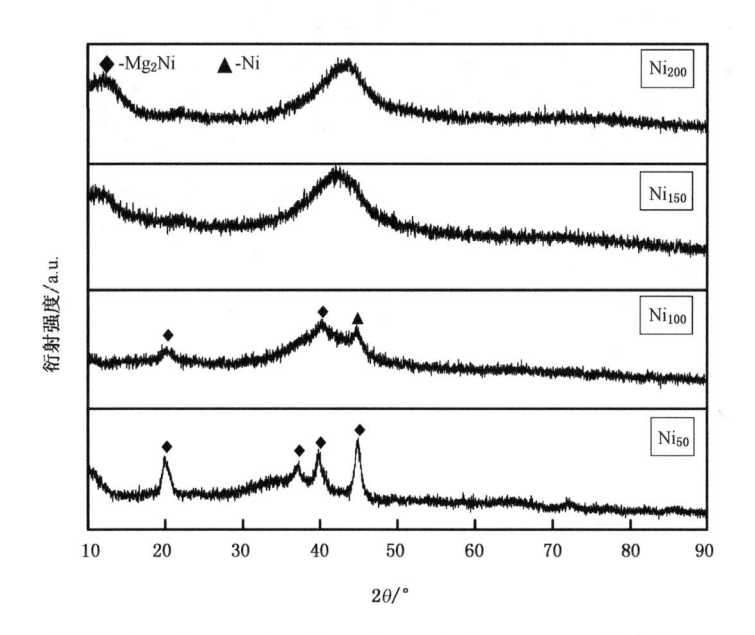

图 5-1 球磨 50 h $CeMg_{12}+x\%Ni$（$x=50$、100、150、200）合金 XRD 图谱

如图 5-2 所示为球磨 $CeMg_{12}$ 合金过程中添加不同含量的 Ni 后合金的高分辨透射电镜及电子衍射图谱。可以看出，所有的球磨合金均由非晶和纳米晶结构组成，而且随着 Ni 含量的增加合金内部的非晶含量逐渐增加，出现了非晶环抱纳米晶的结构特征，这进一步说明了添加 Ni 有助于增强合金内部的非晶纳米晶形成能力。其中，非晶结构具有抗腐蚀和抗氧化性，其对于改善合金的电化学循环稳定性是有利的；在合金内部形成的纳米晶结构可以有效地增加合金内部的比表面积增加储氢活性位置,这有助于改善合金的储氢及电化学放电容量。

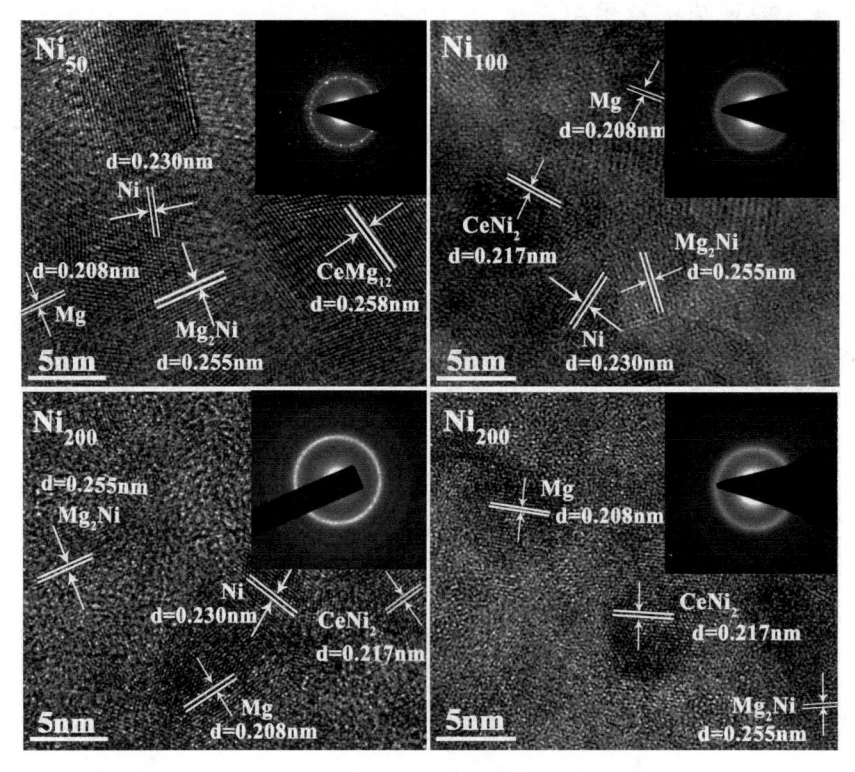

图 5-2 球磨 50 h CeMg$_{12}$+x%Ni (x=50、100、150、200)合金 HRTEM 和 ED 图谱

5.1.2 电化学性能

1. 电化学放电性能

如图 5-3 所示为不同 Ni 含量下球磨 CeMg$_{12}$ 合金的电化学放电容量图谱。可以看出,所有球磨合金都具有很好的活化性能,第一次充放电循环便能达到最大放电容量。球磨过程中随着 Ni 含量的增加,合金的电化学放电容量及循环稳定性都得到显著改善。就改善合金放电容量而言,其与合金内部形成的纳米晶结构有关,这样的结构可以提供大量可以用于储氢的晶界活性位置,这有助于改善合金的储氢及放电容量。Ni 的添加同时也促使合金内部形成非晶结构,其较强的抗腐蚀抗氧化性有助于改善合金的电化学循环稳定性。除此之外,结合微观结构分析可以看出 Ni 的添加促使合金内部形成 Mg$_2$Ni 及 CeNi$_2$ 等第二相,这在一定程度上发挥了其催化作用,降低合金氢化物的热稳定性,进

而改善电化学放电性能。

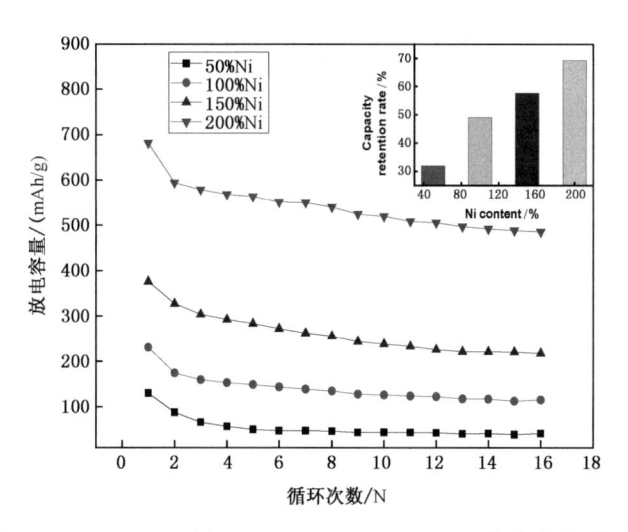

图 5-3　球磨 50 h CeMg$_{12}$＋x％Ni（x＝50、100、150、200）合金电化学放电容量图谱

为了进一步从热力学角度研究添加 Ni 对球磨 CeMg$_{12}$ 合金电化学放电性能的影响，图 5-4 中给出了不同 Ni 含量下球磨合金在 303 K 温度下的电化学放氢 PCT 曲线。显然，合金氢化物电化学放氢过程的平台压随着 Ni 含量的增加而升高，表明合金氢化物的稳定性随着 Ni 的添加而降低，这有助于释氢过程的进行进而对放电容量的改善是有利的。众所周知，热力学参数氢化物的分解焓值可以定量说明合金氢化物的稳定性，焓值绝对值越小合金氢化物越不稳定，放氢过程越容易进行。图 5-5 给出了相同 Ni 含量不同温度下合金的电化学放氢过程的 PCT 曲线，并结合平台压值及范特霍夫关系（如式（5-1）所示）定量计算了合金放氢过程的焓值（见图 5-6），表明球磨 CeMg$_{12}$ 合金过程中 Ni 含量的增加降低了合金氢化物放氢过程的焓值，这对于改善合金电化学放电过程增加电化学放电容量是有利的。对于添加 Ni 可以降低合金氢化物稳定性的原因，可以从以下几个方面分析：一方面由于合金加 Ni 球磨后会在合金内部形成一定量的 Mg$_2$Ni 相，其缩短了氢扩散过程，有利于氢化物形核和脱氢过程进行；另一方面，合金氢化物的稳定性与其颗粒或晶粒的大小密切相关，这可能是导致合金脱氢过程焓值随 Ni 含量增加而降低的原因之一。

$$\ln P_{H_2} = \frac{\Delta H}{RT} - \frac{\Delta S}{R} \tag{5-1}$$

式中：P_{H_2}——平衡氢压，单位为 Pa；

T——绝对温度，单位为 K；

R——气体常数，其值为 8.31 J/mol·K。

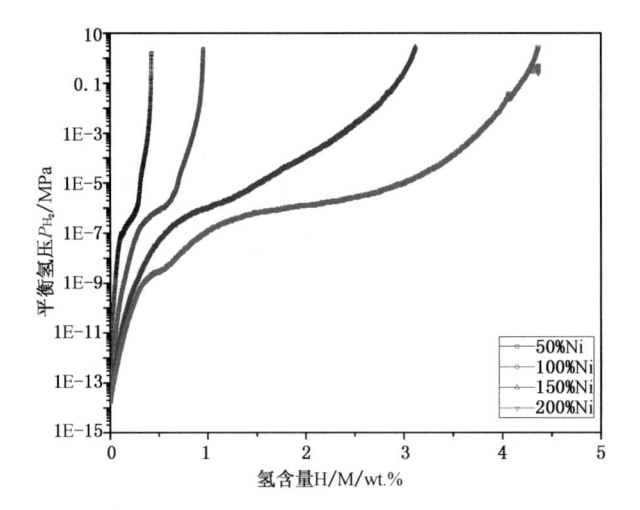

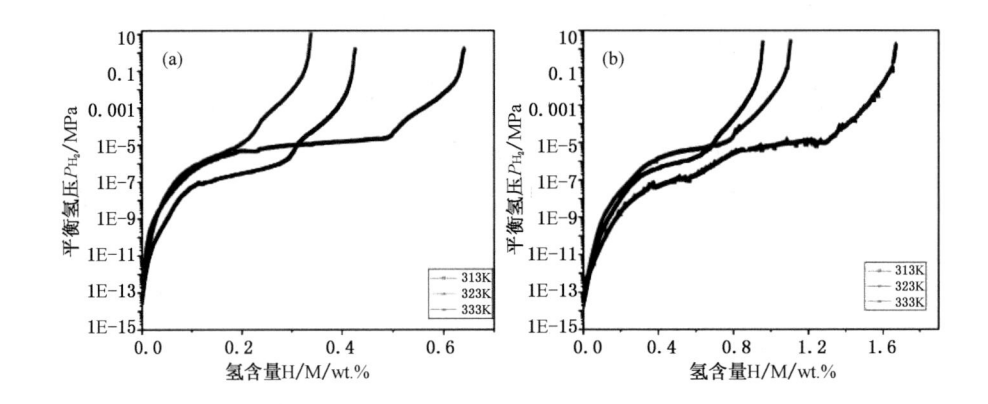

图 5-4 球磨 50 h CeMg$_{12}$＋x％Ni（x＝50、100、150、200）合金在 303 K 温度下的电化学 PCT 图谱

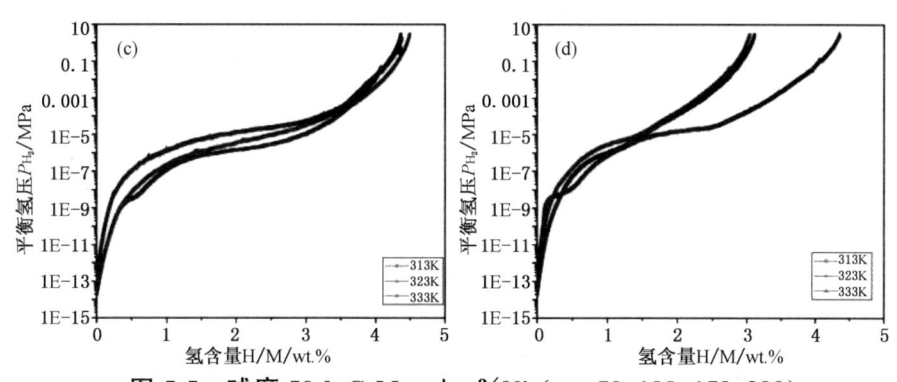

图 5-5　球磨 50 h CeMg$_{12}$＋x%Ni（x=50、100、150、200）
合金在不同温度下的电化学 PCT 曲线

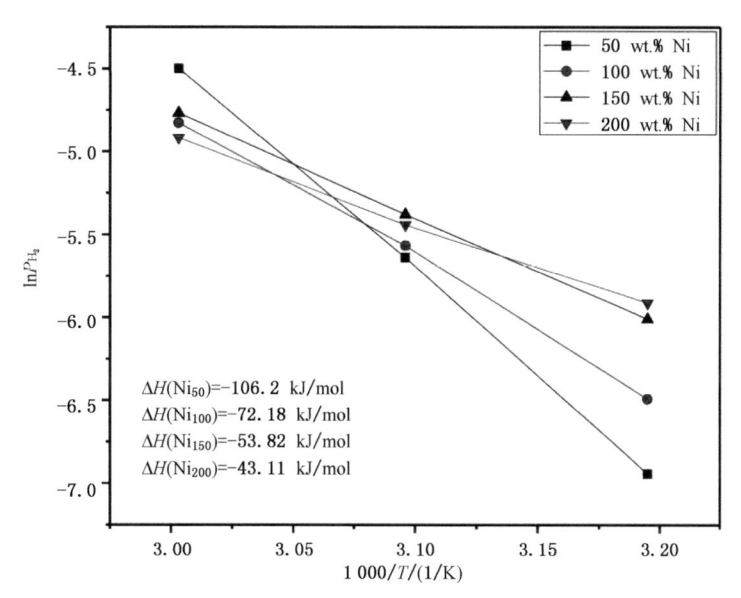

$\Delta H(\text{Ni}_{50})=-106.2 \text{ kJ/mol}$
$\Delta H(\text{Ni}_{100})=-72.18 \text{ kJ/mol}$
$\Delta H(\text{Ni}_{150})=-53.82 \text{ kJ/mol}$
$\Delta H(\text{Ni}_{200})=-43.11 \text{ kJ/mol}$

图 5-6　球磨 50 h CeMg$_{12}$＋x%Ni（x=50、100、150、200）
合金不同温度下范特霍夫关系曲线

2. 电化学动力学性能

高倍率放电性能是评价储氢合金电化学动力学性能的重要性能指标。众所周知，合金表面双电层的电化学反应快慢以及氢原子在合金内部的扩散快慢共同决定了储氢合金的电化学反应动力学性能。图 5-7 中给出的是添加不同 Ni 含量时球磨合金的高倍率放电性能曲线。显然，球磨 CeMg$_{12}$ 合金的高倍率放电值随着 Ni 含量的增加而增大,表明球磨合金过程中添加 Ni 可以显著改善合金的电化学动力学性能。究其原因与合金在球磨过程中形成的非晶纳米晶结构有关,其可以增加表明活性、缩短氢原子在合金内部扩散通道加速氢原子扩散等因素有关。为了进一步研究 Ni 对合金电化学性能的影响,需要通过测试合金的表面活化能、氢扩散系数以及动电位极化性能做进一步证实。

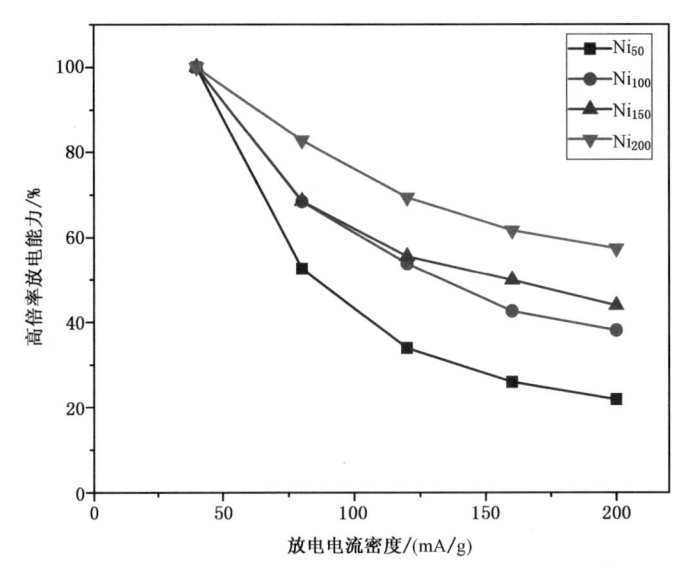

图 5-7 球磨 50 h CeMg$_{12}$＋x%Ni（x＝50、100、150、200）合金高倍率放电曲线

对于储氢合金的交流阻抗图谱来说,其由反映合金颗粒与集流体之间低频区容抗弧、代表合金电极表面双电层电荷传递电阻的容抗弧以及可以描述氢原子在合金内部扩散快慢特性的斜线部分组成。图 5-8 给出添加不同含量 Ni 时球磨 CeMg$_{12}$ 合金交流阻抗图谱。可以看出所有合金电极的交流阻抗图谱均由上述所说的三个部分组成,特别是反映合金表面双电层特性的中频区较大的容抗弧是储氢合金研究的重点,容抗弧的曲率半径直接反映了合金电极表面的电荷传递电阻。交流阻抗数据图分析表明随着 Ni 含量的增加合金电极表明的电荷传递电阻逐渐减小,说明球磨 CeMg$_{12}$ 合金过程中添加 Ni 有助于改善合金表面的电化学反应速率。为了进一步从定量的角度研究合金电极表面电化学反应活性的变化,如图 5-9 所示可以通过测试合金在不同温度下的交流阻抗图谱获得合金在不同温度下表面的电荷传递电阻 R_{ct},结合如下关系式 5-2 绘制 lg

(T/R_{ct})与 $1/T$ 关系曲线(见图 5-10)。最后由关系曲线的斜率可以获得合金表明的活化能 E_a,其可以直接反映出合金表面的电化学反应活性,其值越小合金表活性越强,电化学反应速率越快,这也间接推动电化学动力学性能的改善。

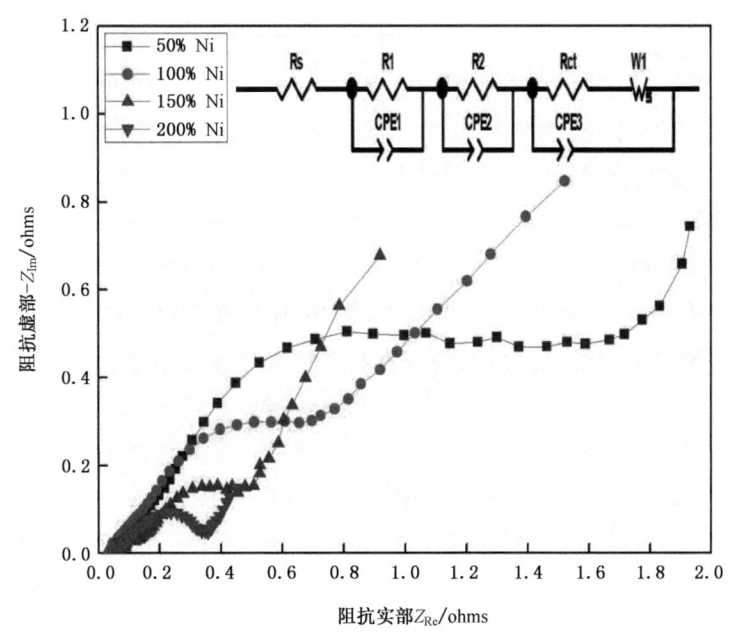

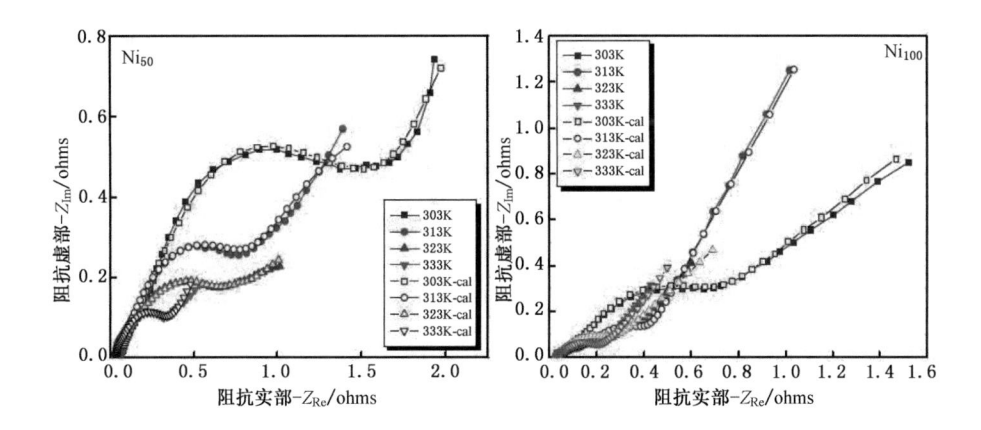

图 5-8 球磨 50 h CeMg$_{12}$＋x%Ni (x＝50、100、150、200) 合金在 303 K 下的交流阻抗图谱

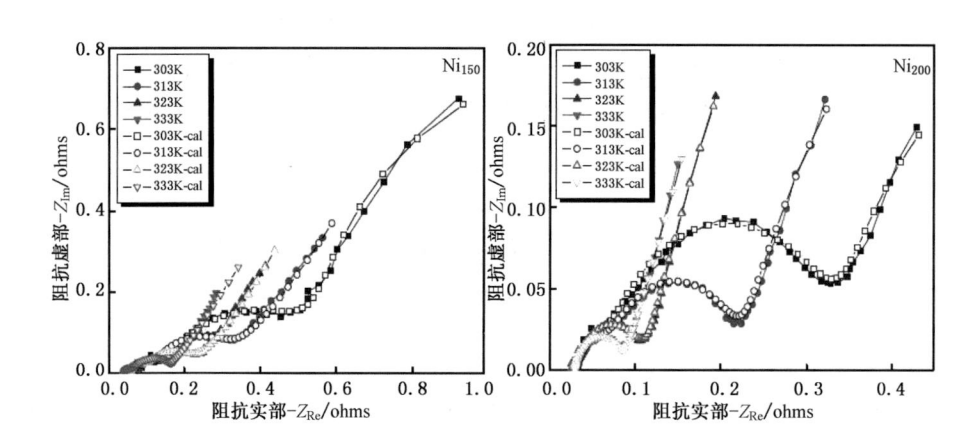

图 5-9　球磨 50 h $CeMg_{12}+x\%Ni$ ($x=50$、100、150、200）合金在 313 K、323 K 及 333 K、303 K 下的交流阻抗图谱

$$\lg\left(\frac{T}{R_{ct}}\right)=-\frac{\Delta E_a}{2.303RT}+A \tag{5-2}$$

式中：E_a——电极合金表面的活化能，单位为 kJ/mol；

R_{ct}——电极合金表面的电荷传递电阻，单位为 Ω；

T——绝对温度，单位为 K；

R——气体常数，其值为 8.31 J/mol·K。

如图 5-10 及表 5-1 所示对应于 Ni_{50}、Ni_{100}、Ni_{150} 以及 Ni_{200} 合金，反映其合金表面的电化学反应活化能分别为 74 kJ/mol、41 kJ/mol、38 kJ/mol 及 33 kJ/mol，表明在球磨 $CeMg_{12}$ 合金过程中添加 Ni 可以通过降低合金表面的电化学反应活化能加速反应的进行。

研究储氢合金电极材料的电化学动力学性能除了研究材料表面的电化学反应快慢之外还得研究氢原子在材料内部的扩散动力学。为了研究添加 Ni 对球磨 $CeMg_{12}$ 合金内部氢原子扩散动力学性能的影响，常常通过测试合金的动电位极化曲线来达到这一研究目的。对于储氢合金来说，重点研究阳极极化部分的变化，如图 5-11 所示为添加不同 Ni 含量的球磨 $CeMg_{12}$ 合金的动电位极化曲线。显然，每条极化曲线的阳极部分的电流密度随着过电位的增加先增加后减小，这里的最大电流密度称作极限电流密度，在研究过程中常常用这一极限电流密度来表征氢原子在合金内部的扩散行为。图 5-11 表明随着 Ni 含量的增加极限电流密度值显著增加，这一结果说明在球磨 $CeMg_{12}$ 合金过程中添加

Ni 有助于加速氢原子扩散速率改善其吸/放氢动力学性能。分析原因可以归纳为以下几个方面：首先，添加 Ni 有助于促使纳米晶结构的形成，其提供大量氢原子扩散通道；其次，Ni 的添加可以在合金表面形成富镍层，在氢原子扩散过程中提供电催化作用。

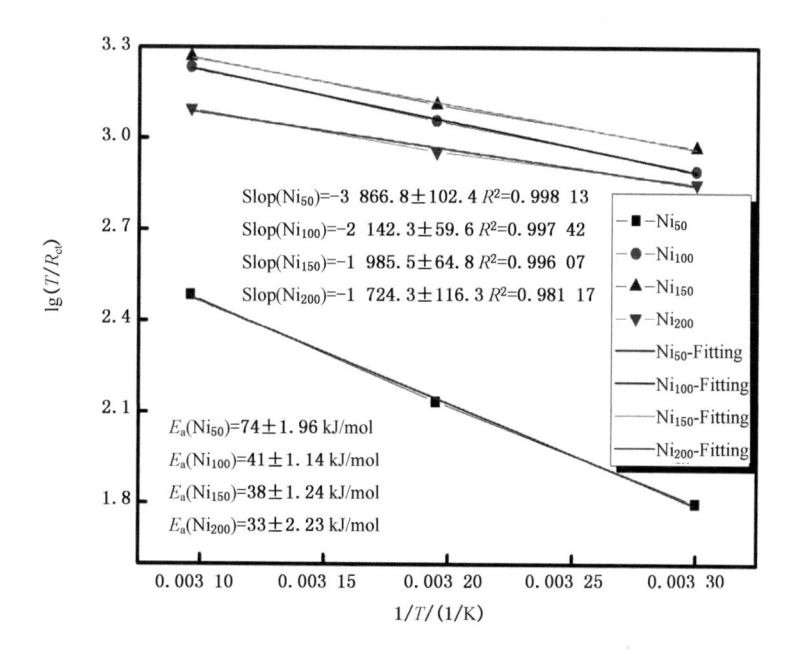

图 5-10　球磨 50 h $CeMg_{12}+x\%Ni$（$x=50、100、150、200$）合金 $\lg(T/R_{ct})$-$1/T$ 关系曲线

表 5-1　球磨 50 h $CeMg_{12}+x\%Ni$（$x=50、100、150、200$）合金在不同温度下的电化学交流阻抗参数及活化能（ΔE）

合金样品	R_{ct}/Ω				$\Delta E/(kJ/mol)$
	303 K	313 K	323 K	333 K	
Ni_{50}	1.253	0.589	0.458	0.279	74.02
Ni_{100}	0.695	0.339	0.261	0.191	41.24
Ni_{150}	0.394	0.267	0.224	0.133	38.24
Ni_{200}	0.187	0.134	0.082	0.053	33.28

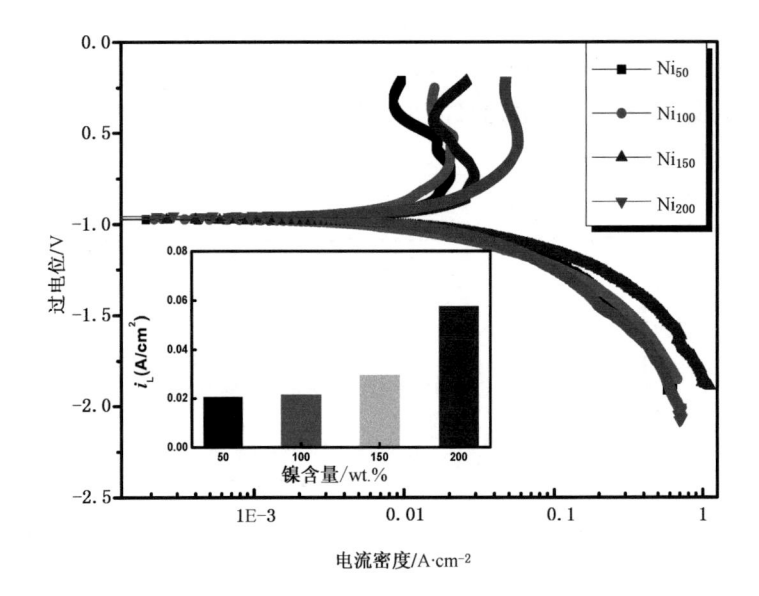

图 5-11　球磨 50 h $CeMg_{12}+x\%Ni$
（$x=50、100、150、200$）合金动电位极化曲线

5.2　球磨 $CeMg_{12}/Ni/TiF_3$ 储氢合金微观结构及电化学性能

在改善镁基储氢材料储氢性能方面，除了添加过渡金属 Ni 和 Co 可以取得良好的效果之外，添加过渡金属氟化物 TiF_3、NbF_5 以及 TiF_4 的效果也非常显著。结合文献调研发现，在球磨稀土镁系储氢合金的过程中通过添加过渡金属化合物以达到改善其电化学吸/放氢性能的研究较少有文献报道，因此本节在加镍球磨 $CeMg_{12}$ 合金过程中添加少量的过渡金属化合物 TiF_3（0 wt.％$TiF_3=Ti_0$；3 wt.％$TiF_3=Ti_3$；5 wt.％$TiF_3=Ti_5$）研究其对合金电化学储氢性能的影响。

5.2.1　微观结构及相组成分析

如图 5-12 所示为球磨 Ti_0、Ti_3 以及 Ti_5 合金的 XRD 图谱。可以看出球磨合金的衍射峰随着 TiF_3 含量的增加逐渐宽化，这表明在球磨 $CeMg_{12}$ 合金的过程中添加 TiF_3 有助于合金内部形成非晶纳米晶结构。除此之外，球磨 $CeMg_{12}/TiF_3$ 合金均由多相结构组成，其主相均为 Ni、$CeMg_{12}$ 及 Mg_2Ni。对于添加 TiF$_3$ 的合金内部还含有少量的 CeNi$_2$ 及 CeNi$_3$。有文献报道在球磨镁基储氢合金过程中添加 Ni 可以降低合金由晶态转变为非晶态的活化能,而在本研究中可能正是 Ni 和 TiF$_3$ 的协同作用增强了 CeMg$_{12}$ 合金的非晶纳米晶形成能力。相关文献也报道在对储氢合金球磨过程中添加一定量的 Ni 可以降低合金由晶态转变为非晶态的活化能,这对于增强合金的非晶形成能力是有利的。

如图 5-13 所示为球磨 Ti$_0$、Ti$_3$ 以及 Ti$_5$ 合金的 HRTEM 和 EDS 图谱。显然,Ti$_0$ 合金具有显著的纳米晶结构;Ti$_3$ 和 Ti$_5$ 合金显示出非晶环抱纳米晶的结构特征,其宽化和模糊的电子衍射环进一步证明非晶结构的存在。通过比较不同含量 TiF$_3$ 下合金的 HRTEM 和 EDS 图谱可以看出随着 TiF$_3$ 含量的增加合金内部的非晶纳米晶形成能力逐渐增强,这与上述 XRD 分析结果相一致。除此之外,通过分析 HRTEM 图谱上不同区域的晶格间距认为在球磨 CeMg$_{12}$ 合金的过程中添加 Ni 和 TiF$_3$ 可以促使合金内部形成 MgF$_2$ 和 TiNi 相。结合文献调研发现形成的 MgF$_2$ 能够降低合金氢化物的热稳定性进而改善电化学放电性能;TiNi 相在改善电化学放电容量及循环稳定性方面发挥一定作用。

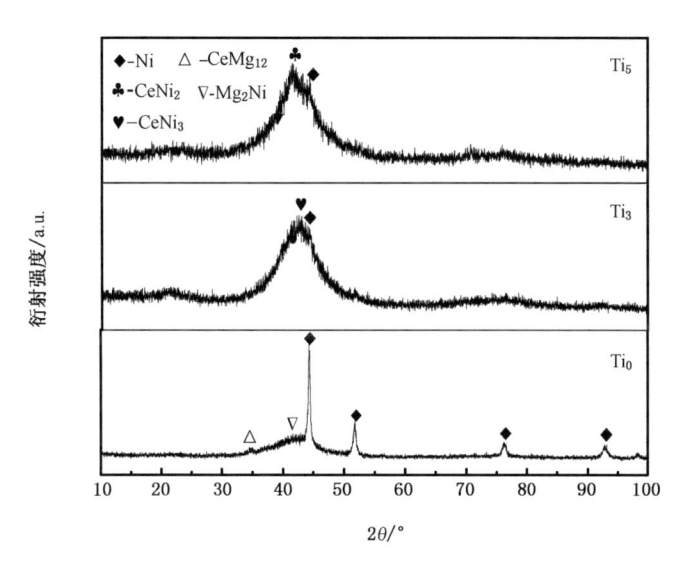

图 5-12 球磨 Ti$_0$、Ti$_3$ 以及 Ti$_5$ 合金的 XRD 图谱

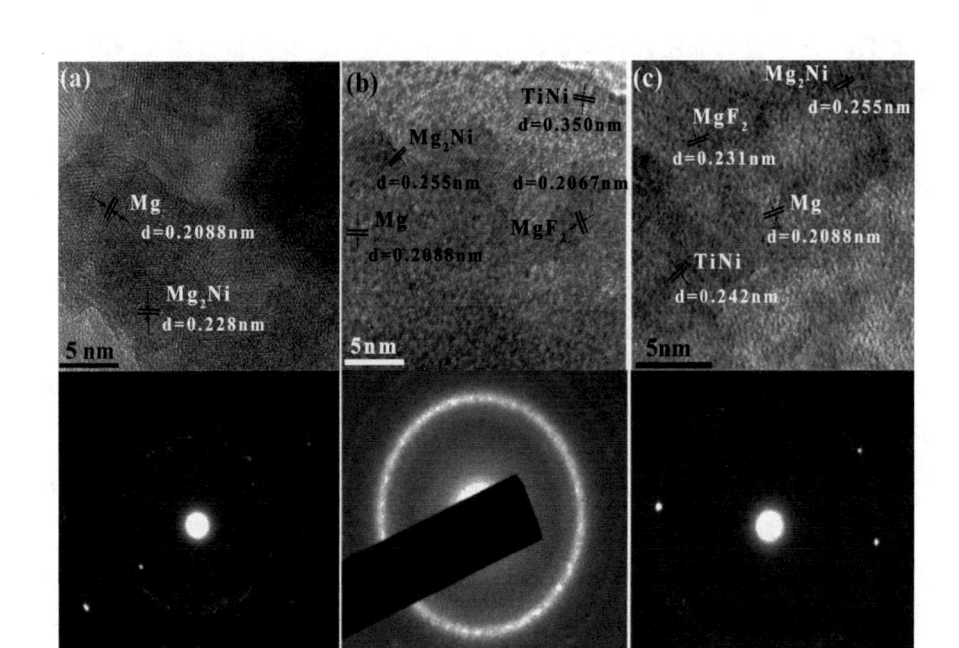

图 5-13　球磨合金的高分辨透射电镜及选区电子衍射图谱：(a)Ti_0；(b)Ti_3；(c)Ti_5

5.2.2　合金电化学储氢性能

1. 电化学放电性能

如图 5-14 所示为球磨 Ti_0、Ti_3 以及 Ti_5 合金电化学放电容量与循环次数的关系曲线。可以看到所有合金电极都具有较好的活化性能，在第一次充放电循环便达到最大放电容量。随着 TiF_3 添加量的增加，球磨 $CeMg_{12}$ 型合金的最大放电容量出现先增大后减小的现象。Ti_5 合金具有最好的电化学循环稳定性，这表明在球磨 $CeMg_{12}$ 型合金过程中添加 TiF_3 有利于改善合金的电化学循环稳定性。Ti_3 和 Ti_5 合金具有更高的放电容量归因于 Ni 和 TiF_3 的添加促使合金内部形成的非晶纳米晶结构、TiNi 相以及 MgF_2 的形成。所有合金的放电容量随着电化学循环次数的增加显示出较严重的衰退性，这与合金在电化学循环过程中合金内部 Mg 元素的氧化和腐蚀有关。图 5-14 关于容量保持率 S_n 的数据进一步表明随着 TiF_3 含量的增加合金的电化学循环稳定性得到显著改善。图 5-15 关于合金粉末的扫描电镜照片表明随着 TiF_3 的增加合金颗粒逐渐细化并且出现团聚现象，这种颗粒的团聚减小了合金颗粒与碱液的接触机会在一定程度上为改善合金电化学循环稳定发挥作用。

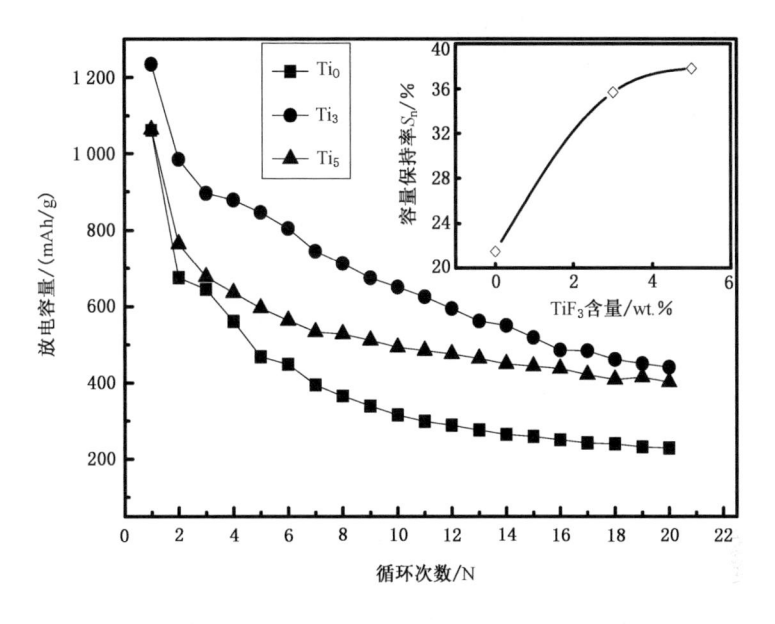

图 5-14 球磨 Ti_0、Ti_3 以及 Ti_5 合金的放电容量图谱

图 5-15 球磨 60 h 合金的 SEM 图谱：(a) Ti_0 alloy；(b) Ti_3 alloy；(c) Ti_5 alloy

2. 实验电极合金高倍率放电分析

高倍率放电(HRD)是用来评价储氢合金是否能被运用于镍氢电池的关键动力学参数之一。大量的研究事实证明用于镍氢电池负极材料的储氢合金，其电化学反应动力学性能决定于合金表面的电荷传递反应的快慢以及合金内部的氢原子扩散速率的大小。图 5-16 给出了球磨 $CeMg_{12}/Ni/TiF_3$ 合金高倍率放电与 TiF_3 含量的关系曲线。可以看出当放电电流密度为 200 mA/g 时，随着 TiF_3 添加量由 0 wt.%增加为 5 wt.%球磨合金电极的高倍率值首先由 49.6%增加至 51.7%然后降低为 37.6%，这一结果表明在球磨 $CeMg_{12}/Ni$ 合金过程

中添加一定量 TiF_3 有助于改善合金的电化学动力学性能。高倍率放电性能的变化与合金内部在球磨过程中形成的非晶纳米晶结构密切相关,纳米晶结构的多通道性与非晶结构的多缺陷性都有助于加速合金表面的电荷传递反应与合金内部的氢扩散速率。对于添加 TiF_3 对球磨 $CeMg_{12}/Ni$ 合金电化学动力学性能的影响可以通过合金表面电话传递阻抗、表面活化能以及氢扩散系数进一步给出解释。

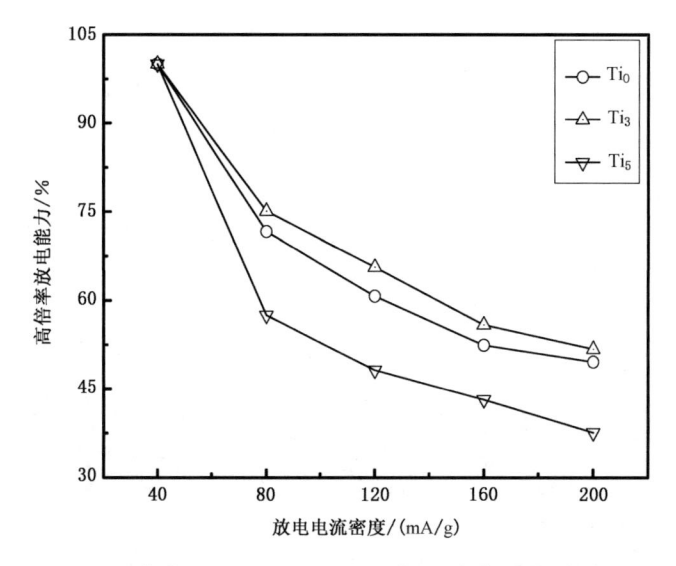

图 5-16　球磨 60 h Ti_0、Ti_3,Ti_5 合金的高倍率放电曲线

3. 实验电极合金交流阻抗分析

如图 5-17 所示为球磨 Ti_0、Ti_3 及 Ti_5 合金的交流阻抗图谱。显然,交流阻抗谱中较大容抗弧半径随着 TiF_3 添加量的增加先减小后增大,而容抗弧半径的大小直接反映了合金表面电荷传递反应的快慢。上述结果表明在球磨 $CeMg_{12}/Ni$ 合金过程中添加一定量的 TiF_3 可以加速合金表面的电荷传递反应,从而间接改善合金的动力学性能。通过对数据分析认为:首先,添加一定量的 TiF_3 可以促使合金内部形成合适比例的非晶纳米晶结构,其在一定程度上降低了合金表面的电荷传递电阻;其次,稀土元素在充电吸氢后会形成一定量的金属氢化物,其在合金电荷传递过程中发挥了一定的电催化作用。通过运用图 5-17 的附图中的等效电路对合金交流阻抗谱进行拟合后得到 Ti_5 合金的电荷传递电阻确实增大了,这可能是使得其电化学循环稳定性得以改善的原因之一。

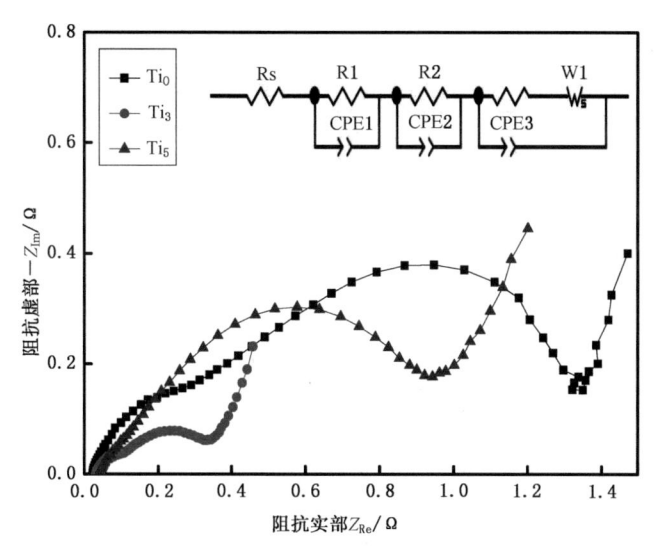

图 5-17　球磨 60 h Ti_0、Ti_3、Ti_5 合金的在 303 K 时的电化学交流阻抗图谱

为了从活化能的角度进一步定量解释添加 TiF_3 对球磨 $CeMg_{12}$/Ni 合金表面电化学反应动力学性能的影响,图 5-18 给出在不同温度下测得的合金交流阻抗图谱。通过对合金在不同温度下交流阻抗图谱的拟合可以得到不同温度下合金表面的电荷传递反应阻抗 R_{ct},结合关系式(5-3)可以做出 $\log(T/R_{ct})$ 和 $1/T$ 的关系曲线如图 5-19 所示。

$$\log(T/R_{ct}) = -(E_a/2.303RT) + A \tag{5-3}$$

式中:R_{ct}——合金表面的电荷传递电阻;

R——气体常数;

T——绝对温度;

E_a——合金表面发生电化学反应的活化能。

通过对表 5-2 中活化能数据分析可以看出在球磨合金过程中添加 3% 的 TiF_3 可以使得合金具有最低的表面活化能值,这也进一步说明适量的 TiF_3 可以改善合金表面的电化学反应动力学性能。

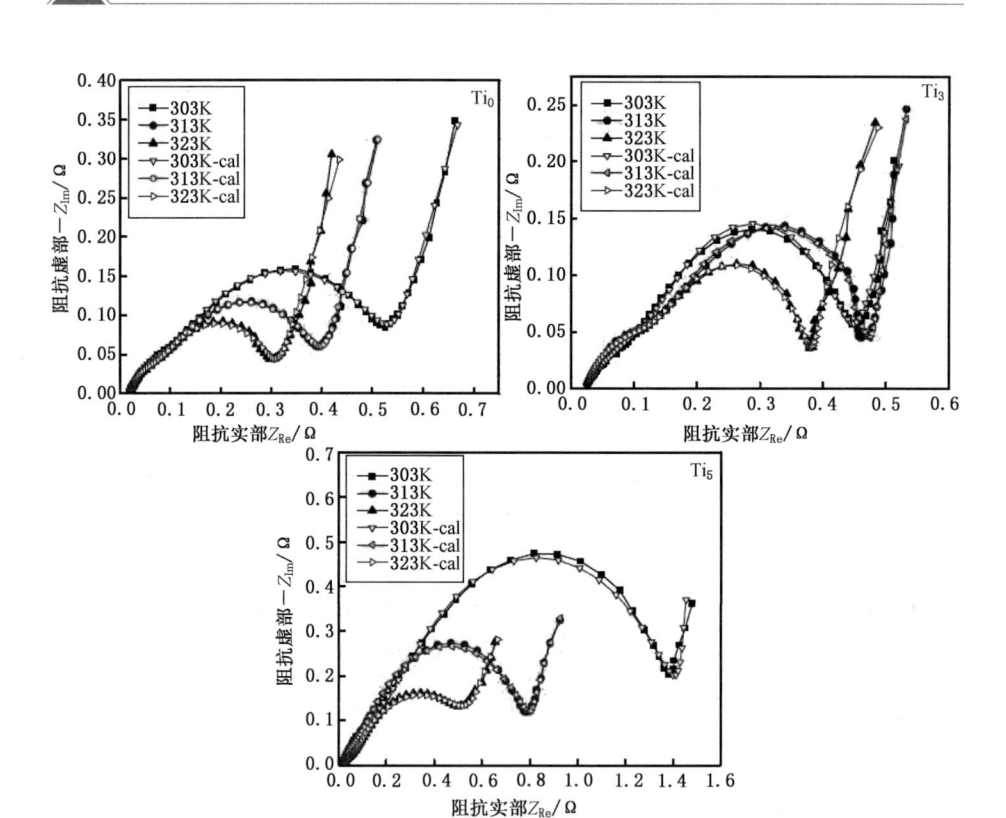

图 5-18 球磨 60 h Ti_0、Ti_3、Ti_5 合金的在 303 K、313 K、323 K 时的电化学交流阻抗实验数据和拟合数据曲线

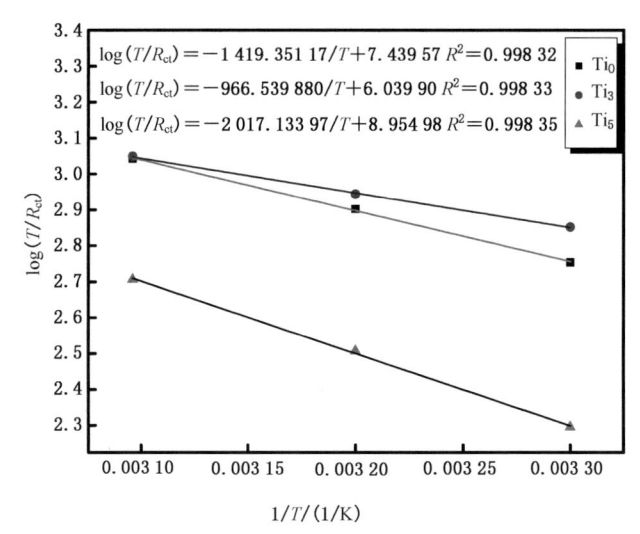

$\log(T/R_{ct}) = -1\,419.351\,17/T + 7.439\,57 \quad R^2 = 0.998\,32$
$\log(T/R_{ct}) = -966.539\,880/T + 6.039\,90 \quad R^2 = 0.998\,33$
$\log(T/R_{ct}) = -2\,017.133\,97/T + 8.954\,98 \quad R^2 = 0.998\,35$

图 5-19 球磨 60h Ti_0、Ti_3、Ti_5 合金 $\lg(T/R_{ct})$-$1/T$ 关系曲线

表 5-2　球磨 Ti_0、Ti_3、Ti_5 合金在不同温度下的电化学交流阻抗参数和活化能（ΔE）

样品	R_{ct}/Ω						$\Delta E/kJ$
	303 K	误差/%	313 K	误差/%	323 K	误差/%	
Ti_0	0.529 48	6.57	0.387 99	5.62	0.292 63	5.44	27.163
Ti_3	0.426 04	5.68	0.379 99	5.27	0.288 47	6.46	18.497
Ti_5	1.650 13	3.61	0.939 78	4.54	0.671 94	6.49	38.604

注：R_{ct} 表示电荷传递电阻

4. 实验电极合金氢扩散行为分析

图 5-20 给出了球磨 $CeMg_{12}/Ni$ 合金在添加不同含量 TiF_3 后的恒电位阶跃曲线。由恒电位阶跃曲线结合如下关系式(5-4)和(5-5)可以计算氢在合金内部的扩散系数，进一步解释添加 TiF_3 对氢在合金内部扩散动力学性能的影响。

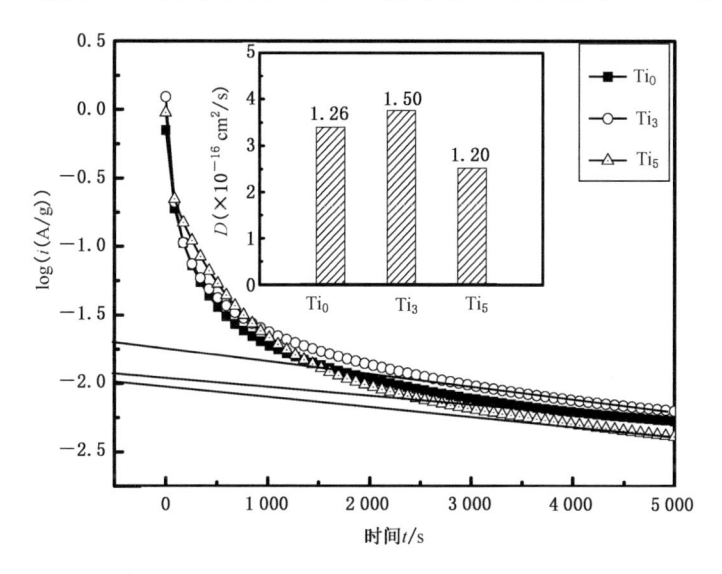

图 5-20　球磨 60 h Ti_0、Ti_3、Ti_5 合金恒电位阶跃曲线及氢扩散系数

$$\log i = \log[6FD(C_0 - C_s)/da^2] - (\pi^2 D/2.303a^2)t \quad (5-4)$$

$$D = -(2.303a^2/\pi^2) \cdot d\log i/dt \quad (5-5)$$

式中：D——氢扩散系数（cm^2/s）；

　　　t——阶跃放电时间（s）；

　　　i——放电电流密度（mA/g）；

a——合金颗粒的半径(可由图 5-21 粒度分析得到);

d——合金的密度,其单位为 g/cm^3。

从图 5-20 中相关数据可以看出,随着 TiF_3 添加量由 0% 增加到 5% 合金内部的氢扩散系数首先由 $1.26×10^{-16}$ cm^2/s 增加到 $1.50×10^{-16}$ cm^2/s 然后降低为 $1.20×10^{-16}$ cm^2/s。这一结果表明在球磨 $CeMg_{12}/Ni$ 合金过程中添加一定量的 TiF_3 对于改善合金内部的氢扩散动力学性能是有利的。分析其原因可以归结为:一是添加 TiF_3 促使合金内部形成适当比例的非晶纳米晶结构,特别是纳米晶结构的多晶界和多通道性为氢在合金内部的扩散提供通道、缩短其扩散路径,进而达到改善扩散动力学的目的;二是添加 TiF_3 后形成的微量中间相和非晶结构在氢原子扩散过程中提供催化加速的作用。

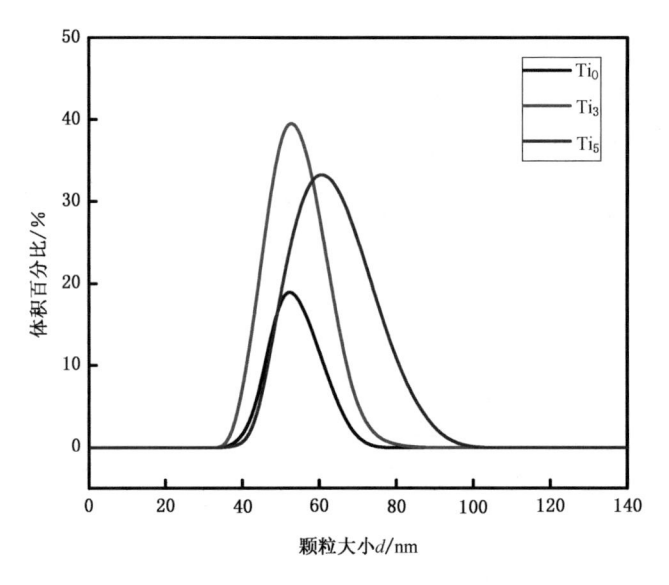

图 5-21　球磨 60 h Ti_0、Ti_3、Ti_5 合金颗粒粒度分析图谱

5.3　小结

(1) 在球磨 $CeMg_{12}$ 合金过程中添加过渡金属 Ni 可以增强合金内部的非晶纳米晶形成能力。纳米晶结构的高表面积和多储氢活性位置可以改善合金的吸/放氢及动力学性能。形成的非晶结构可以改善合金的电化学循环稳定性。当 Ni 含量由 50 wt.% 增加到 200 wt.% 时合金的循环稳定性由 32% 增加到 69.2%。

(2) 在球磨 $CeMg_{12}$ 合金过程中添加过渡金属 Ni 可以降低合金氢化物的热稳定性进而改善其电化学放电容量。当 Ni 含量由 50 wt.%增加到 200 wt.%时合金的最大放电容量由 41.7 mAh/g 增加到 485.5 mAh/g。

(3) 在球磨 $CeMg_{12}$ 合金过程中添加过渡金属 Ni 可以降低合金表面的活化能。当 Ni 含量由 50 wt.%增加到 200 wt.%时合金表面的活化能由 74.02 kJ/mol 降低为 33.28 kJ/mol。另外，球磨合金过程中添加 Ni 也加速了氢原子在合金内部的扩散。因此，球磨 $CeMg_{12}$ 合金过程中添加 Ni 可以有效改善合金电化学储氢动力学性能。

(4) 在球磨 $CeMg_{12}/Ni$ 合金过程中添加 TiF_3 可以促使合金内部形成 MgF_2 和 TiNi 第二相，这有助于降低合金氢化物热稳定性及改善其电化学循环稳定性。

(5) 一定量的 TiF_3 可以降低合金表面活化能，减小合金表面的电荷传递电阻、增强氢扩散能力，进而达到改善高倍率放电动力学性能。

(6) 球磨合金过程中添加 TiF_3 可以促使合金内部形成非晶纳米晶结构，这有助于改善电化学放电容量及循环稳定性。

第6章 $CeMg_{12}$ 型合金微观结构及气态储氢性能

6.1 $CeMg_{12}$/Ni 合金微观结构及气态储氢性能

6.1.1 合金微观结构分析

通过文献调研发现在球磨促使镁基储氢合金内部形成非晶纳米晶的过程中,添加过渡金属在改善合金储氢性能方面起到非常有效的作用,这其中以添加 Ni 最为常见。关于研究添加过渡金属改善稀土镁系合金气态吸/放氢方面的研究有少数报道,而且 Ni 添加的质量百分比均在 50 wt.%～200 wt.%之间,这必然影响合金的整体有效吸氢量及材料成本。因此,本章选用 $CeMg_{12}$ 为研究对象,对其进行球磨改性的过程中添加少量百分比的 Ni(控制在 30 wt.%以内),研究球磨过程中 Ni 含量对合金微观结构及吸/放氢性能的影响。

如图 6-1 所示为不同球磨时间下 $CeMg_{12}$/Ni 合金材料 XRD 图谱。可以看出所有的合金样品均由 $CeMg_{12}$、Mg、Ce_2Mg_{17} 以及 Ni 相组成。相同球磨时间下随着 Ni 含量的增加各相的衍射峰宽度明显增加,这进一步说明 Ni 的添加有助于细化合金颗粒增加比表面积同时促使合金内部形成非晶结构。另外,通过 XRD 数据分析可以看出在相同 Ni 含量的条件下,随着球磨时间的增加合金内部各相的衍射峰出现宽化,衍射强度降低,表明增加球磨时间有助于 $CeMg_{12}$ 系合金内部形成大量的非晶纳米晶,这对于改善合金吸/放氢性能是有利的。究其原因可以归纳为:纳米晶的多晶界为氢化反应提供大量活性位置及缩短氢扩散距离;非晶相在合金吸/放氢过程中提供一定的催化作用。在球磨 $CeMg_{12}$ 合金过程中添加 Ni 是否会形成一定量的非晶相,在下文结合高分辨透射电镜(HRTEM)做进一步分析。

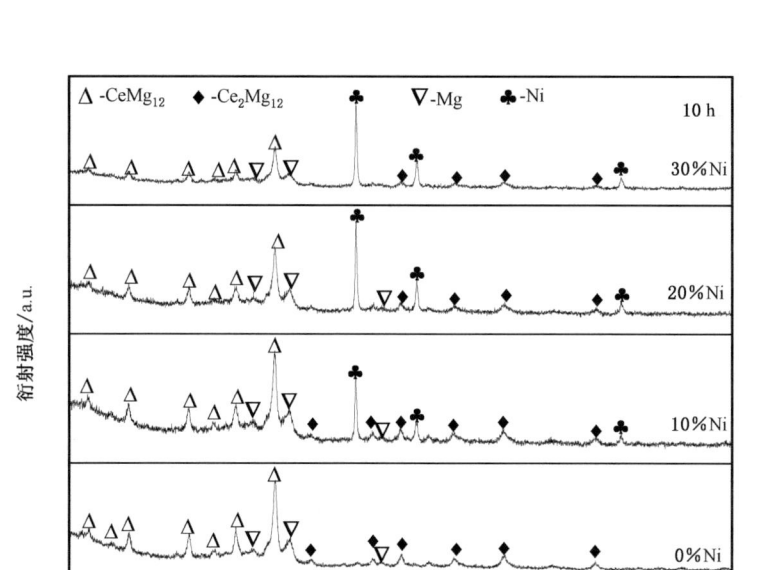

图 6-1　不同球磨时间下 $CeMg_{12}/Ni$ 合金材料 XRD 图谱

如图 6-2 所示为球磨 $CeMg_{12}+x$ wt.%Ni($x=0、10、20、30$)合金材料吸/放氢状态下的 X 射线衍射图谱。数据分析表明：对于无 Ni 添加的球磨合金吸氢后的氢化物相由 $CeH_{2.51}$ 和 MgH_2 组成,脱氢后的相由 $CeH_{2.51}$、Mg 以及少量未完全脱氢的 MgH_2 组成。对于加 Ni 球磨的合金吸氢后的氢化物相除了 $CeH_{2.51}$ 和 MgH_2 之外还包括 Mg_2NiH_4 相;含镍合金经过脱氢处理后其内部的 MgH_2 和 Mg_2NiH_4 相分别转化为 Mg 和 Mg_2Ni 相。除此之外,通过定性观察 X 射线数据衍射峰可以看出,随着 Ni 添加量的增加球磨合金形成的氢化物相衍射峰逐渐宽化,说明 Ni 的添加有利于合金氢化物晶粒降低,这对于降低氢化物稳定性是有利的。

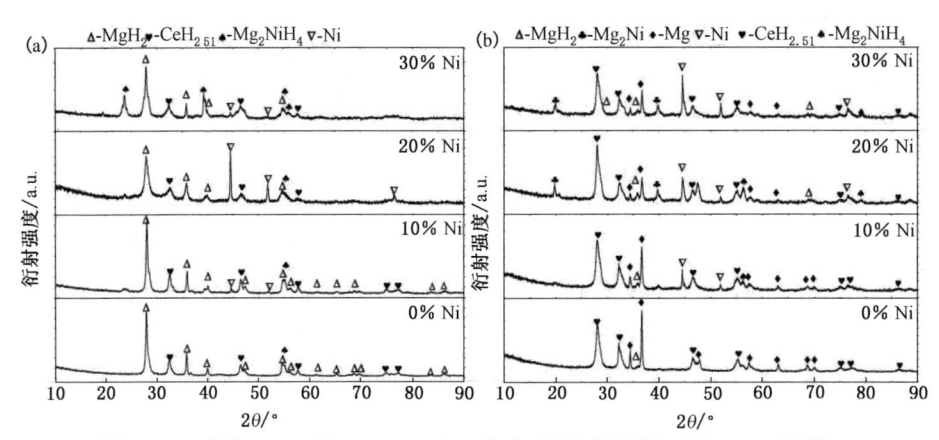

图 6-2　球磨 10 h 下 CeMg$_{12}$/Ni 合金材料吸/放氢后 XRD 图谱：
(a)吸氢后；(b)放氢后

如图 6-3 所示为球磨 CeMg$_{12}$/Ni 合金材料的高分辨透射电镜照片。可以看出：随着球磨过程中 Ni 添加量的增加，合金的晶粒逐渐细化，合金内部的非晶形成能力逐渐增强；结合电子选区衍射进一步分析说明随着 Ni 添加量的增加衍射环逐渐模糊宽化，表明 Ni 的添加有助于非晶态结构的形成。众所周知，晶粒细化会使得晶界数量急剧增加，为氢原子的扩散提供通道的同时也为氢化物的形核和存储提供活性位置。一定量的非晶形成对于调节合金氢化物的热稳定性具有催化作用。

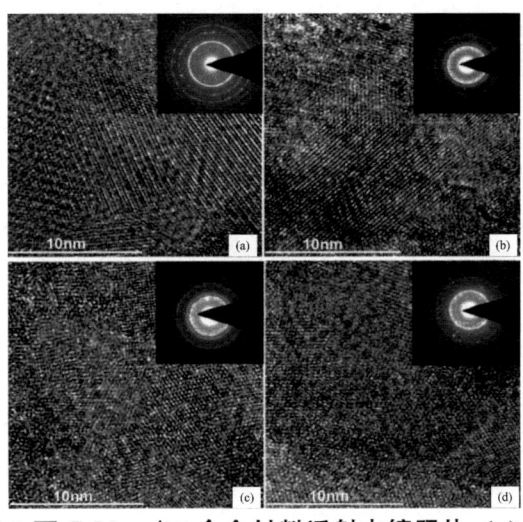

图 6-3　球磨 10 h 下 CeMg$_{12}$/Ni 合金材料透射电镜照片：(a) 0wt.%Ni 合金；
(b) 10wt.%Ni 合金；(c) 20wt.%Ni 合金；(d) 30wt.%Ni 合金

6.1.2 合金材料气态吸/放氢性能

如图 6-4 所示为球磨 10 h 添加不同 Ni 含量 CeMg$_{12}$ 系合金的吸/放氢 PCT 曲线。可见，对应于 Mg/MgH$_2$ 体系的第一平台的平台压随着 Ni 含量的增加发生显著变化，吸氢平台先减小后增加，添加 20%Ni 的合金具有最小的吸氢平台，这说明该合金具有最好的吸氢热力学性能；Ni 含量的增加使得合金的放氢平台显著提高，这说明添加 Ni 有助于降低氢化物的稳定性改善合金的释氢性能。对应于 Mg$_2$Ni/Mg$_2$NiH$_4$ 吸/放氢的第二平台，Ni 含量的增加同样在降低吸氢平台的同时提升了放氢平台，显著改善该体系合金的吸/放氢性能。然而，XRD 并没有检测到 Mg$_2$Ni 相的存在，但是合金吸/放氢过程中明显出现 Mg$_2$Ni 及 Mg$_2$NiH$_4$ 相的相互转换。究其原因可能归结为以下几个方面：一是加入的 Ni 含量较少使得形成的纳米或非晶结构的 Mg$_2$Ni 相无法通过 XRD 探测；合金经历吸/放氢过程后内部除了少量的 Mg$_2$Ni 相吸氢后成为 Mg$_2$NiH$_4$ 相外 Mg、Ni 及 H 通过原位反应形成 Mg$_2$NiH$_4$ 相，其经历放氢过程便原位形成 Mg$_2$Ni 相，之后吸/放氢过程中便出现 Mg$_2$Ni 与 Mg$_2$NiH$_4$ 相的相互转换。Mg$_2$Ni/Mg$_2$NiH$_4$ 体系在整个吸/放氢过程中占少数部分，其吸/放氢性能的改善一定程度上为 Mg/MgH$_2$ 体系的吸/放氢过程提供间接动力。文献报道在球磨 MgH$_2$ 过程中添加 Ni/TiO$_2$ 纳米复合材料可以显著改善 MgH$_2$ 的吸/放氢动力学性能及吸/放氢温度，这与合金吸/放氢过程中原位形成 Mg$_2$Ni 和 Mg$_2$NiH$_4$ 有关。

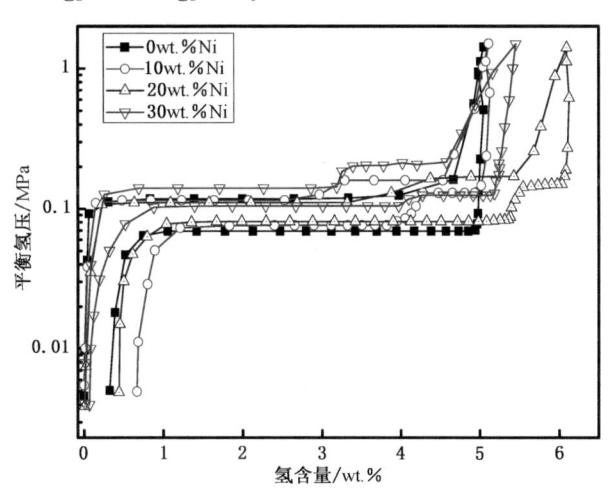

图 6-4 球磨 10 h 不同 Ni 含量下 CeMg$_{12}$/Ni 合金材料吸/放氢 PCT 曲线

为了进一步定量分析添加 Ni 对 CeMg$_{12}$ 合金热力学性能的影响,图 6-5 给出 CeMg$_{12}$/Ni 合金材料在不同温度下的吸/放氢 PCT 曲线及范特霍夫曲线,并计算了添加不同含量 Ni 的合金材料在吸/放氢过程中的焓值(列于表 6-1 中)。显然,相同 Ni 添加量条件下合金的吸/放氢平台压随温度的升高而增加,表明温度升高不利于吸氢而有利于放氢,因为吸氢和放氢分别是放热和吸热的过程,温度的升高更有利于合金氢化物放氢过程的进行。通过范特霍夫曲线计算获得的合金吸/放氢过程的焓值表明 Ni 的添加增加了合金吸氢过程焓值的绝对值,有利于吸氢过程进行;Ni 的添加降低了合金氢化物释氢过程焓值的绝对值,提升了释氢平台,有利于放氢过程的进行。分析其原因可能与合金内出现非晶纳米晶结构有关,因为球磨促使合金内部非晶纳米晶化的过程中会引入大量的晶体缺陷及增加界面自由能,这对于降低合金氢化物释氢过程的焓值是有利的。另外,合金材料吸氢后原位形成的 Mg$_2$NiH$_4$ 相的热稳定性低于 MgH$_2$ 相,其优先放氢形成 Mg$_2$Ni 致使晶胞收缩,这在一定程度上降低 MgH$_2$ 的热稳定性改善放氢性能,这在相关文献中有相关报道。表 6-2 给出合金材料吸氢后的相组成及晶格参数,可以看出随着 Ni 的添加球磨合金氢化后形成的合金氢化物晶粒逐渐细化,这是合金氢化物稳定性随 Ni 添加而降低的原因之一。

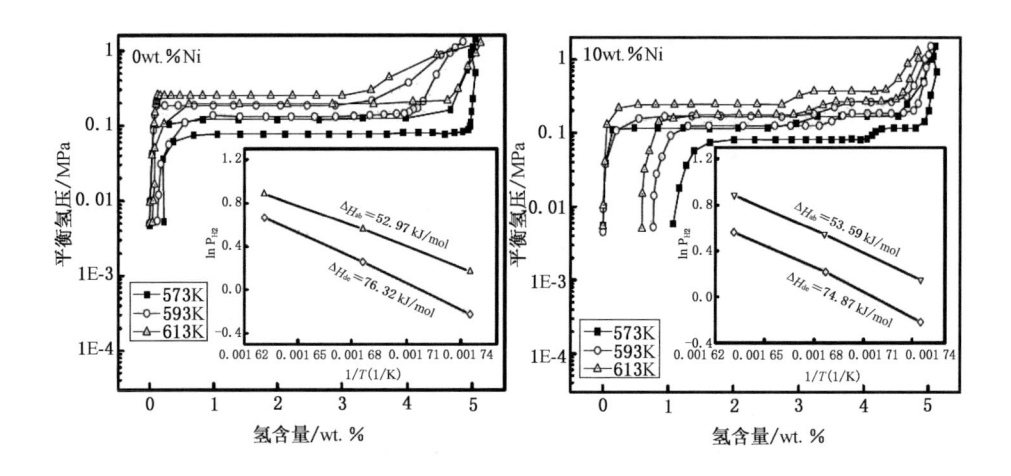

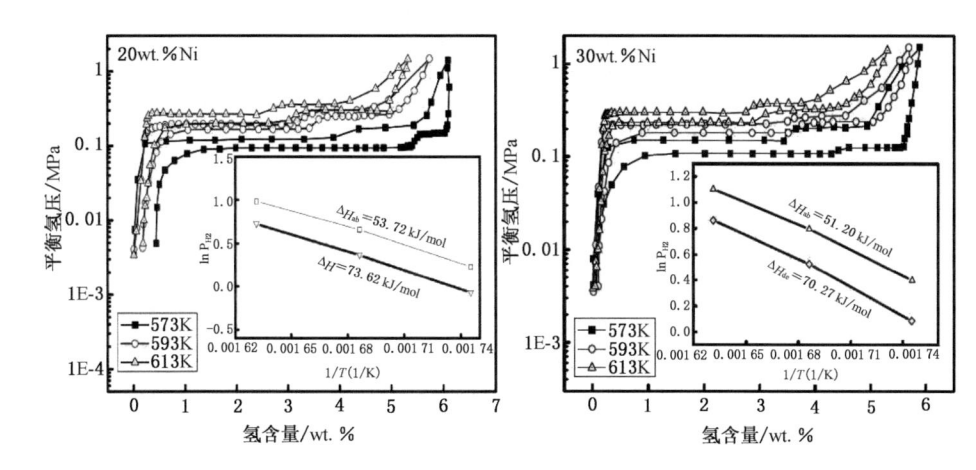

图 6-5　球磨 10 h $CeMg_{12}/Ni$ 合金材料不同温度下吸/放氢 PCT 及范特霍夫曲线

表 6-1　球磨 10 h 条件下 $CeMg_{12}/Ni$ 合金吸/放氢热力学参数

Ni 含量	吸氢过程		放氢过程	
	$Mg \to MgH_2$ $\Delta H/(kJ/mol)$	$Mg_2Ni \to Mg_2NiH_4$ $\Delta H/(kJ/mol)$	$MgH_2 \to Mg$ $\Delta H/(kJ/mol)$	$Mg_2NiH_4 \to Mg_2Ni$ $\Delta H/(kJ/mol)$
0 wt.%	52.97	—	76.32	—
10 wt.%	53.59	39.21	74.87	45.96
20 wt.%	53.72	37.20	73.62	44.92
30 wt.%	51.20	35.87	70.27	45.59

表 6-2　球磨 $CeMg_{12}/Ni$ 合金吸氢后的晶格参数及相组成

合金	晶粒大小/nm	相组成	晶格常数/nm		FWHM
			a	c	
0wt.%Ni	16.1	$CeH_{2.51}$	0.5522	0.5522	0.523
	30.5	MgH_2	0.4513	0.3018	0.385
10wt.%Ni	17.0	$CeH_{2.51}$	0.5514	0.5514	0.497
	26.9	MgH_2	0.4500	0.3016	0.401
	25.9	Mg_2NiH_4	0.5514	0.5514	0.273
	42.4	Ni	0.3517	0.3517	0.235

续表

合金	晶粒大小/nm	相组成	晶格常数/nm		FWHM
			a	c	
20wt.%Ni	13.3	$CeH_{2.51}$	0.552 0	0.552 0	0.625
	24.8	MgH_2	0.450 6	0.303 0	0.414
	25.5	Mg_2NiH_4	0.647 0	0.647 0	0.329
	43.6	Ni	0.352 2	0.352 2	0.221
30wt.%Ni	12.6	$CeH_{2.51}$	0.552 1	0.552 1	0.662
	21.5	MgH_2	0.451 4	0.301 8	0.536
	14.5	Mg_2NiH_4	0.647 8	0.647 8	0.567
	44.7	Ni	0.352 3	0.352 3	0.216

为了进一步分析添加 Ni 对合金吸/放氢动力学性能的影响。图 6-6 和图 6-7 分别给出了球磨 10 h 不同 Ni 添加量下合金的吸/放氢动力学曲线。可以看出：随着 Ni 添加量的增加，合金的吸氢动力学性能及吸氢容量得到显著改善。图 6-8 给出了 Ni 添加量对吸氢动力学参数的影响。随着 Ni 添加量的增加，球磨合金的吸氢动力学活化能由 49.329 kJ/mol 降低到 34.325 kJ/mol，吸氢特征时间由 186 s 减小为 84 s。当 Ni 添加量超过 20 wt.%时合金的放氢量和放氢动力学性能反而下降。究其原因可以归纳为以下几个方面：第一，结合 XRD 分析表面球磨 $CeMg_{12}$ 过程中添加 Ni 有助于细化合金晶粒及促使合金内部形成一定数量的非晶相。细化的合金晶粒有利于增加晶界数量，可以为氢的扩散和存储提供短程通道和活性位置进而达到改善吸/放氢动力学的目的。第二，当 Ni 的添加量超过 20 wt.%时合金放氢动力学性能明显下降，这与增加 Ni 促使合金内部形成的非晶相含量增加有关，因为氢原子在非晶中的扩散速率远远低于通过短程晶界的扩散速率。第三，合金放氢动力学性能随着 Ni 添加量的增加得到一定程度改善与合金晶粒的细化及合金非晶纳米晶化过程中形成的内应力有关，因为内应力增加必然引起合金氢化物体系稳定性降低。除此之外，在球磨 $CeMg_{12}$ 过程中添加 Ni 使得合金在经历吸/放氢过程之后原位形成 Mg_2Ni 和 Mg_2NiH_4，对于改善合金的吸/放氢动力学性能起到催化作用。

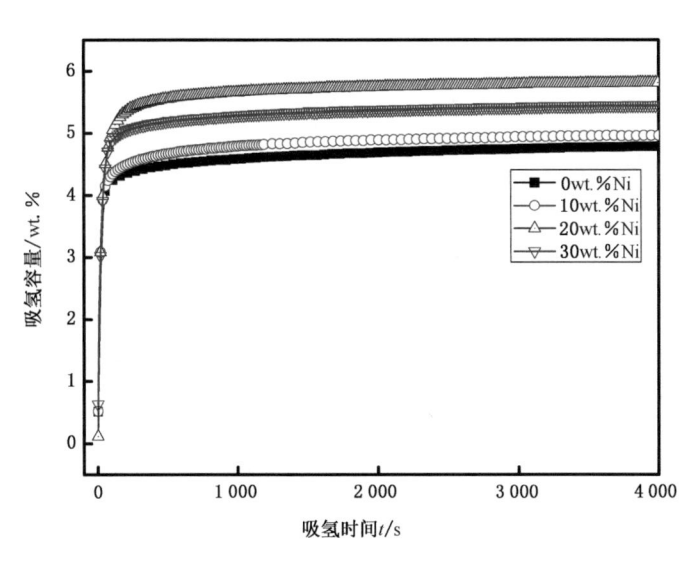

图 6-6　球磨 10 h 不同 Ni 含量下 CeMg$_{12}$/Ni 合金材料吸氢动力学曲线

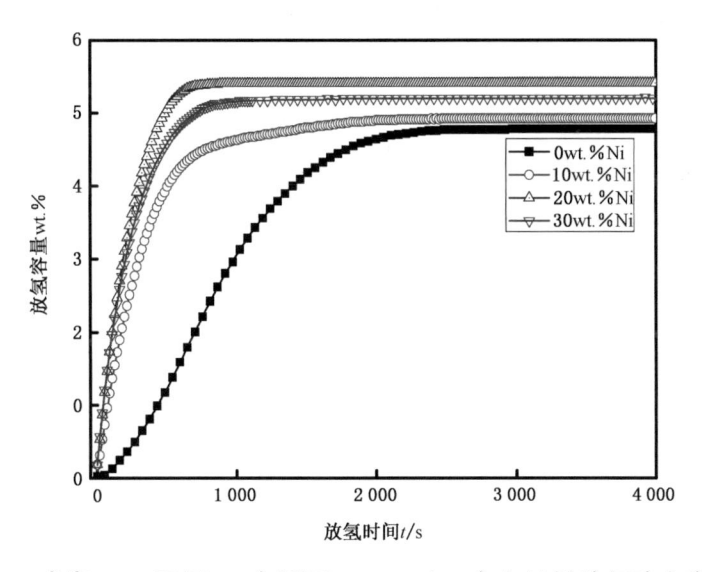

图 6-7　球磨 10 h 不同 Ni 含量下 CeMg$_{12}$/Ni 合金材料放氢动力学曲线

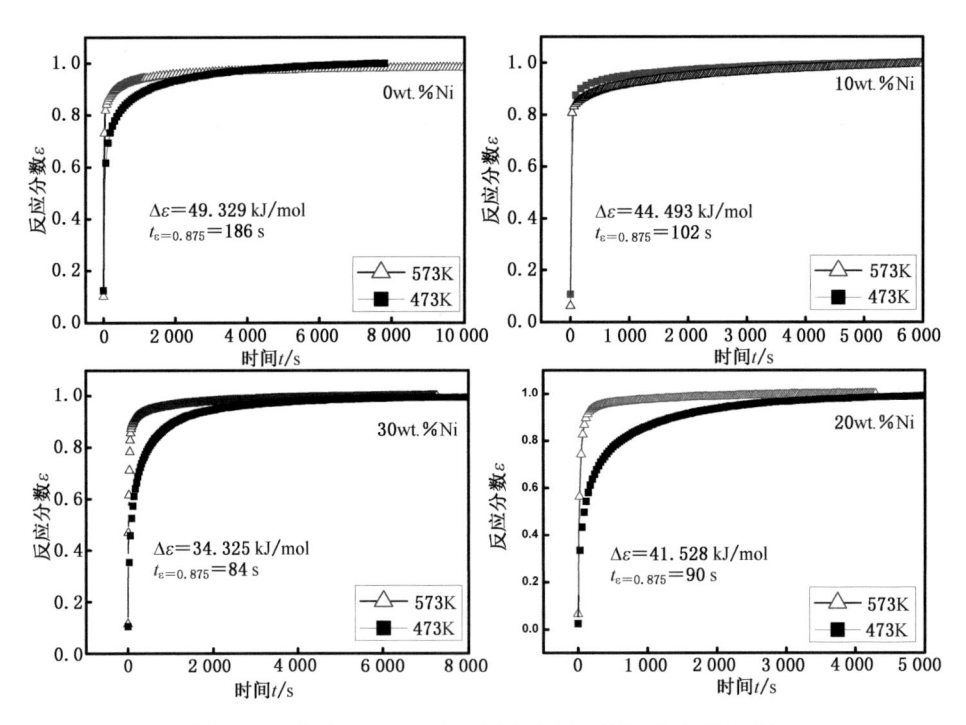

图 6-8　球磨 $CeMg_{12}/Ni$ 储氢材料吸氢动力学参数

如图 6-9 所示为球磨 10 h 不同 Ni 含量下 $CeMg_{12}/Ni$ 合金材料放氢 JMA 及 Arrhenius 曲线。通过计算合金在放氢过程中活化能的变化进一步从理论角度讨论添加 Ni 对球磨 $CeMg_{12}$ 合金放氢动力学性能的影响。左侧数据图描述放氢动力学曲线随着温度增加的变化,可以看出温度增加有利于增加合金的放氢动力学性能,这符合正常的实验规律,因为放氢过程是吸收大量热量的过程,升高温度有助于这一过程的进行。另外,升高温度会使氢化物体系的熵值增加,稳定性下降,有利于放氢过程的进行。左侧数据图中的插图是根据 JMA 关系绘制 $\ln[-\ln(1-\alpha)]$-$\ln t$ 关系曲线,由曲线斜率 η 及截距 $\eta\ln k$ 便可以得到反应速率常数 $\ln k$。通过计算不同温度下的反应速率常数 $\ln k$ 并结合 Arrhenius 关系 $k=A\exp(-E_{a(de)}/RT)$ 可以绘制右侧 4 组不同 Ni 添加量下的 $\ln k$-$1/T$ 关系曲线。如图所示对应于 0 wt.%Ni、10 wt.% Ni、20 wt.% Ni、30 wt.%Ni 情况下合金氢化物的放氢活化能分别是 112.88 kJ/mol、98.76 kJ/mol、90.69 kJ/mol、92.68 kJ/mol,这进一步从活化能的角度解释了上述讨论中 $CeMg_{12}+20$ wt.% Ni 具有最佳的放氢动力学性能。

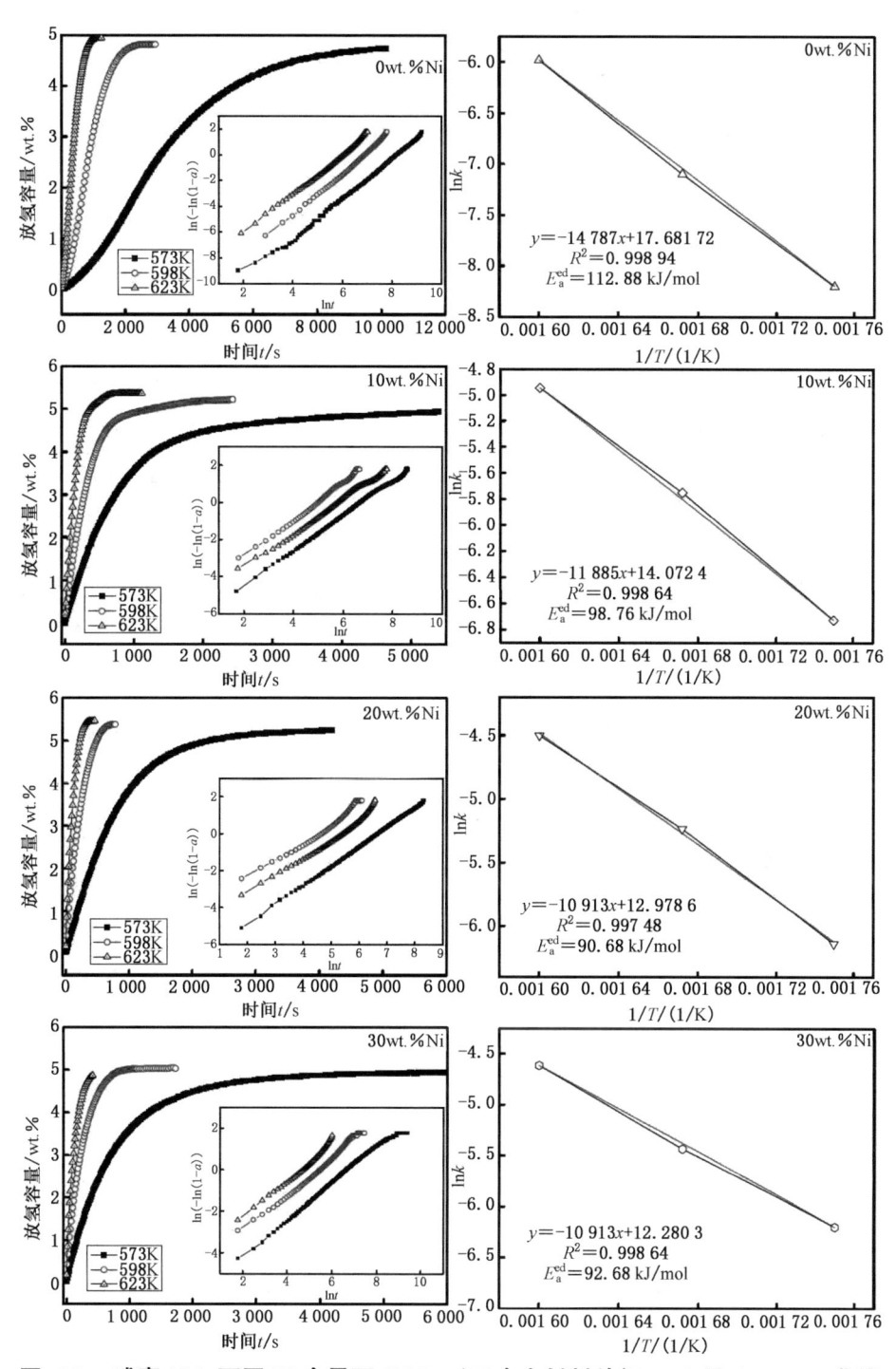

图 6-9 球磨 10 h 不同 Ni 含量下 CeMg$_{12}$/Ni 合金材料放氢 JMA 及 Arrhenius 曲线

6.2 $CeMg_{12}/Ni/TiF_4$ 合金微观结构及气态储氢性能

通过前期的文献调研发现,除了添加过渡金属之外,添加过渡金属 Ti 的化合物在改善镁基储氢吸/放氢热力学及动力学方面也具有非常好的效果。Ma 研究了 TiF_3 对 MgH_2 的催化释氢机制后认为加入 TiF_3 后在材料内部形成由 Mg、过渡金属以及 F 离子组成的多组分亚稳相,其可以有效地催化 MgH_2 释氢过程的进行。Grzech 用机械球磨法制备了 MgH_2-TiF_3 复合材料,研究结果表明在释氢材料内部有少量的 Mg-Ti-F 存在,在再次氢化的材料内部有 β-$MgF_{2-x}H_x$,形成的氟化物(如:MgF_2)存在于 Mg/MgH_2 表面,Ti 的氢化物以 TiH_2 的形式被包裹在 Mg/MgH_2 内部,这些因素共同促使 MgH_2 吸/放氢动力学性能得到显著改善。Daryani 研究发现在球磨 MgH_2 过程中添加 TiO_2 作为催化剂可以显著改进 MgH_2 的吸/放氢动力学性能,当 TiO_2 添加量为 6mol% 时 MgH_2 的释氢温度降低约 100 K。Pukazhselvan 研究了 TiO_2 添加对 MgH_2 吸/放氢动力学性能的影响,表明在球磨 MgH_2 过程中添加一定量的 TiO_2 可以显著改善合金的吸/放氢动力学性能。其原因与合金吸/放氢过程中 Ti 的价态变化导致新的产物或催化作用相产生有关。

本部分尝试选择 TiF_4 作为添加剂,研究在球磨 $CeMg_{12}$/Ni 合金过程添加其对合金微观结构、吸/放氢热力学及动力学性能的影响。

6.2.1 合金材料微观结构分析

如图 6-10 所示为经过 10 h 球磨 $CeMg_{12}$/Ni/TiF_4 合金的 XRD 图谱。图谱分析表明:无 TiF_4 添加的球磨 $CeMg_{12}$/Ni 合金材料由 $CeMg_{12}$、Ce_2Mg_{17}、Mg 以及 Ni 相组成;添加 TiF_4 的球磨 $CeMg_{12}$/Ni 合金材料由 $CeMg_{12}$、Ce_2Mg_{17}、Mg、Ni、MgF_2、TiF_4 以及 TiF_2 相组成。而且随着 TiF_4 添加量的增加合金主相 $CeMg_{12}$、Mg 以及 Ni 的衍射峰出现宽化,表明球磨 $CeMg_{12}$/Ni 合金过程中添加 TiF_4 有助于合金晶粒细化,这在一定程度上对于改善合金的吸/放氢动力学性能是有利的。添加 TiF_4 合金经过球磨处理后以 TiF_4 和 TiF_2 相的形式存在,说明球磨处理有利于高价态 Ti 元素还原为低价态,这样的价态变化可能有助于改善合金的吸/放氢性能。

Δ-CeMg$_{12}$ ♦-Ce$_2$Mg$_{17}$ ♣-Ni ▽-Mg ▼-TiF$_4$ ▲-TiF$_2$ ●-MgF$_2$

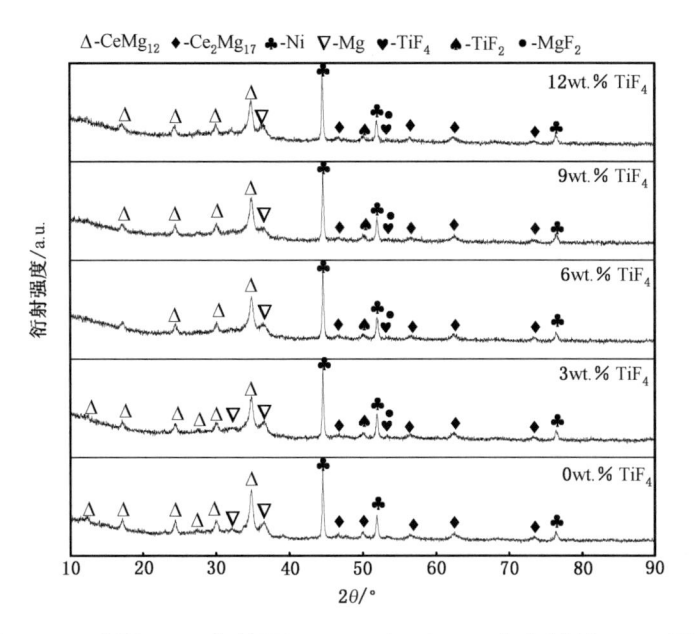

图 6-10　球磨 10 h 条件下 CeMg$_{12}$/Ni/TiF$_4$ 合金材料 XRD 图谱

如图 6-11 所示为球磨 CeMg$_{12}$ + 20 wt.% Ni + y wt.% TiF$_4$(y=0、3、6、9、12)合金材料氢化后及脱氢后的 X 射线衍射数据图。图(a)为合金材料吸氢后的 X 射线衍射数据,其分析表明:合金材料吸氢后的相组成除了包括主相 CeH$_{2.51}$、MgH$_2$ 以及 Ni 之外,还包括 MgF$_2$、Mg$_2$NiH$_4$ 和 TiH$_2$ 微量相;添加 TiF$_4$ 的球磨合金氢化后的 Mg$_2$NiH$_4$ 相的含量明显增多,表明 TiF$_4$ 添加有助于 Mg$_2$NiH$_4$ 氢化物相的形成;随着 TiF$_4$ 添加量的增加,合金氢化物的衍射峰出现宽化,说明合金氢化物的晶粒逐渐减小,这对于降低氢化物稳定性是有利的。图(b)为合金脱氢后的 X 射线衍射数据,分析表明:合金经过脱氢后的主相由 Mg、Mg$_2$Ni、CeH$_{2.51}$ 以及 Ni 相组成;微量相由 Mg$_2$NiH$_4$、MgH$_2$、MgF$_2$ 及 TiH$_2$ 组成。通过对比吸氢及放氢后的 X 射线衍射数据可以进一步看出球磨合金在吸/放氢过程中氢化物主相 CeH$_{2.51}$,微量相 MgF$_2$ 及 TiH$_2$ 保持了其稳定性,没有分解和再氢化,可以肯定这些相并没有参与合金材料的氢化和脱氢过程而是在合金材料中 Mg$_2$NiH$_4$-Mg$_2$Ni 和 MgH$_2$-Mg 两个体系的吸/放氢过程提供催化作用。

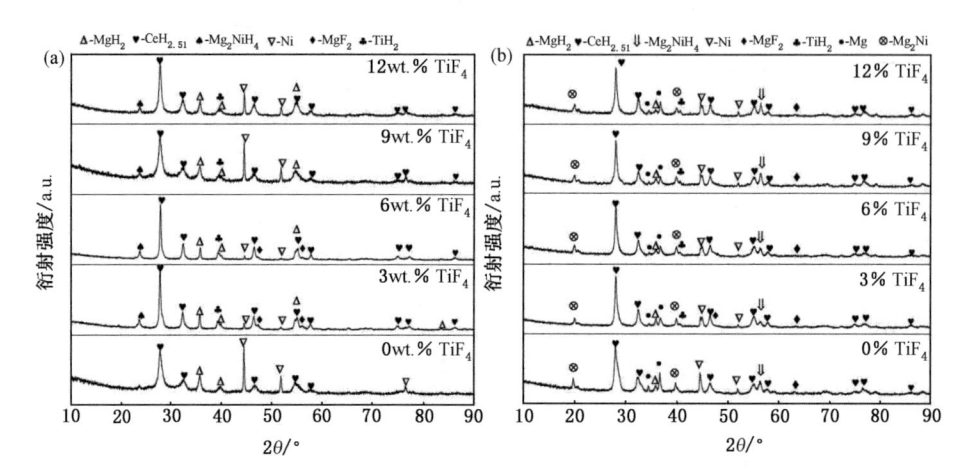

图 6-11　球磨 10 h CeMg$_{12}$/Ni/TiF$_4$ 合金材料吸/放氢后 XRD 图谱
(a)吸氢后；(b)放氢后

如图 6-12 所示为球磨 CeMg$_{12}$/Ni/TiF$_4$ 合金材料的高分辨透射电镜照片。图片相关信息分析表明：在球磨合金过程中添加 TiF$_4$ 确实在一定程度上细化了合金晶粒；而且随着 TiF$_4$ 添加量的增加球磨合金的非晶形成能力得到增强，相应的选区电子衍射环特征进一步证明了这一点；通过量取高分辨照片上不同区域晶格的晶面间距并结合粉末衍射 PDF 卡片信息进一步肯定不论是添加 TiF$_4$ 还是不添加 TiF$_4$ 的球磨合金都包括 CeMg$_{12}$、Ce$_2$Mg$_{17}$、Mg 以及 Ni 相，在添加 TiF$_4$ 球磨合金中还包括微量相 MgF$_2$ 和 TiF$_2$，这与 X 射线衍射数据分析的结果相一致；另外，在部分样品的高分辨照片中还观察到有 Mg$_2$Ni 相的存在，其吸/放氢过程中与 Mg$_2$NiH$_4$ 相互转化，可以为整个材料的吸/放氢性能改善其间接推动作用；在图(d)中还发现合金经过球磨处理后在其内部出现位错、应力区等晶体缺陷，其可以降低合金形成氢化物后体系的稳定性，对于改善放氢性能是有利的。

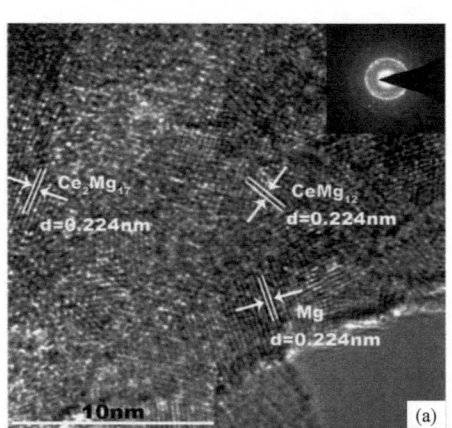

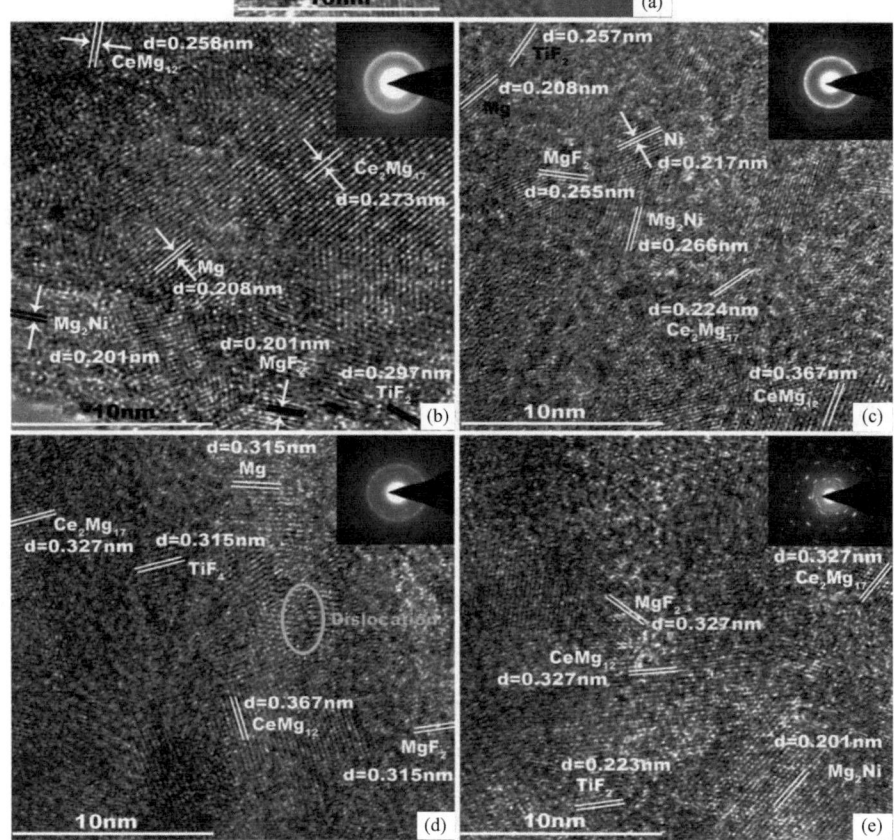

图 6-12 球磨 10 h CeMg$_{12}$/Ni/TiF$_4$ 合金材料 HRTEM 图谱：
(a) 0 wt.% TiF$_4$ 合金；(b) 3 wt.% TiF$_4$ 合金；(c) 6 wt.% TiF$_4$ 合金；
(d) 9 wt.% TiF$_4$ 合金；(e) 12 wt.% TiF$_4$ 合金

6.2.2 合金气态储氢性能分析

如图 6-13 所示为添加不同含量 TiF_4 球磨 $CeMg_{12}/Ni$ 合金的吸/放氢 PCT 曲线。可见,所有的材料的吸/放氢 PCT 曲线均有两个平台组成。结合文献调研可以判定第一平台对应于 MgH_2-Mg 体系,第二平台对应于 Mg_2NiH_4-Mg_2Ni 体系。由于球磨过程中 Ni 加入的含量较少,形成的 Mg_2Ni 相较少,因此代表 Mg_2NiH_4-Mg_2Ni 体系的第二平台在整个平台区所占的比例较小。储氢合金的整个吸/放氢过程以 MgH_2-Mg 体系的吸/放氢过程为主,且通过图谱分析可以看出随着 TiF_4 添加量的增加,球磨 $CeMg_{12}/Ni/TiF_4$ 合金材料的第一吸氢平台压先降低后增加,添加 6 wt.% 的合金材料具有最低的吸氢平台,这一驱动力促使氢化过程的顺利进行,表明在球磨 $CeMg_{12}/Ni$ 合金材料的过程中添加一定量的 TiF_4 有助于改善材料的吸氢性能。针对第一平台的放氢过程分析表明,随着 TiF_4 添加量的增加,合金材料的放氢平台压先减小后增加,说明合金形成的氢化物稳定性随着 TiF_4 添加逐渐降低,添加 TiF_4 对于降低合金氢化物稳定性改善合金的放氢性能是有利的。分析其原因可能归结为以下几个方面：XRD 数据分析表明添加 TiF_4 有助于细化合金氢化物晶粒,改善放氢热力学性能;球磨处理诱导部分 TiF_4 向 TiF_2 转变,这样的价态的变化对 Mg-H 键起到削弱作用进而改善其放氢性能;在球磨处理过程中形成的 MgF_2 相,这可能是改善合金放氢性能的又一原因。除上述分析之外,图 6-13 显示第二吸氢平台随着 TiF_4 含量的增加出现小幅度降低,说明 Mg_2Ni 的氢化过程更加容易,TiF_4 的增加同时也引起第二放氢平台的升高进而改善放氢性能。可见 TiF_4 的添加有利于 Mg_2NiH_4-Mg_2Ni 体系吸/放氢过程的进行,其吸/放氢过程必然引起晶格的膨胀和收缩从而导致晶格内部应力的增加,这对于降低体系氢化物的热稳定性是有利的,这也是整个合金放氢性能改进的又一内在驱动力。

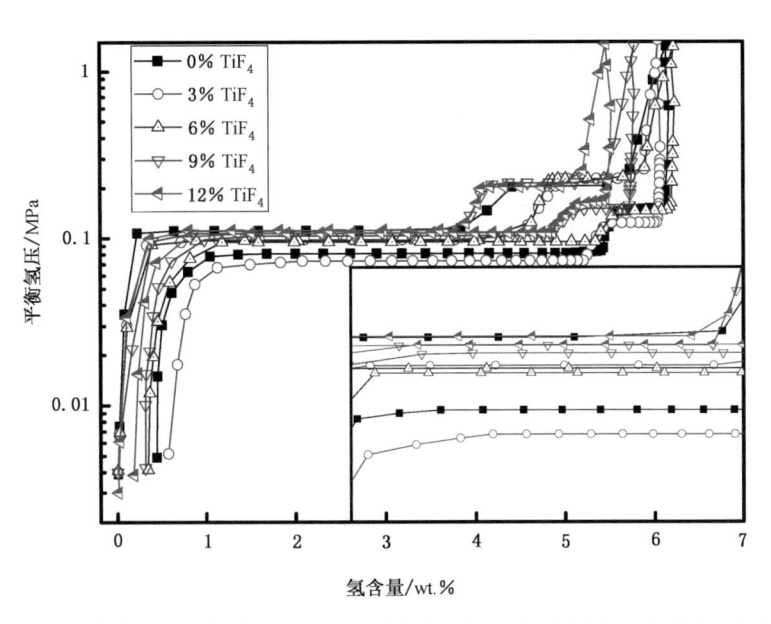

图 6-13　球磨 10 h 条件下 CeMg$_{12}$/Ni/TiF$_4$ 合金材料吸/放氢 PCT 曲线

为了进一步从热力学角度定量研究添加 TiF$_4$ 对球磨 CeMg$_{12}$/Ni 合金吸/放氢性能影响的内在原因。如图 6-14 给出 0 wt.％ TiF$_4$、3 wt.％ TiF$_4$、6 wt.％ TiF$_4$、9 wt.％ TiF$_4$、12 wt.％ TiF$_4$ 样品分别在 573 K、598 K、623 K 下的吸/放氢 PCT 曲线。可以看出，对于每一个样品来说，随着温度的增加 PCT 曲线的吸/放氢平台压增加，这符合正常的实验规律。因为温度越高体系的稳定性越差，合金吸氢形成氢化物过程越困难，氢化物越不稳定，对应的吸/放氢平台压越高。由不同温度下 PCT 曲线吸/放氢平台压的数值再结合范特霍夫方程便可做出 lnP_{eq} 与 $1/T$ 的关系曲线，根据曲线的斜率和截距可以计算合金材料在吸/放氢过程中的焓值和熵值，焓值的大小可以定量反映出添加 TiF$_4$ 对合金材料热稳定性的影响，熵值进一步说明合金氢化物体系的变化。

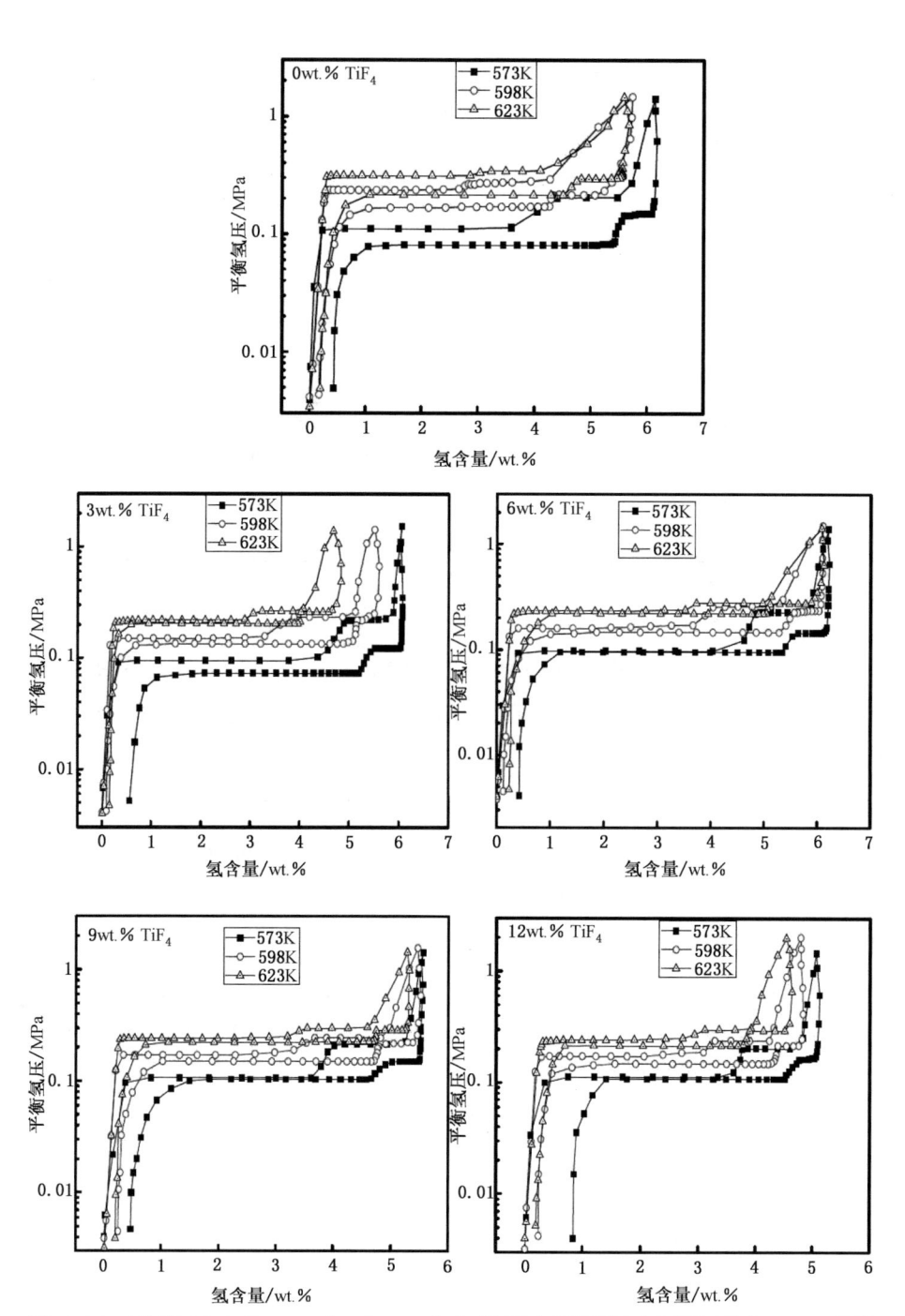

图 6-14　球磨 10 h CeMg$_{12}$/Ni/TiF$_4$ 合金材料在不同温度下吸/放氢 PCT 曲线

表 6-3 给出了焓值定量计算的结果，可以看出随着 TiF$_4$ 含量的增加，对应

于 Mg-MgH$_2$ 体系的吸氢过程其氢化过程的焓值先增加后降低,其中添加 6 wt.% TiF$_4$ 的合金具有最大的焓值绝对值,表明其氢化过程最容易,相应的吸氢平台压也最低;对应于 Mg-MgH$_2$ 体系的放氢过程,焓值的绝对值随着 TiF$_4$ 的增加是逐渐降低的,这一点说明合金氢化物体系的热稳定随着 TiF$_4$ 的添加而被削弱,对应的放氢平台压逐渐升高,有利于放氢过程的进行。表 6-3 中关于 Mg-MgH$_2$ 体系吸/放氢过程的焓值大小进一步证明了图 6-14 中关于 PCT 曲线定性分析的结果。除此之外,表 6-3 中关于 Mg$_2$NiH$_4$-Mg$_2$Ni 体系吸/放氢过程的焓值分析表明添加 TiF$_4$ 可以在一定程度上改善该体系的吸/放氢热力学性能,促使其吸/放氢过程的进行。由于 Mg$_2$Ni 和 Mg$_2$NiH$_4$ 通过原位形成并均匀分布于合金内部,其吸/放氢循环过程形成的驱动力对于改善 Mg-MgH$_2$ 体系吸/放氢过程是有利的。

表 6-3 球磨 CeMg$_{12}$/Ni/TiF$_4$ 合金吸/放氢热力学参数

TiF$_4$ 含量	吸氢过程		放氢过程	
	Mg→MgH$_2$	Mg$_2$Ni→Mg$_2$NiH$_4$	MgH$_2$→Mg	Mg$_2$NiH$_4$→Mg$_2$Ni
	ΔH/(kJ/mol)	ΔH/(kJ/mol)	ΔH/(kJ/mol)	ΔH/(kJ/mol)
0 wt.%	53.72	37.20	73.62	44.92
3 wt.%	58.21	24.72	76.21	53.61
6 wt.%	58.56	25.69	59.55	45.49
9 wt.%	56.65	26.84	57.87	43.38
12 wt.%	52.90	31.00	54.40	42.18

如图 6-15 所示为球磨 10 h 条件下 CeMg$_{12}$/Ni/TiF$_4$ 合金材料的吸氢动力学曲线。显然,添加 TiF$_4$ 的合金都具有良好的吸氢动力学性能,在约 500 s 内均达到饱和吸氢量,且随着 TiF$_4$ 添加量的增加合金的吸氢动力学得到显著改善。分析原因可以归纳为以下几点:一是添加 TiF$_4$ 有助于细化晶粒,增加氢扩散通道,缩短氢扩散距离达到改善吸氢动力学的目的;二是合金在活化过程中原位形成 Mg$_2$NiH$_4$、CeH$_{2.51}$ 以及 TiH$_2$ 在氢原子扩散过程中发挥催化加速的作用。另外,数据分析可以看出随着 TiF$_4$ 的添加合金的吸氢量出现降低的现象,其原因可能为添加 TiF$_4$ 促进合金内部晶粒细化的同时也引入一定量的非晶相以及形成 MgF$_2$ 相有关。

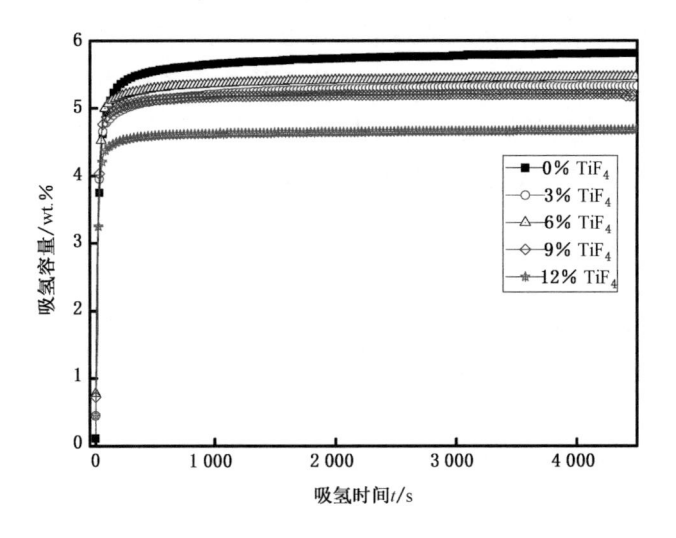

图 6-15 球磨 10 h 条件下 $CeMg_{12}/Ni/TiF_4$ 合金材料在 573 K 吸氢动力学曲线

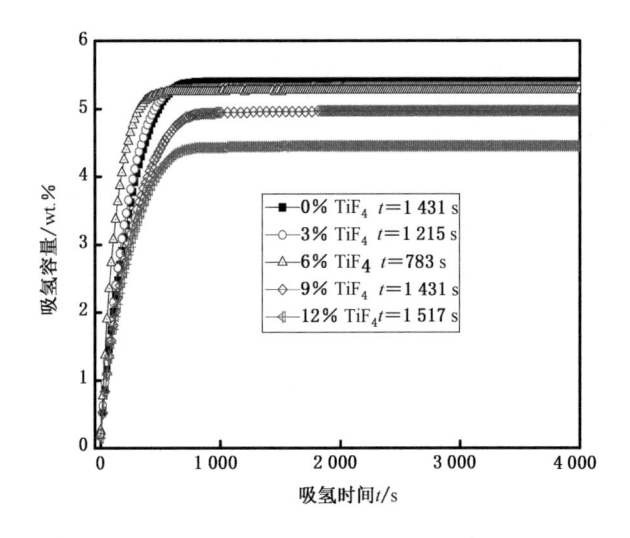

图 6-16 球磨 10 h 条件下 $CeMg_{12}/Ni/TiF_4$ 合金材料在 598 K 放氢动力学

如图 6-16 所示为球磨 10 h 条件下 $CeMg_{12}/Ni/TiF_4$ 合金材料在 598 K 放氢动力学曲线。数据显示在合金中添加一定量 TiF_4 有利于改善合金的放氢动力学性能，添加 6 wt.% TiF_4 的效果最佳，TiF_4 添加量超过 6 wt.%时反而不利于合金放氢动力学性能的改善。分析其原因可以归纳为以下几点：首先，结合微观结构数据分析表明添加一定量的 TiF$_4$ 可以细化合金晶粒,缩短氢扩散距离,增加氢扩散通道进而改善放氢动力学性能;其次,经过吸/放氢活化后合金内部形成 CeH$_{2.51}$、TiH$_2$ 以及 MgF$_2$ 可在氢扩散的过程中加速氢的扩散流动达到改善放氢动力学的目的。最后,结合文献研究发现在球磨镁基储氢材料中加入钛的氟化物容易形成 Ti-F-Mg 能带结构,其对于促使合金氢化物分解改善释氢反应速率是有利的。过量的话会使得合金的动力学性能下降,这可能与合金内部形成非晶结构以及 MgF$_2$ 吸氢容易形成 Mg(H$_x$F$_{1-x}$)$_2$ 固溶相有关。

为了进一步分析添加 TiF$_4$ 对球磨 CeMg$_{12}$/Ni 合金放氢动力学性能的影响,对合金的放氢活化能做了定量计算。如图 6-17 所示测试了合金吸氢后分别在 573 K、598 K、623 K 温度下的放氢动力学曲线。通过计算反应分数并结合 JMA 关系绘制 $\ln[-\ln(1-\alpha)]$-$\ln t$ 关系曲线(如图 6-17 中的左图所示),由该曲线的斜率便可计算反应速率常数 $\ln k$ 值。最后对 Arrhenius 关系 $k=A\exp(-E_{a(de)}/RT)$ 等式两边取对数后结合不同温度下 $\ln[-\ln(1-\alpha)]$-$\ln t$ 关系曲线对应的 $\ln k$ 便可作出 $\ln k$ -$1/T$ 的关系曲线。由曲线斜率的大小便可定量计算球磨 CeMg$_{12}$/Ni/TiF$_4$ 合金氢化物的放氢活化能,其可以直观反映合金放氢过程的动力学性能。不同 TiF$_4$ 含量球磨 CeMg$_{12}$/Ni/TiF$_4$ 合金的放氢活化能值被列于图 6-17 中右侧的 $\ln k$ -$1/T$ 关系图中。可见,对应于 TiF$_4$ 添加量分别为 0 wt.%、3 wt.%、6 wt.%、9 wt.%、12 wt.% 的合金氢化后的放氢活化能分别为 90.69 kJ/mol、88.45 kJ/mol、84.86 kJ/mol、113.43 kJ/mol、117.87 kJ/mol,表明添加一定量的 TiF$_4$ 可以降低合金氢化后的放氢活化能进而改善放氢动力学性能,其中 CeMg$_{12}$/Ni/6 wt.%TiF4 材料效果最佳,这与上述定性分析的结果一致。

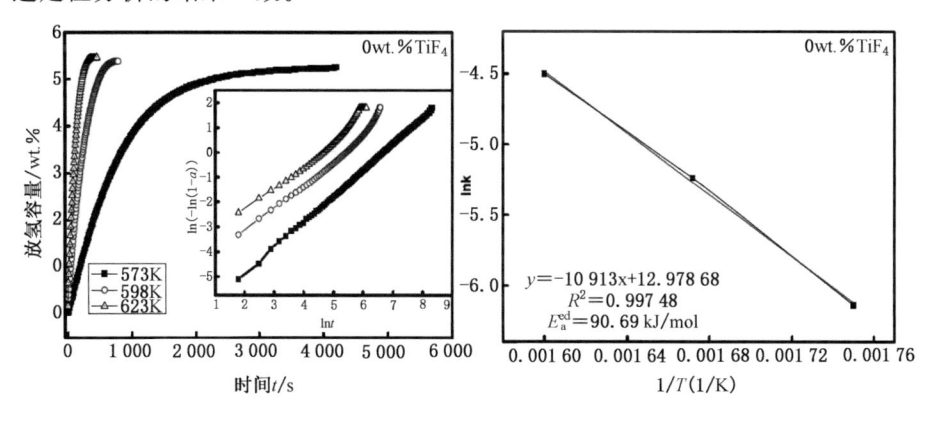

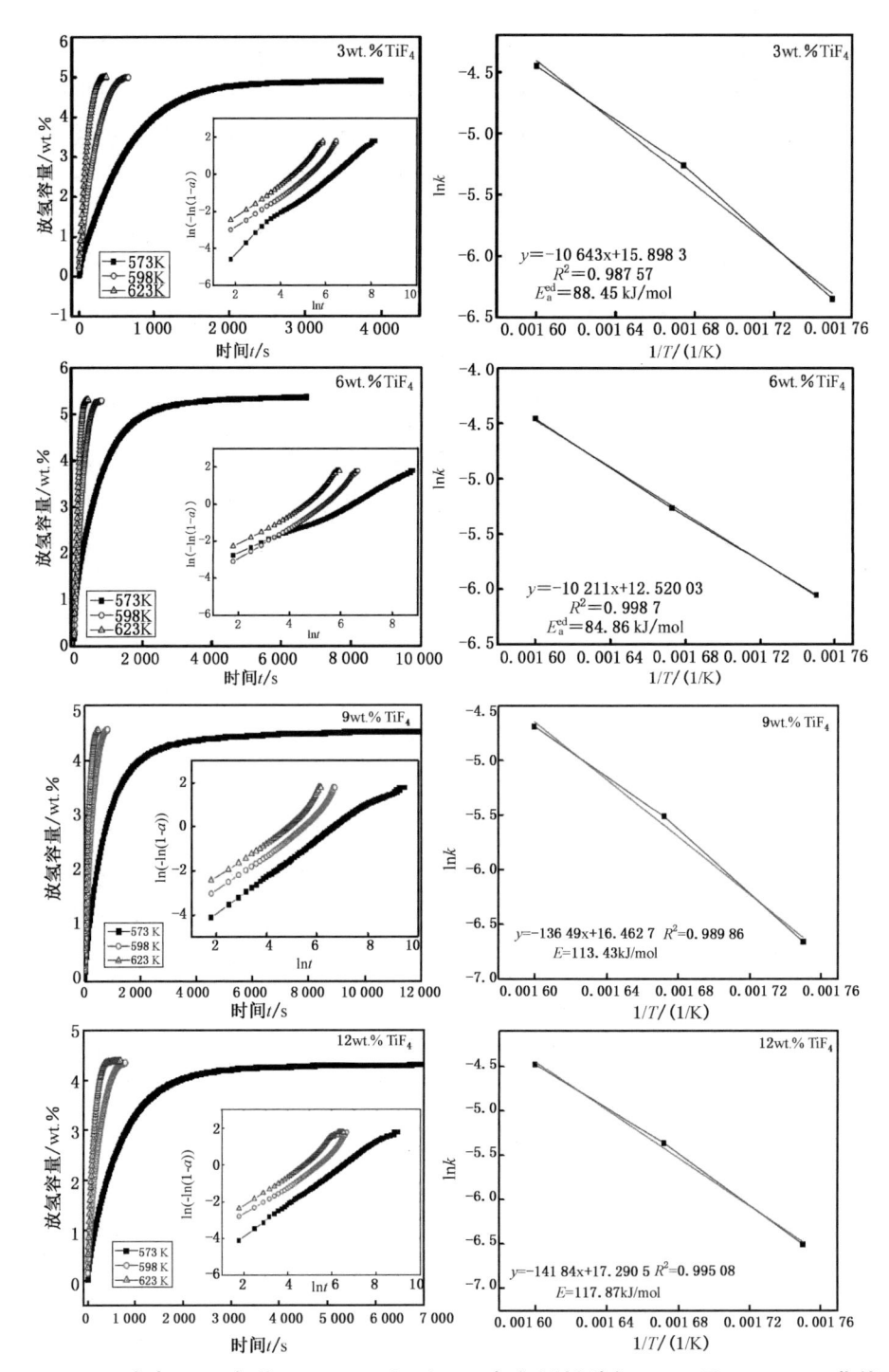

图 6-17 球磨 10 h 条件下 $CeMg_{12}/Ni/TiF_4$ 合金材料放氢 JMA 及 Arrhenius 曲线

6.3 $CeMg_{12}/Ni/NbF_5$ 合金微观结构及气态储氢性能

在对添加过渡金属化合物改善镁基储氢合金吸/放氢性能的文献进行调研后发现,关于添加 Nb 的化合物改善镁基储氢合金吸/放氢性能方面的研究多数都是集中在调控 MgH_2 微观结构与改善其吸/放氢性能方面,并且取得了许多有指导意义的研究结果。

Barkhordarian 在球磨 MgH_2 过程中添加 Nb_2O_5 和 Cr_2O_3 研究其对 MgH_2 吸/放氢动力学性能的影响,结果表明:Nb_2O_5 明显起到催化改善材料吸/放氢动力学性能的作用,作者分析这可能与过渡金属 Nb 具有多价态特征并在氢化或释氢时与氢发生电子交换作用以及球磨处理使得金属氧化物表面形成高密度缺陷有关。Recham 研究了在球磨 MgH_2 过程中添加少量 Nb_2O_5、$NbCl_5$ 以及 NbF_5 对其储氢性能的影响,发现 NbF_5 的添加效果最好,作者分析认为这可能与球磨过程中形成的 Mg-Nb-F 中间化合物以及 $H^{\delta+}-Nb^{\delta+}$ 能带结构有关。Sabitu 研究了在球磨 MgH_2 过程中添加 NbF_5 对氢化物放氢动力学性能的影响,结果表明 NbF_5 添加可以降低界面释氢活化能加速的释氢反应的进行。在球磨 MgH_2 过程中 Kumar 研究添加晶态结构和介孔非晶态结构 Nb_2O_5 对其吸/放氢动力学性能的影响,结果发现添加介孔非晶态结构 Nb_2O_5 的催化效果最佳,作者分析认为介孔非晶态结构 Nb_2O_5 在球磨和吸/放氢循环活化过程中发生还原而转化为纳米级 NbO 或 Nb 并被均匀分散在储氢材料中,这有助于改善 MgH_2 的吸/放氢动力学性能。Lee 研究了 NbF_5 对 Mg 储氢合金的吸/放氢作用,认为制备的 Mg/NbF_5 储氢材料经历吸氢过程后会形成 MgH_2、MgF_2、NbH_2 和 NbF_3,这些中间相为合金吸/放氢性能的改善发挥催化作用。

然而,在球磨稀土镁系合金过程中添加过渡金属铌化合物用于改善其微观结构和储氢性能的研究少有报道,因此本部分在球磨 $CeMg_{12}/Ni$ 合金过程中尝试添加 NbF_5 作为催化剂研究其对合金微观结构及气态储氢热力学和动力学的影响。

6.3.1 合金材料微观结构分析

图 6-18 所示为球磨 $CeMg_{12}+20$ wt.% Ni $+y$ wt.% NbF_5($y=0$、3、6、9、12)储氢材料 XRD 图谱。可以看出,所有的合金都是由 $CeMg_{12}$、Ce_2Mg_{17}、Mg

以及 Ni 为主相的多相结构组成。对于添加 NbF_5 的球磨 $CeMg_{12}/Ni$ 合金,经过球磨处理后出现少量的 NbF_4 以及 MgF_2 相。通过衍射峰分析进一步可以看出随着 NbF_5 添加量的增加,合金的衍射峰出现宽化现象,这是添加催化剂促使合金内部出现非晶和纳米晶的结果。球磨过程中添加的 NbF_5 催化剂部分转化为低价态化合物 NbF_4,这样的价态的变化可能在合金吸/放氢过程中发挥更有效的催化作用,对于改善合金的吸/放氢及动力学性能是有利的。

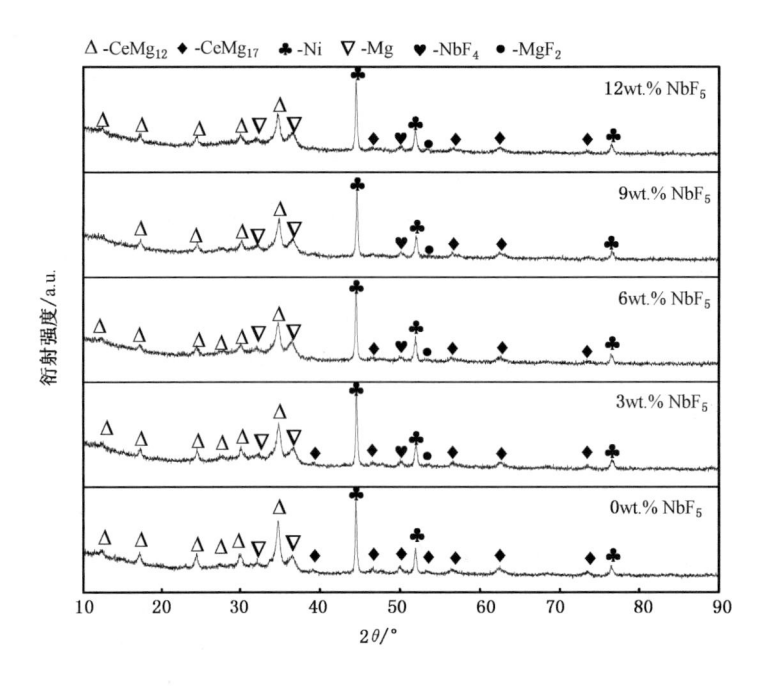

图 6-18　球磨 $CeMg_{12}+20$ wt.%Ni＋y wt.% NbF_5($y=0$、3、6、9、12)合金 XRD 图谱

如图 6-19 所示为球磨 $CeMg_{12}+20$ wt.%Ni＋y wt.% NbF_5($y=0$、3、6、9、12)合金材料氢化后及脱氢后的 X 射线衍射数据图。合金材料吸氢后的 X 射线衍射数据[图(a)]表明:合金材料吸氢后的主相包括 $CeH_{2.51}$、MgH_2、Mg_2NiH_4 以及 Ni 相,还包括 MgF_2 和 NbH_2 微量相;添加 NbF_5 的球磨合金氢化后的 Mg_2NiH_4 相的含量明显增多,表明 NbF_5 添加有助于 Mg_2NiH_4 相的形成;随着 NbF_5 添加量的增加,合金氢化物的衍射峰出现宽化,说明合金氢化物的晶粒逐渐减小,这对于降低氢化物稳定性是有利的。合金脱氢后的 X 射线衍射数据[图(b)]分析表明:合金经过脱氢后的主相由 Mg、Mg_2Ni、$CeH_{2.51}$ 以及 Ni 相组成;另外还包括少量的 Mg_2NiH_4、MgH_2、MgF_2 及 NbH_2 微量相。通过对比吸氢及放氢后的 X 射线衍射数据可以进一步看出在这一过程中主相 $CeH_{2.51}$、微量相 MgF_2 及 NbH_2 保持了其稳定性,没有分解和再氢化,可以肯定这些相并没有参与合金材料的氢化和脱氢过程,而是在合金材料中 Mg_2NiH_4-Mg_2Ni 和 MgH_2-Mg 两个体系的吸/放氢过程提供催化作用。

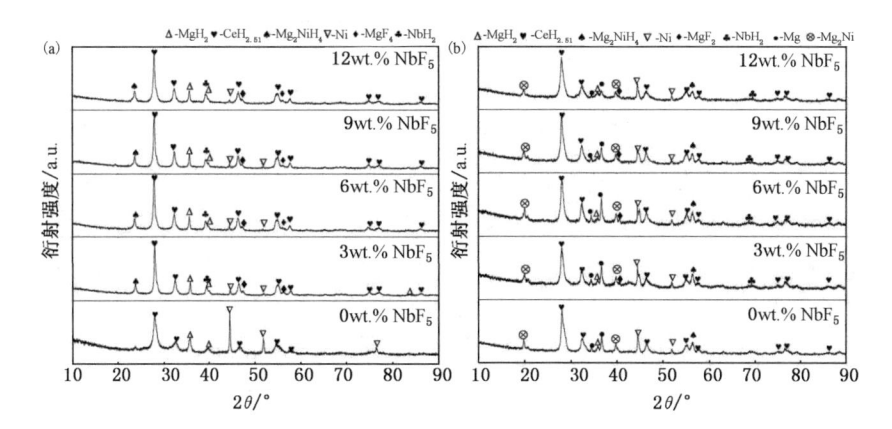

图 6-19 球磨 10 h $CeMg_{12}$+20wt.%Ni + ywt.%NbF_5(y=0、3、6、9、12) 合金吸/放氢后 XRD 图谱:(a)吸氢后;(b)放氢后

如图 6-20 所示为球磨 $CeMg_{12}$/Ni/NbF_5 合金材料的高分辨透射电镜照片。照片分析表明:在球磨合金过程中添加 NbF_5 对于细化合金晶粒有促进作用;而且随着 NbF_5 添加量的增加,球磨合金的非晶形成能力得到增强,相应的选区电子衍射环特征进一步证明了这一结论;通过量取高分辨照片上不同区域晶格的晶面间距并结合粉末衍射 PDF 卡片信息进一步肯定在添加 NbF_5 的球磨合金中除了含有 $CeMg_{12}$、Ce_2Mg_{17}、Mg 及 Ni 相之外还包括少量的 MgF_2 和 NbF_4 相,这与 X 射线衍射数据分析的结果相一致;另外,添加 NbF_5 球磨样品的高分辨照片中还观察到有 Mg_2Ni 相的存在,其吸/放氢过程中与 Mg_2NiH_4 相互转化,可以为整个材料的吸/放氢性能改善起间接推动作用。

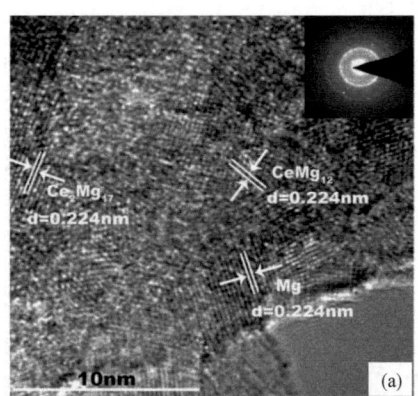

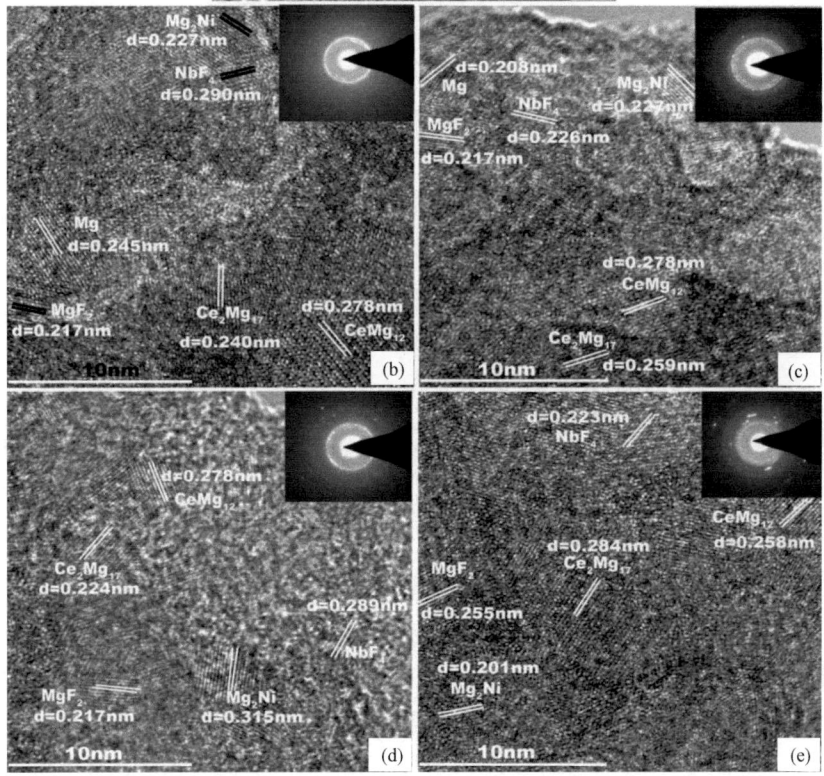

图 6-20 球磨 $CeMg_{12}+20$ wt.%Ni $+y$ wt.%NbF_5 ($y=0、3、6、9、12$) 储氢材料 HRTEM 图谱：(a) 0 wt.% NbF_5 合金；(b) 3 wt.% NbF_5 合金；(c) 6 wt.% NbF_5 合金；(d) 9 wt.% NbF_5 合金；(e) 12 wt.% NbF_5 合金

6.3.2 合金气态储氢性能分析

如图 6-21 所示为球磨 $CeMg_{12}$ + 20 wt.% Ni + y wt.% NbF_5 (y = 0、3、6、9、12) 储氢材料吸/放氢 PCT 曲线。可见,不同条件下制备合金材料的吸/放氢 PCT 曲线均由两个平台组成,这说明合金在吸/放氢过程中有两种合金相参与主要的吸/放氢过程。结合文献调研可以判定第一吸/放氢平台对应于 MgH_2-Mg 体系,第二吸/放氢平台对应于 Mg_2NiH_4-Mg_2Ni 体系。由于球磨过程中 Ni 加入的量较少,形成的 Mg_2Ni 相较少,因此代表 Mg_2NiH_4-Mg_2Ni 体系的第二吸/放氢平台在整个平台区所占的比例较小。因此,球磨 $CeMg_{12}$/Ni/NbF_5 储氢材料的整个吸/放氢过程以 MgH_2-Mg 体系的吸/放氢过程为主。另外,通过图谱分析可以看出随着 NbF_5 添加量的增加,球磨 $CeMg_{12}$/Ni/NbF_5 合金材料的第一吸氢平台压先增加后降低,表明在球磨 $CeMg_{12}$/Ni 合金材料的过程中添加 NbF_5 可以显著增加合金吸氢过程的焓值的绝对值,这对于其吸氢过程是有利的,因此可以有效地改善材料的吸氢性能。针对第一平台的放氢过程分析表明,随着 NbF_5 添加量增加合金氢化物的放氢平台压逐渐升高,当添加量超过 9 wt.% 时合金氢化物的平台压出现降低的现象。这一现象说明在球磨 $CeMg_{12}$/Ni 合金材料的过程中添加一定量的 NbF_5 可以显著降低氢化物的热稳定性改善其释氢热力学性能。分析其原因可以归结为以下几个方面:首先,XRD 数据分析表明添加 NbF_5 有助于细化合金及氢化物晶粒,而且合金材料经过吸/放氢循环后形成的 Nb 氢化物的衍射峰较宽说明其晶粒更加细化,这对于降低体系热稳定性是有利的;其次,经过球磨处理合金内部 NbF_5 部分转变为 NbF_4,这样的价态的变化对 Mg—H 键起到削弱作用进而改善其放氢性能;最后,文献报道 Nb—F 能带结构具有较大的电子离域性,其有助于 $H^{\delta-}$—$Nb^{\delta+}$ 中间氢化物能带结构的形成,这有助于削弱合金表面 Mg—H 能带的稳定性进而改善合金的放氢性能。针对 PCT 曲线第二平台区的分析表明,第二吸氢平台随着 NbF_5 含量的增加出现小幅度降低,说明 Mg_2Ni 的氢化过程更加容易;一定量的 NbF_5 可以引起第二放氢平台的提升。可见 NbF_5 的添加有利于 Mg_2NiH_4-Mg_2Ni 体系吸/放氢过程的进行,其吸/放氢过程必然引起晶格的膨胀和收缩从而导致晶格内部应力的增加,这对于降低体系氢化物的热稳定性是有利的,这也是促使合金内部 MgH_2-Mg 放氢性能改进的又一内在驱动力。

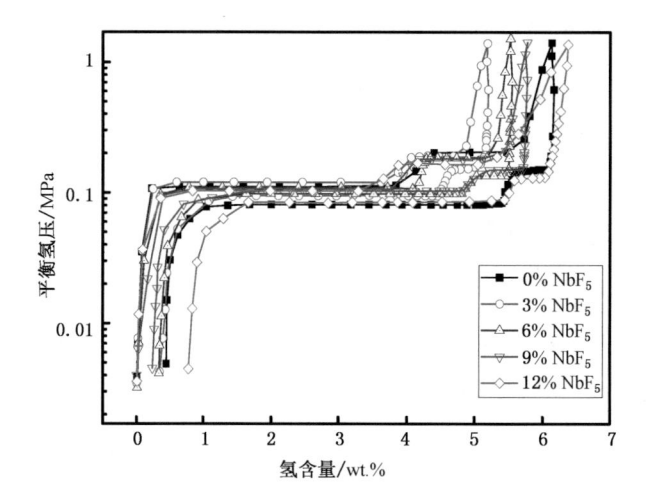

图 6-21　球磨 $CeMg_{12}+20\ wt.\%Ni+y\ wt.\%NbF_5$（$y=0、3、6、9、12$）储氢材料吸/放氢 PCT 曲线

为了进一步从热力学角度定量分析添加 NbF_5 对球磨 $CeMg_{12}/Ni$ 合金吸/放氢性能影响。如图 6-22 给出分别添加 0 wt.%、3 wt.%、6 wt.%、9 wt.% 以及 12 wt.% NbF_5 的球磨 $CeMg_{12}/Ni$ 合金样品分别在 573K、598K、623K 下的吸/放氢 PCT 曲线。可以看出，对于每一个样品来说，随着温度的增加 PCT 曲线的吸/放氢平台压增加，这符合正常的实验规律。因为温度越高体系的稳定性越差，合金吸氢形成氢化物过程越困难，氢化物越不稳定，对应的吸/放氢平台压越高。由不同温度下 PCT 曲线吸/放氢平台压的数值再结合范特霍夫方程便可作出 $\ln P_{eq}$ 与 $1/T$ 的关系曲线。根据曲线的斜率和截距可以计算合金材料在吸/放氢过程中的焓值和熵值，焓值的大小可以定量反映出添加 NbF_5 对合金材料氢化物体系热稳定性的影响，熵值进一步说明合金氢化物体系混乱程度，说明体系热稳定的变化。

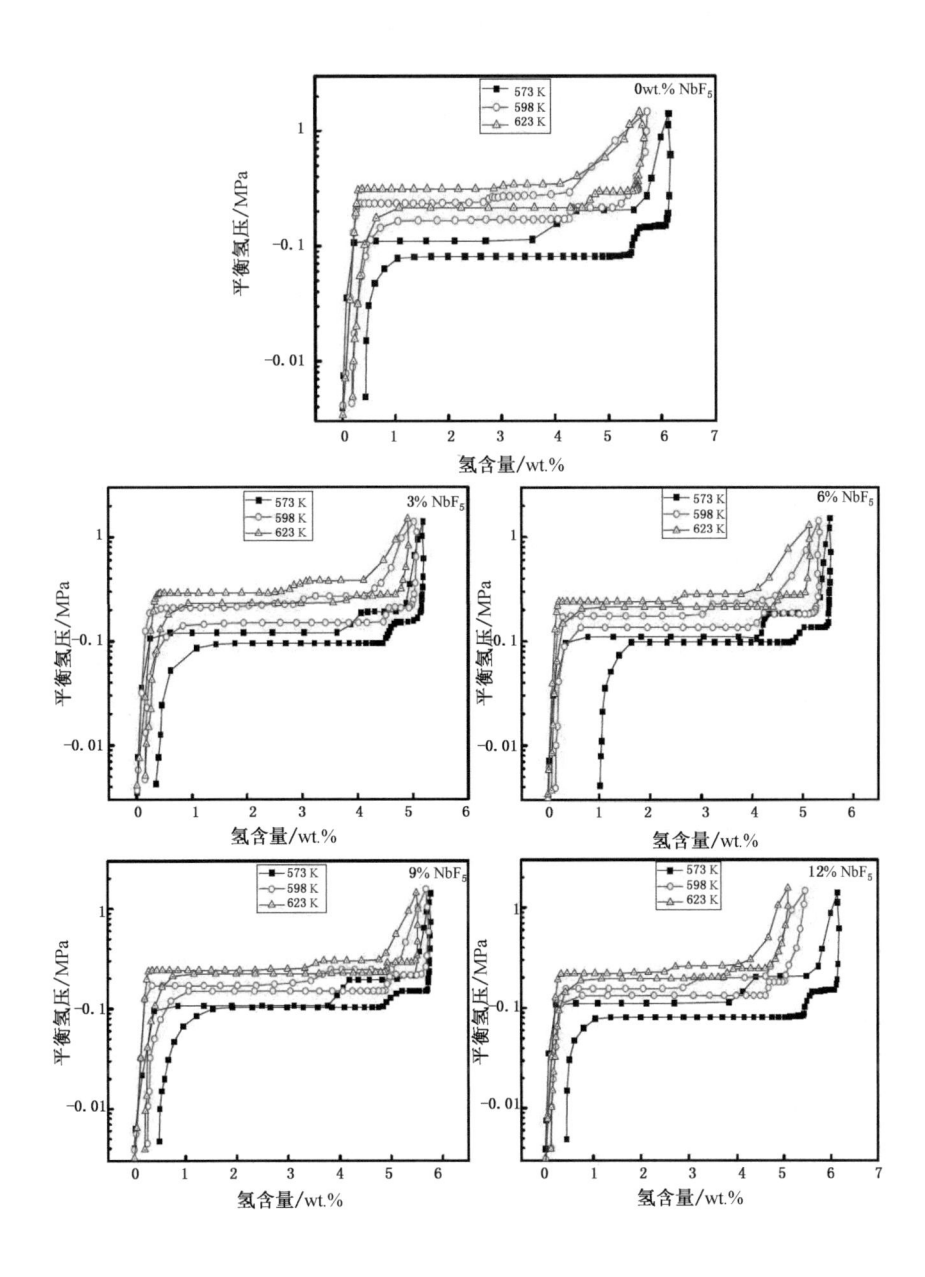

图 6-22 球磨 $CeMg_{12}+20$ wt.%Ni $+y$ wt.%NbF_5（$y=0、3、6、9、12$）储氢材料在不同温度下的吸/放氢 PCT 曲线

表 6-4 给出了焓值定量计算的结果,可以看出随着 NbF_5 添加量的增加,对应于 Mg-MgH_2 体系的氢化过程的焓值先降低后增加,其中添加 12 wt.% NbF_5 的合金具有最大的焓值绝对值,表明其氢化过程最容易,相应的吸氢平台压也最低,这与上述定性分析的结果相一致;对应于 Mg-MgH_2 体系的放氢过程,焓值绝对值随着 NbF_5 的增加先减小后增加,当其含量超过 9 wt.%时球磨 $CeMg_{12}$/Ni 合金氢化物体系的释氢过程焓值绝对值反而增大,这说明球磨 $CeMg_{12}$/Ni 合金过程中添加一定量的 NbF_5 有助于减小合金氢化物释氢过程的焓值,这对于降低氢化物的热稳定、提升放氢平台压、改善合金的放氢性能是有利的。表 6-4 中关于 Mg-MgH_2 体系吸/放氢过程的焓值变化趋势进一步证明了图 6-22 中关于 PCT 曲线定性分析的结果。除此之外,表 6-4 中关于 Mg_2NiH_4-Mg_2Ni 体系吸/放氢过程的焓值分析表明添加 NbF_5 可以在一定程度上改善该体系的吸氢热力学性能,促使其吸氢过程的进行;对于该体系放氢过程的分析表明,NbF_5 的添加量控制在 9 wt.%以内可以降低 Mg_2NiH_4-Mg_2Ni 放氢过程焓值绝对值。显然,添加 NbF_5 对于改善 Mg_2NiH_4-Mg_2Ni 体系的吸/放氢热力学性能是有利的,正如前面讨论所述为 Mg-MgH_2 体系吸/放氢性能的改善提供间接推动作用。

表 6-4 球磨 $CeMg_{12}$/Ni/NbF_5 合金吸/放氢热力学参数

NbF_5 含量	吸氢过程		放氢过程	
	$Mg \rightarrow MgH_2$ ΔH/(kJ/mol)	$Mg_2Ni \rightarrow Mg_2NiH_4$ ΔH/(kJ/mol)	$MgH_2 \rightarrow Mg$ ΔH/(kJ/mol)	$Mg_2NiH_4 \rightarrow Mg_2Ni$ ΔH/(kJ/mol)
0 wt.%	53.72	37.20	73.62	44.92
3 wt.%	52.59	39.21	57.11	40.96
6 wt.%	54.72	40.66	55.86	43.53
9 wt.%	55.20	40.87	55.62	42.59
12 wt.%	56.44	43.01	66.55	51.15

6.3.3 合金材料气态吸/放氢动力学性能

如图 6-23 所示为球磨 10 h 条件下 $CeMg_{12}$/Ni/NbF_5 合金材料的吸氢动力

学曲线。数据曲线分析表明:随着 NbF_5 添加量的增加,合金的吸氢动力学性能先减弱后增强,当添加量超过 3 wt.%时合金的吸氢动力学性能得到显著改善。分析原因可以归纳为以下几点:首先,合金在吸/放氢过程中原位形成 $CeH_{2.51}$ 及 NbH_2 分散在合金颗粒及表面,在合金氢化过程中发挥有效的催化作用;其次,合金吸/放氢 X 射线衍射数据表明其经历吸/放氢过程会原位形成 Mg_2NiH_4 和 Mg_2Ni,其为合金整体吸/放氢动力学性能的改善提供内在动力。此外,数据分析进一步显示 NbF_5 的添加使得合金的吸氢量出现降低的现象,其原因可能归因于以下几点:一是由于球磨工艺及催化剂的使用在细化合金颗粒的同时也在一定程度上促使合金内部形成一定数量的非晶相,这不可避免地引起晶界数量的减少进而导致吸氢量下降;球磨过程中 $CeMg_{12}$ 与 NbF_5 相互作用形成 MgF_2 相,降低了有效吸氢元素 Mg 的相对含量,这成为合金吸氢量降低的原因之一。

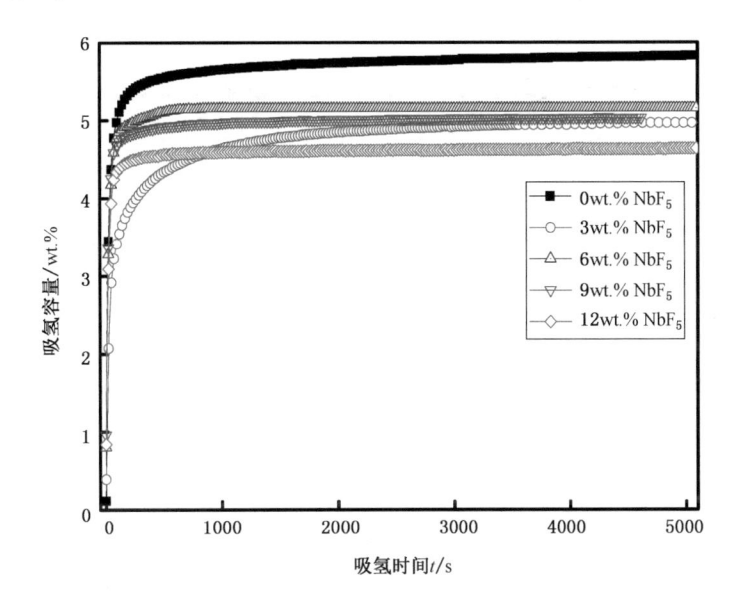

图 6-23 球磨 $CeMg_{12}$ + 20 wt.% Ni + y wt.% NbF5($y=0、3、6、9、12$) 储氢材料吸氢动力学曲线

如图 6-24 所示为球磨 10 h 条件下 $CeMg_{12}/Ni/NbF_5$ 合金材料在 598 K 放氢动力学曲线。数据定性分析表明:随着 NbF_5 的添加量的增加球磨 $CeMg_{12}/Ni$ 合金的放氢动力学性能先增强后减弱,添加 6 wt.% NbF_5 时合金具有最佳的放氢动力学性能。分析其原因可以归纳为以下几点:合金材料 X 射线各相衍射分析表明 NbF$_5$ 的添加有助于细化合金晶粒,这可以增加氢在合金内部扩散通道、缩短氢扩散距离;合金经过吸/放氢活化后合金内部形成 CeH$_{2.51}$ 及 TiH$_2$ 氢化物相,为解析后的氢原子由晶内向晶界再经由晶界扩散提供催化加速的作用;合金吸氢后的 X 射线数据表明其氢化物相中包含有 NbH$_2$,这在一定程度上削弱了 Mg—H 的键合强度,因为 Nd—H 的键长较短 Mg—H 键长较长致使 Nb 对氢具有更强的吸引力,间接拉伸 Mg—H 键长达到削弱其氢化物稳定性改善放氢动力学的目的。除此之外,放氢动力学数据显示当 NbF$_5$ 添加量超过 6 wt.%时其动力学性能反而出现弱化的现象,其原因可以作如下理解:随着 NbF$_5$ 添加量的增加合金内部形成的 MgF$_2$ 相含量必然增加,结合文献调研认为这更有利于 Mg(H$_x$F$_{1-x}$)$_2$ 固溶相的形成,此相在一定程度上抑制了氢在合金内部的扩散;合金吸氢后的 X 射线衍射数据表明当 NbF$_5$ 添加量超过 9 wt.%时合金氢化物的晶粒反而变大,这对于降低合金氢化物热稳定性及改善放氢动力学性能是不利的。

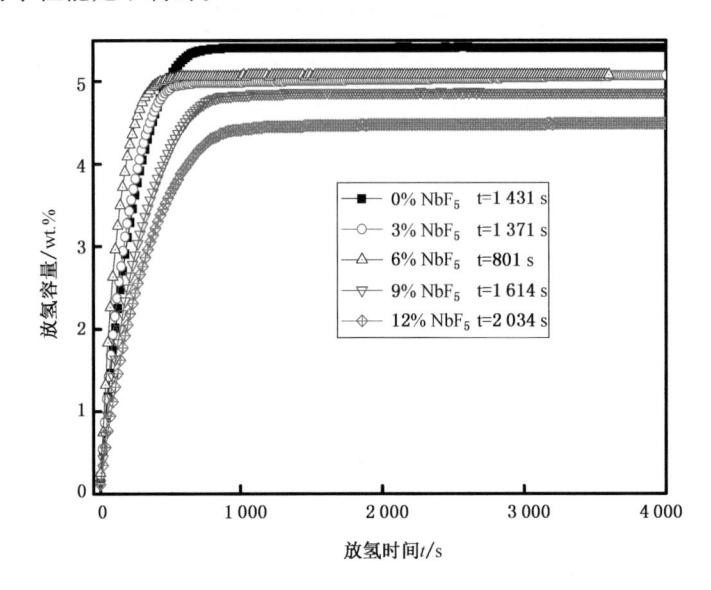

图 6-24 球磨 CeMg$_{12}$+20 wt.% Ni+y wt.% NbF$_5$(y=0、3、6、9、12) 储氢材料放氢动力学曲线

为了进一步从动力学角度运用活化能定量分析添加 NbF_5 对球磨 $CeMg_{12}/Ni$ 合金放氢动力学性能的影响。图 6-25 给出球磨 $CeMg_{12}/Ni/NbF_5$ 合金在 573 K、598 K、623 K 温度下的放氢动力学曲线。通过计算反应分数并结合 JMA 关系绘制 $\ln[-\ln(1-\alpha)]$-$\ln t$ 关系曲线(如图 6-25 中左图所示)。由该曲线的斜率便可计算反应速率常数 $\ln k$ 值。最后对 Arrhenius 关系 $k = A\exp(-E_{a(de)}/RT)$ 等式两边取对数后结合不同温度下由 $\ln[-\ln(1-\alpha)]$-$\ln t$ 关系曲线计算的 $\ln k$ 便可作出 $\ln k$ -$1/T$ 的关系曲线(如图 6-25 右图所示)。由曲线斜率的大小便可定量计算球磨 $CeMg_{12}/Ni/NbF_5$ 合金氢化物的放氢活化能。显然,随着 NbF_5 添加量的增加合金氢化后的放氢活化能先减小后增加,表明添加一定量的 NbF_5 可以降低合金氢化后的放氢活化能进而改善放氢动力学性能,其中 $CeMg_{12}/Ni + 6$ wt.% NbF_5 合金材料放氢活化能最小,这与上述定性分析的结果一致。

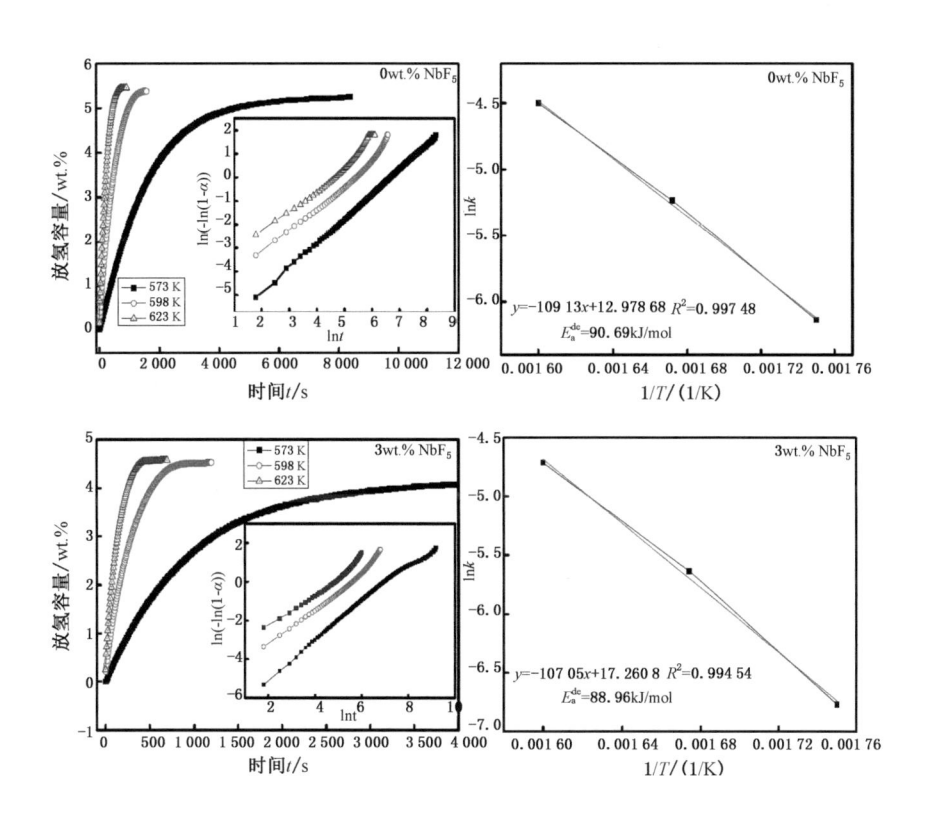

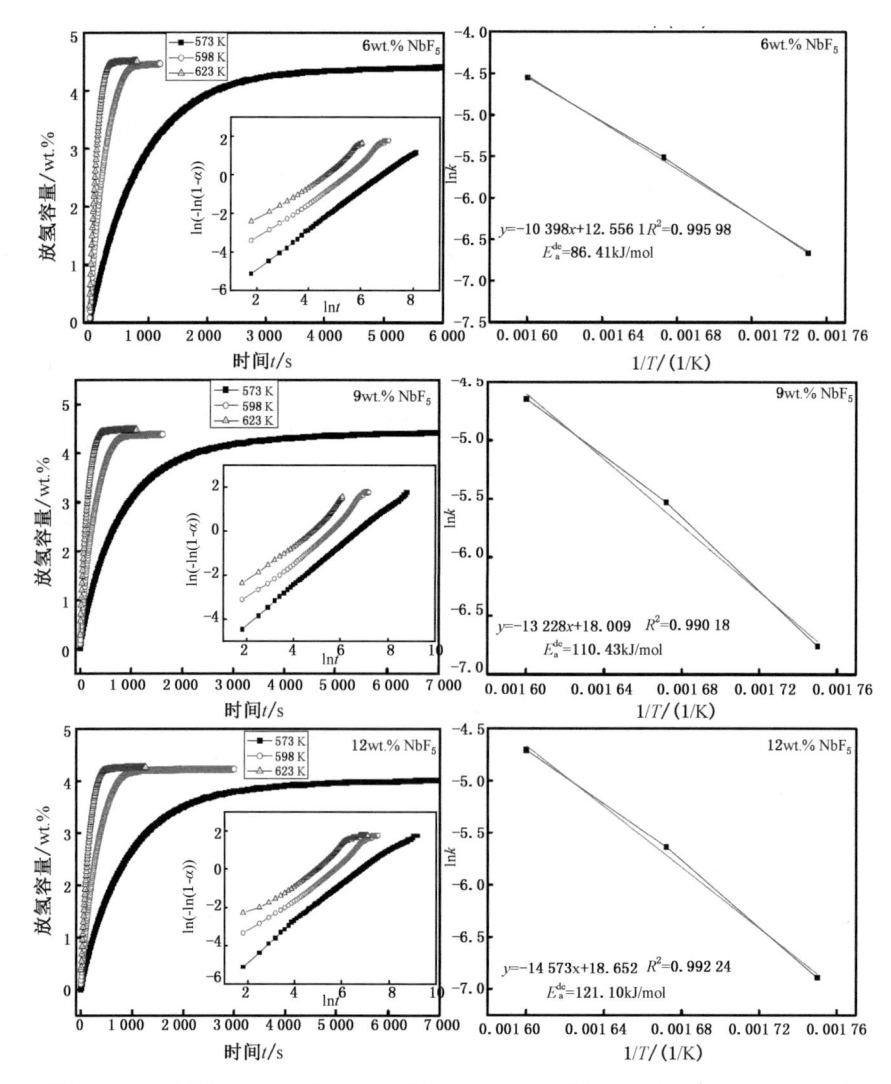

图 6-25　球磨 $CeMg_{12}+20$ wt.%Ni $+y$ wt.%NbF_5（$y=0$、3、6、9、12）
储氢材料 $\ln(-\ln(1-\alpha))$-$\ln t$ 关系曲线及动力学参数

6.4　小结

在球磨 $CeMg_{12}$ 合金过程中添加可以促使合金内部形成非晶纳米晶结构。加 Ni 球磨合金经历吸/放氢循环后会在合金内部原位形成稀土氢化物 $CeH_{2.51}$ 以及 Mg_2NiH_4，为改善合金的吸/放氢性能提供催化作用。在球磨 $CeMg_{12}$/Ni 合金过程中添加 TiF_4 和 NbF_5 在增强合金内部非晶纳米晶形成能力的同时可以促使合金内部形成少量的 MgF_2 和 TiH_x 化合物,这在改善合金吸/放氢动力学及降低合金氢化物热稳定性方面发挥关键作用。

在球磨 $CeMg_{12}$ 过程中添加一定量的 Ni 可以降低合金吸氢过程的焓值,提高合金放氢过程的平台压,这有助于改善合金的吸/放氢热力学性能。合金吸/放氢过程中 Mg_2Ni 和 Mg_2NiH_4 相互转化,两者吸/放氢过程必然引起合金晶格的膨胀和收缩,使合金内部形成内应力,其在一定程度上降低了 MgH_2 和 Mg 体系的稳定性。球磨 $CeMg_{12}$/Ni 合金过程中添加一定量的 TiF_4 和 NbF_5 可以降低合金吸氢平台压。而球磨合金的放氢平台压随着 TiF_4 和 NbF_5 的添加逐渐升高,说明添加这两种过渡金属氟化物有利于降低合金氢化物热稳定性改善放氢性能。

在球磨 $CeMg_{12}$ 过程中添加一定量的 Ni 可以显著改善合金的吸/放氢动力学性能,这与合金内部形成大量的纳米晶结构有关,其可以缩短氢扩散的通道,增加氢扩散的途径。除此之外,在合金吸/放氢过程中原位形成的 $CeH_{2.51}$、Mg_2NiH_4 以及 Mg_2Ni,在合金吸氢解离、放氢脱附以及氢在合金内部的扩散传递过程中提供了催化加速作用从而改善合金吸/放氢动力学性能。球磨 $CeMg_{12}$/Ni 合金过程中添加一定量的 TiF_4 和 NbF_5 可以有效改进合金的吸/放氢动力学性能。分别添加 6 wt.％TiF_4 和 6 wt.％ NbF_5 的球磨合金具有最佳的放氢动力学性能,其释氢活化能最小、特征时间最短。

参考文献

[1] Guo L T, Cai Y Y, Ge J M, et al. Multifunctional Au-Co@CN Nanocatalyst for Highly Efficient Hydrolysis of Ammonia Borane[J]. ACS Catalysis, 2015, 5(2): 388-92.

[2] Wan L, Chen J, Tan Y, et al. Ammonia Borane Destabilized by Aluminium Hydride: a Mutual Enhancement for Hydrogen Release[J]. International Journal of Hydrogen Energy, 2015, 40(2): 1047-1053.

[3] Jiang H-L, Xu Q. Catalytic Hydrolysis of Ammonia Borane For Chemical Hydrogen Storage[J]. Catalysis Today, 2011, 170(1): 56-63.

[4] 贾同国, 王银山, 李志伟. 氢能源发展研究现状[J]. 节能技术, 2011, 29(3): 264-267.

[5] Wen M, Sun B, Zhou B, et al. Controllable Assembly of Ag/C/Ni Magnetic Nanocables and its Low Activation Energy Dehydrogenation Catalysis[J]. Journal of Materials Chemistry, 2012, 22(24): 11988-11993.

[6] Hu C, Xiao Y, Zhao Y, et al. Highly Nitrogen-Doped Carbon Capsules: Scalable Preparation and High-Performance Applications in Fuel Cells and Lithium Ion Batteries[J]. Nanoscale, 2013, 5(7): 2726-2733.

[7] Hoang V V, Ganguli D. Amorphous Nanoparticles-Experiments and Computer Simulations[J]. Physics Reports, 2012, 518(3): 81-140.

[8] Khetkorn W, Rastogi R P, Incharoensakdi A, et al. Microalgal Hydrogen Production: a Review [J]. Bioresource Technology, 2017(243): 1194-1206.

[9] Wakisaka M, Mitsui S, Hirose Y, et al. Electronic Structures of Pt-Co and Pt₁Ru Alloys for co-Tolerant Anode Catalysts in Polymer Electrolyte Fuel Cells Studied by EC₁XPS[J]. The Journal of Physical Chemistry B, 2006, 110(46): 23489-23496.

[10] Clik D, Yildiz M. Investigation of Hydrogen Production Methods in Accordance with Green Chemistry Principles[J]. International Journal of Hydrogen Energy, 2017, 42(36): 23395-23401.

[11] Fujishima A, Rao T N, Tryk D A. TiO_2 Photocatalysts and Diamond Electrodes[J]. Electrochimica Acta, 2000, 45(28): 4683-4690.

[12] Badea G, Naghiu G S, Giurca I, et al. Hydrogen Production Using Solar Energy-Technical Analysis [J]. Energy Procedia, 2017, 112 (2): 418-425.

[13] Wei T Y, Lim K L, Tseng Y S, et al. A Review on the Characterization of Hydrogen in Hydrogen Storage Materials[J]. Renewable and Sustainable Energy Reviews, 2017, 79(1): 1122-1133.

[14] Pang Y, Li Q. A Review on Kinetic Models and Corresponding Analysis Methods for Hydrogen Storage Materials[J]. International Journal of Hydrogen Energy, 2016, 41(40): 18072-18087.

[15] Sadhasivam T, Kim H T, Jung S, et al. Dimensional Effects of Nanostructured Mg/MgH_2 for Hydrogen Storage Applications: a Review[J]. Renewable and Sustainable Energy Reviews, 2017, 72(1): 523-534.

[16] Eom K, Cho E, Kwon H. Feasibility of on-board Hydrogen Production from Hydrolysis of Al-Fe Alloy for Pemfcs[J]. International Journal of Hydrogen Energy, 2011, 36(19): 12338-12342.

[17] Liu Y, Wang X, Dong Z, et al. Hydrogen Generation from the Hydrolysis of Mg Powder Ball-Milled with $AlCl_3$[J]. Energy, 2013, 53(1): 147-152.

[18] Ouyang L Z, Xu Y J, Dong H W, et al. Production of Hydrogen via Hydrolysis of Hydrides in Mg-La System[J]. International Journal of Hydrogen Energy, 2009, 34(24): 9671-9676.

[19] Si T Z, Han L, Li Y T, et al. Achieving Highly Efficient Hydrogen Generation and Uniform Ag Nanoparticle Preparation via Hydrolysis of Mg_9Ag Alloy Milled under Hydrogen Gas[J]. International Journal of Hydrogen Energy, 2014, 39(23): 11867-11872.

[20] Wang S, Sun L X, Xu F, et al. Hydrolysis Reaction of Ball-Milled Mg-Metal Chlorides Composite for Hydrogen Generation for Fuel Cells[J]. International Journal of Hydrogen Energy, 2012, 37(8): 6771-6775.

[21] Zou H, Chen S, Zhao Z, et al. Hydrogen Production by Hydrolysis of Aluminum[J]. Journal of Alloys and Compounds, 2013, 578(1): 380-384.

[22] Turova N Y, Karpovskaya M I, Novoselova A V, et al. Hydrolysis and Alcoholysis of Alkali Metal Aluminium Hydrides[J]. Inorganica Chimica Acta, 1977, 21(1): 157-161.

[23] Fan M Q, Xu F, Sun L X, et al. Hydrolysis of Ball Milling Al-Bi-Hydride and Al-Bi-Salt Mixture for Hydrogen Generation[J]. Journal of Alloys and Compounds, 2008, 60(1): 125-129.

[24] Haertling C, Hanrahan R J, Smith R. A Literature Review of Reactions and Kinetics of Lithium Hydride Hydrolysis[J]. Journal of Nuclear Materials, 2006, 349(1): 195-233.

[25] Huang M, Ouyang L, Wang H, et al. Hydrogen Generation by Hydrolysis of MgH_2 and Enhanced Kinetics Performance of Ammonium Chloride Introducing[J]. International Journal of Hydrogen Energy, 2015, 40(18): 6145-6150.

[26] Xiao Y, Wu C, Wu H, et al. Hydrogen Generation by CaH_2-Induced Hydrolysis of $Mg_{17}Al_{12}$ Hydride[J]. International Journal of Hydrogen Energy, 2011, 36(24): 15698-15703.

[27] Chen W, Ouyang L Z, Liu J W, et al. Hydrolysis and Regeneration of Sodium Borohydride ($NaBH_4$)-a Combination of Hydrogen Production and Storage[J]. Journal of Power Sources, 2017, 359(1): 400-407.

[28] Fan M Q, Wang Y, Tang R, et al. Hydrogen Generation from Al/$NaBH_4$ Hydrolysis Promoted by Co Nanoparticles and $NaAlO_2$ Solution[J]. Renewable Energy, 2013, 60(1): 637-642.

[29] Ma M, Ouyang L, Liu J, et al. Air-Stable Hydrogen Generation Materials and Enhanced Hydrolysis Performance of MgH_2-$LiNH_2$ Composites

[J]. Journal of Power Sources, 2017, 359(1): 427-434.

[30] Chou C C, Lee D J, Chen B H. Hydrogen Production from Hydrolysis of Ammonia Borane with Limited Water Supply[J]. International Journal of Hydrogen Energy, 2012, 37(20): 15681-15690.

[31] Mao Y, Chen J, Wang H, et al. Catalyst Screening: Refinement of the Origin of the Volcano Curve and its Implication in Heterogeneous Catalysis[J]. Chinese Journal of Catalysis, 2015, 36(9): 1596-1605.

[32] Dixon D A, Gutowski M. Thermodynamic Properties of Molecular Borane Amines and the [BH^{4-}][NH^{4+}] Salt for Chemical Hydrogen Storage Systems from ABinitio Electronic Structure Theory[J]. The Journal of Physical Chemistry A, 2005, 109(23): 5129-5135.

[33] Geanangel R A, Wendlandt W W. A TG-DSC Study of the Thermal Dissociation of (NH_2BH_2)$_x$ [J]. Thermochimica Acta, 1985, 86(1): 375-378.

[34] Baumann J, Baitalow F, Wolf G. Thermal Decomposition of Polymeric Aminoborane (H_2BNH_2)$_x$ under Hydrogen Release[J]. Thermochimica Acta, 2005, 430(1): 9-14.

[35] Stowe A C, Shaw W J, Linehan J C, et al. In Situ Solid State ^{11}B MAS-NMR Studies of the Thermal Decomposition of Ammonia Borane: Mechanistic Studies of the Hydrogen Release Pathways from a Solid State Hydrogen Storage Material[J]. Physical Chemistry Chemical Physics, 2007, 9(15): 1831-1836.

[36] Jaska C A, Manners I. Heterogeneous or Homogeneous Catalysis Mechanistic Studies of the Rhodium-Catalyzed Dehydrocoupling of Amine-Borane and Phosphine-Borane Adducts[J]. Journal of the American Chemical Society, 2004, 126(31): 9776-9785.

[37] Bluhm M E, Bradley M G, Butterick R, et al. Amineborane-Based Chemical Hydrogen Storage: Enhanced Ammonia Borane Dehydrogenation in Ionic Liquids[J]. Journal of the American Chemical Society, 2006, 128(24): 7748-7749.

[38] Himmelberger D W, Alden L R, Bluhm M E, et al. Ammonia Borane Hydrogen Release in Ionic Liquids[J]. Inorganic Chemistry, 2009, 48(20): 9883-9889.

[39] Gutowska A, Li L, Shin Y, et al. Nanoscaffold Mediates Hydrogen Release and the Reactivity of Ammonia Borane[J]. Angewandte Chemie International Edition, 2005, 44(23): 3578-3582.

[40] Li Z, Zhu G, Lu G, et al. Ammonia Borane Confined by a Metal-Organic Framework for Chemical Hydrogen Storage: Enhancing Kinetics and E-liminating Ammonia[J]. Journal of the American Chemical Society, 2010, 132(5): 1490-1491.

[41] Diyabalanage H V K, Nakagawa T, Shrestha R P, et al. Potassium(I) Amidotrihydroborate: Structure and Hydrogen Release[J]. Journal of the American Chemical Society, 2010, 132(34): 11836-11837.

[42] Xiong Z, Yong C, Wu G, et al. High-Capacity Hydrogen Storage in Lithium and Sodium Amidoboranes[J]. Nature Materials, 2008, 7(2): 138-141.

[43] Yang J, Cheng F, Liang J, et al. Hydrogen Generation by Hydrolysis of Ammonia Borane with a Nanoporous Cobalt-Tungsten-Boron-Phosphorus Catalyst Supported on Ni Foam[J]. International Journal of Hydrogen Energy, 2011, 36(2): 1411-1417.

[44] Xu Q, Chandra M. Catalytic Activities of Non-Noble Metals for Hydrogen Generation from Aqueous Ammonia-Borane at Room Temperature[J]. Journal of Power Sources, 2006, 163(1): 364-370.

[45] Parsons R. The Rate of Electrolytic Hydrogen Evolution and the Heat of Adsorption of Hydrogen [J]. Transactions of the Faraday Society, 1958(54): 1603-1611.

[46] Yang X, Cheng F, Liang J, et al. $Pt_x Ni_{1-x}$ Nanoparticles as Catalysts for Hydrogen Generation from Hydrolysis of Ammonia Borane[J]. International Journal of Hydrogen Energy, 2009, 34(21): 8785-8791.

[47] Jaska C A, Temple K, Lough A J, et al. Transition Metal-Catalyzed

Formation of Boron-Nitrogen Bonds: Catalytic Dehydrocoupling of Amine-Borane Adducts to Form Aminoboranes and Borazines[J]. Journal of the American Chemical Society, 2003, 125(31): 9424-9434.

[48] Clark T J, Russell C A, Manners I. Homogeneous, Titanocene-Catalyzed Dehydrocoupling of Amine-Borane Adducts[J]. Journal of the American Chemical Society, 2006, 128(30): 9582-9583.

[49] Chandra M, Xu Q. A High-Performance Hydrogen Generation System: Transition Metal-Catalyzed Dissociation and Hydrolysis of Ammonia-Borane[J]. Journal of Power Sources, 2006, 156(2): 190-194.

[50] 赫格达斯. 催化剂设计-进展与展望[M]. 北京: 烃加工出版社, 1989: 135-190.

[51] 邓景发. 催化作用原理导论[M]. 长春: 吉林科学技术出版社, 1981: 231-255.

[52] Anderson J R. Structrue of Matallic Catalysts[M]. New York: Academic Press, 1975: 432-490.

[53] Mott N F, Jones H. The Theory of the Properties of Metals and Alloys[M]. London: Oxford University Press, 1936: 198-223.

[54] Gates B C, Katzer J R, Schuit G C A. Chemistry of Catalytic Processes[M]. New York: McGraw-Hill Book Company, 1979: 531-567.

[55] Chin Y H, Wang Y, Dagle R A, et al. Methanol Steam Reforming over Pd/ZnO: Catalyst Preparation and Pretreatment Studies[J]. Fuel Processing Technology, 2003, 83(1-3): 193-201.

[56] Li B, Kado S, Mukainakano Y, et al. Surface Modification of Ni Catalysts with Trace Pt for Oxidative Steam Reforming of Methane[J]. Journal of Catalysis, 2007, 245(1): 144-155.

[57] Zhang J, Chen C, Yan W, et al. Ni Nanoparticles Supported On CNTs with Excellent Activity Produced by Atomic Layer Deposition for Hydrogen Generation from the Hydrolysis of Ammonia Borane[J]. Catalysis Science & Technology, 2016, 6(7): 2112-2119.

[58] Umegaki T, Takei C, Xu Q, et al. Fabrication of Hollow Metal Oxide-

Nickel Composite Spheres and Their Catalytic Activity for Hydrolytic Dehydrogenation of Ammonia Borane[J]. International Journal of Hydrogen Energy, 2013, 38(3): 1397-1404.

[59] Umegaki T, Seki A, Xu Q, et al. Influence of Preparation Conditions of Hollow Silica-Nickel Composite Spheres on Their Catalytic Activity for Hydrolytic Dehydrogenation of Ammonia Borane[J]. Journal of Alloys and Compounds, 2014, 588(1): 615-621.

[60] Umegaki T, Xu Q, Kojima Y. In Situ Synthesized Spherical Nickel-Silica Composite Particles for Hydrolytic Dehydrogenation of Ammonia Borane[J]. Journal of Alloys and Compounds, 2013, 580(1): S313-S316.

[61] Umegaki T, Ohashi T, Xu Q, et al. Influence of Preparation Conditions of Hollow Titania-Nickel Composite Spheres on their Catalytic Activity for Hydrolytic Dehydrogenation of Ammonia Borane[J]. Materials Research Bulletin, 2014, 52(1): 117-121.

[62] Karim A, Conant T, Datye A. The Role of PdZn Alloy Formation and Particle Size on the Selectivity for Steam Reforming of Methanol[J]. Journal of Catalysis, 2006, 243(2): 420-427.

[63] Regalboto J R. Catalyst Prepareration: Science and Engineering[M]. Boca Raton: CRC Press, 2007: 593-624.

[64] Yang Y, Zhang F, Wang H, et al. Catalytic Hydrolysis of Ammonia Borane by Cobalt Nickel Nanoparticles Supported on Reduced Graphene Oxide for Hydrogen Generation[J]. Journal of Nanomaterials, 2014, 2014(1): 9-15.

[65] Meng X, Li S, Xia B, et al. Decoration of Graphene with Tetrametallic Cu@FeCoNi Core-Shell Nanoparticles for Catalytic Hydrolysis of Amine Boranes[J]. RSC Advances, 2014, 4(62): 32817-32825.

[66] Halevi B, Peterson E J, DeLaRiva A, et al. Aerosol-Derived Bimetallic Alloy Powders: Bridging the Gap[J]. The Journal of Physical Chemistry C, 2010, 114(40): 17181-17190.

[67] Conley B L, Guess D, Williams T J. A Robust, Air-Stable, Reusable

Ruthenium Catalyst for Dehydrogenation of Ammonia Borane[J]. Journal of the American Chemical Society, 2011, 133(36): 14212-14215.

[68] Ke Dandan, Li Yuan, Wang Jin, Zhang Lu, Wang Jidong, Zhao Xin, Han Shumin. Hydrolytic Dehydrogenation of Ammonia Borane Catalyzed by Poly(Amidoamine) Dendrimers—Modified Reduced Graphene Oxide Nanosheets Supported Ag0.3Co0.7 Nanoparticles[J]. Journal of Materials Science & Technology, 2018, 34 (12): 2350-2358.

[69] Cao C Y, Chen C Q, Li W, et al. Nanoporous Nickel Spheres as Highly Active Catalyst for Hydrogen Generation from Ammonia Borane[J]. ChemSusChem, 2010, 3(11): 1241-1244.

[70] Simagina V I, Komova O V, Ozerova A M, et al. Cobalt Oxide Catalyst for Hydrolysis of Sodium Borohydride and Ammonia Borane[J]. Applied Catalysis A: General, 2011, 394(1-2): 86-92.

[71] Bulut A, Yurderi M, Ertas I E, et al. Carbon Dispersed Copper-Cobalt Alloy Nanoparticles: a Cost-Effective Heterogeneous Catalyst with Exceptional Performance in the Hydrolytic Dehydrogenation of Ammonia-Borane [J]. Applied Catalysis B: Environmental, 2016, 180 (1): 121-129.

[72] Patel N, Fernandes R, Gupta S, et al. Co-B Catalyst Supported over Mesoporous Silica for Hydrogen Production by Catalytic Hydrolysis of Ammonia Borane: a Study on Influence of Pore Structure[J]. Applied Catalysis B: Environmental, 2013, 140-141(1): 125-132.

[73] Umegaki T, Yan J M, Zhang X B, et al. Boron-and Nitrogen-based Chemical Hydrogen Storage Materials[J]. International Journal of Hydrogen Energy, 2009, 34(5): 2303-2311.

[74] Zhao Xin, Ke Dandan, Han Shumin, Li Yuan, Zhang Hongming, Cai Ying; Reduced Graphene Oxide Sheets Supported Waxberry—like Co Catalysts for Improved Hydrolytic Dehydrogenation of Ammonia Borane [J]. ChemistrySelect 2019, 4 (9), 2513-2518.

[75] Fernandes R, Patel N, Paris A, et al. Improved H_2 Production Rate by

Hydrolysis of Ammonia Borane using Quaternary Alloy Catalysts[J]. International Journal of Hydrogen Energy, 2013, 38(8): 3313-3322.

[76] Wang S, Zhang D, Ma Y, et al. Aqueous Solution Synthesis of Pt-M (M = Fe, Co, Ni) Bimetallic Nanoparticles and Their Catalysis for the Hydrolytic Dehydrogenation of Ammonia Borane[J]. ACS Applied Materials & Interfaces, 2014, 6(15): 12429-12435.

[77] Metin O, Mazumder V, Ozkar S, et al. Monodisperse Nickel Nanoparticles and their Catalysis in Hydrolytic Dehydrogenation of Ammonia Borane[J]. Journal of the American Chemical Society, 2010, 132(5): 1468-1469.

[78] Singh A K, Xu Q. Synergistic Catalysis over Bimetallic Alloy Nanoparticles[J]. ChemCatChem, 2013, 5(3): 652-676.

[79] Zhao Xin, Ke Dandan, Han Shumin, Li Yuan, Zhang Hongming, Cai Ying. Surfactant PVA-Stabilized Co−Mo Nanocatalyst Supported by Graphene Oxide Sheets Toward the Hydrolytic Dehydrogenation of Ammonia Borane[J]. NANO, 2019, 14, 1950137-1-10.

[80] Yao Q, Lu Z H, Zhang Z, et al. One-pot Synthesis of Core-Shell Cu@SiO_2 Nanospheres and their Catalysis for Hydrolytic Dehydrogenation of Ammonia Borane and Hydrazine Borane[J]. Scientific Reports, 2014, 4(1): 549-552.

[81] Cheng F, Ma H, Li Y, et al. $Ni_{1-x}Pt_x$ (x=0-0.12) Hollow Spheres as Catalysts for Hydrogen Generation from Ammonia Borane[J]. Inorganic Chemistry, 2007, 46(3): 788-794.

[82] Yang W, Ma X, Xu X, et al. Sulfur-Doped Porous Carbon as Metal-Free Counter Electrode for High-Efficiency Dye-Sensitized Solar Cells[J]. Journal of Power Sources, 2015(282): 228-234.

[83] Zhou D, Cui Y, Xiao P W, et al. A General and Scalable Synthesis Approach to Porous Graphene[J]. Nature Communications, 2014, 5(1): 4716-4722.

[84] Yan J, Liao J, Li H, et al. Magnetic Field Induced Synthesis of Amor-

phous CoB Alloy Nanowires as a Highly Active Catalyst for Hydrogen Generation from Ammonia Borane[J]. Catalysis Communications, 2016, 84(1): 124-128.

[85] Jiang H L, Akita T, Xu Q. A One-Pot Protocol for Synthesis of Non-Noble Metal-Based Core-Shell Nanoparticles under Ambient Conditions: toward Highly Active and Cost-Effective Catalysts for Hydrolytic Dehydrogenation of NH_3BH_3[J]. Chemical communications (Cambridge, England), 2011, 47(39): 10999-11001.

[86] F T, ME G, Y Z, et al. Reaction-Driven Restructuring of Rh-Pd and Pt-Pd Core-Shell Nanoparticles[J]. Science, 2008, 322(5903): 932-934.

[87] Alayoglu S, Nilekar A U, Mavrikakis M, et al. Ru-Pt core-Shell Nanoparticles for Preferential Oxidation of Carbon Monoxide in Hydrogen[J]. Nature Matererials, 2008, 7(4): 333-338.

[88] Wei W, Wang Z, Xu J, et al. Cobalt Hollow Nanospheres: Controlled Synthesis, Modification and Highly Catalytic Performance for Hydrolysis of Ammonia Borane[J]. Science Bulletin, 2017, 62(5): 326-331.

[89] Wang L, Zhu L P, Bing N C, et al. Facile Green Synthesis of Pd/N-Doped Carbon Nanotubes Catalysts and their Application in Heck Reaction and Oxidation of Benzyl Alcohol[J]. Journal of Physics and Chemistry of Solids, 2017, 107(1): 125-130.

[90] Fujii T, Kiribayashi H, Saida T, et al. Low Temperature Growth of Single-Walled Carbon Nanotubes from Ru Catalysts by Alcohol Catalytic Chemical Vapor Deposition[J]. Diamond and Related Materials, 2017, 77(1): 97-101.

[91] Ke Dandan, Li Yuan, Wang Jin, Zhang Lu, Wang Jidong, Zhao Xin, Han Shumin. Fabrication of Pt－Co NPs Supported on Nanoporous Graphene as High－Efficient Catalyst for Hydrolytic Dehydrogenation of Ammonia Borane[J]. International Journal of Hydrogen Energy, 2017 (42): 26617-26625.

[92] Li X, Li P, Pan X, et al. Deactivation Mechanism and Regeneration of

Carbon Nanocomposite Catalyst for Acetylene Hydrochlorination[J]. Applied Catalysis B: Environmental, 2017(210): 116-120.

[93] Zhou X, Chen Z, Yan D, et al. Deposition of Fe-Ni Nanoparticles on Polyethyleneimine-Decorated Graphene Oxide and Application in Catalytic Dehydrogenation of Ammonia Borane[J]. Journal of Materials Chemistry, 2012, 22(27): 13506-13516.

[94] Yan J M, Zhang X B, Han S, et al. Magnetically Recyclable Fe-Ni Alloy Catalyzed Dehydrogenation of Ammonia Borane in Aqueous Solution Uunder Ambient Atmosphere[J]. Journal of Power Sources, 2009, 194(1): 478-481.

[95] Demirci U B, Miele P. Cobalt-Based Catalysts for the Hydrolysis of $NaBH_4$ and NH_3BH_3[J]. Physical Chemistry Chemical Physics, 2014, 16(15): 6872-6885.

[96] Liu J, Zhang A, Liu M, et al. Fe-MOF-Derived Highly Active Catalysts for Carbon Dioxide Hydrogenation to Valuable Hydrocarbons[J]. Journal of CO_2 Utilization, 2017, 21(1): 100-107.

[97] Ping D, Dong X, Zang Y, et al. Highly Efficient MOF-Templated Ni Catalyst towards CO Selective Methanation in Hydrogen-Rich Reformate Gases[J]. International Journal of Hydrogen Energy, 2017, 42(23): 15551-15556.

[98] Zhao Y, Liang Y, Zhao X, et al. CuO-CoO-MnO/SiO_2 Nanocomposite Aerogels as Catalysts Carrier and Effect of Process Factors on the Synthesis of Diphenyl Carbonate[J]. Procedia Engineering, 2012, 27(1): 1454-1461.

[99] Agorreta E, Salvador M, Santamaria J, et al. Simultaneous Activation and Deactivation Phenomena in Isopropyl Alcohol Dehydrogenation on a Cu/SiO_2 Catalyst[J]. Studies in Surface Science and Catalysis, 1991, 68(1): 391-398.

[100] Guo Q, Ren L. Hydrodechlorination of Trichloroethylene over MoP/γ-Al_2O_3 Catalyst with High Surface Area[J]. Catalysis Today, 2016, 264

(1): 158-162.

[101] Dimas-Rivera G L, Rivera De la Rosa J, Lucio-Ortiz C J, et al. Bimetallic Pd-Fe Supported on γ-Al_2O_3 Catalyst used in the Ring Opening of 2-Methylfuran to Selective Formation of Alcohols[J]. Applied Catalysis A: General, 2017, 543(1): 133-140.

[102] Zhang L, Cui S, Guo H, et al. The Poisoning Effect of Potassium Ions Doped on MnO_x/TiO_2 Catalysts for Low-Temperature Selective Catalytic Reduction[J]. Applied Surface Science, 2015, 355(1): 1116-1122.

[103] Zayadi R A, Bakar F A. Comparative Study on the Performance of Au/F-TiO_2 Photocatalyst Synthesized from Zamzam Water and Distilled Water under Blue Light Irradiation[J]. Journal of Photochemistry and Photobiology A: Chemistry, 2017, 346(1): 338-350.

[104] Xu S, Zhang L, Xiao K, et al. Isomerization of Glucose into Fructose by Environmentally Friendly Fe/β Zeolite Catalysts[J]. Carbohydrate Research, 2017, 446(1): 48-51.

[105] Graç a I, Iruretagoyena D, Chadwick D. Glucose Isomerisation into Fructose over Magnesium-Impregnated Nay Zeolite Catalysts[J]. Applied Catalysis B: Environmental, 2017, 206(1): 434-443.

[106] Wang Jin, Ke Dandan, Li Yuan, Zhang Hongmin, Wang Chunxiao, Zhao Xin, Yuan Yongjie, Han Shumin. Efficient Hydrolysis of Alkaline Sodium Borohydride Catalyzed by Cobalt Nanoparticles Supported on Three-Dimensional Graphene Oxide[J]. Materials Research Bulletin, 2017(95): 204-210.

[107] Huang Y, Huang H, Liu Y, et al. Facile Synthesis of Poly(Amidoamine)-Modified Carbon Nanospheres Supported Pt Nanoparticles for Direct Methanol Fuel Cells[J]. Journal of Power Sources, 2012, 201(1): 81-87.

[108] Pan M, Kong L, Liu B, et al. Production of Multi-Walled Carbon Nanotube/Poly(Aminoamide) Dendrimer Hybrid and its Application to Piezoelectric Immunosensing for Metolcarb[J]. Sensors and Actuators

B: Chemical, 2013, 188(1): 949-956.

[109] Yao Q, Lu ZH, Huang W, et al. High Pt-like Activity of the Ni-Mo/Graphene Catalyst for Hydrogen Evolution from Hydrolysis of Ammonia Borane[J]. Journal of Materials Chemistry A, 2016, 4(22): 8579-8583.

[110] Zhao Xin, Han Shumin, Zhu Xilin, Liu Baozhong, Liu Yanqing. Investigations on Hydrogen Storage Properties of Mg_2Ni+x wt.% $LaMg_2Ni$ ($x=0, 10, 20, 30$) Composites[J]. Journal of Solid State Chemistry, 2012(190): 68-72.

[111] 王艳辉, 吴迪镛, 迟建. 氢能及制氢的应用技术现状及发展趋势[J]. 化工进展, 2001, 20(1): 6-8.

[112] Ji Liqiang, Zhao Xin, Ke Dandan. Infuence of Annealing Time on Electrochemical Hydrogen Storage Properties of $La_{0.5}Nd_{0.05}Sm_{0.3}Mg_{0.15}Ni_{3.5}$ Alloys[J]. SN Applied Sciences, 2019(1): 27.

[113] Lu Z W, Sun S, Li G R, et al. Electrochemical Hydrogen Storage of Ball-milled Mg-rich Mg-Nd Alloy with Ni Powders[J]. Journal of Alloys and Compounds, 2007(433): 269-273.

[114] Zhao Xin, Han Shumin, Zhu Yi, Chen Xiaocui, Ke Dandan, Wang Zhibin, Liu Ting, Ma Yufei. Investigation on Hydrogenation Performance of Mg_2Ni+10 wt.% NbN Composite[J]. Journal of Solid State Chemistry, 2015(221): 441-444.

[115] Zhang Y H, Shang H W, Yuan Z M, et al. Hydrogen Storage Thermodynamic and Dynamic Properties of as-milled Ce-Mg-Ni-based $CeMg_{12}$-type Alloys[J]. International Journal of Hydrogen Energy, 2019(44): 19275-19284.

[116] Zhao Xin, Ke Dandan, Cai Ying, Hu Feng, Liu Jingjing, Zhang Lu, Han Shumin. A Novel Synthesis Method of La-Mg-Ni-based Superlatticeby $LaNi_5$ Absorbing Gas-state Mg[J]. ChemistrySelect, 2019, 4(9), 8165-8170.

[117] Ouyang L Z, Yao L, Yang X S, et al. The Effects of Co and Ni Addi-

tion on the Hydrogen Storage Properties of Mg_3Mm[J]. International Journal of Hydrogen Energy, 2010(35): 8275-8280.

[118] Gao X P, Lu Z W, Wang Y, et al. Electrochemical Hydrogen Storage of Nanocrystalline La_2Mg_{17} Alloy Ball-milled with Ni Powders[J]. Electrochem Solid-State Lett, 2004(7): A102-A104.

[119] Lu Z W, Sun S, Li G R, et al. Electrochemical Hydrogen Storage of Ball-milled Mg-rich Mg-Nd alloy with Ni Powders[J]. Journal of Alloys and Compounds, 2007, 433: 269-273.

[120] Wang Y, Qiao S Z, Wang X. Electrochemical Hydrogen Storage Properties of the Ball-milled $PrMg_{12-x}Ni_x$ +150 wt% Ni (x=1, 2) Composites[J]. International Journal of Hydrogen Energy, 2008(33): 5066-5072.

[121] Y H Zhang, B W Li, H P Ren, et al. An Investigation on Hydrogen Storage Thermodynamics and Kinetics of Nd-Mg-Ni-based Alloys Synthesized by Mechanical Milling[J]. International Journal of Hydrogen Energy, 2016, 41(28): 12205-12213.

[122] 胡锋, 罗丽容, 李永治, 等. 铸态及快淬态 $CeMg_{10}Ni_2$ 合金电化学储氢热力学及动力学性能研究[J]. 电化学, 2019, 24(1): 14-17.

[123] 罗丽容, 蔡颖, 胡锋. 铸态及快淬态 $CeMg_{11}Ni$ 合金电化学及其动力学性能[J]. 储能科学与技术, 2019, 8(5): 904-910.

[124] M Abdellaoui, S Mokbli, G Cuevas, et al. Structural and Electrochemical Properties of Amorphous Rich Mg_xNi_{100-x} Nano-material Obtained by Mechanical Alloying[J]. Journal of Alloys & Compounds, 2003(356-357): 557-561.

[125] F Hu, Y H Zhang, Y Zhang, et al. Thermodynamics and Electrochemical Hydrogen Storage Properties of Ball Milling $CeMg_{12}$+100%Ni Alloys[J]. Journal of Functional Materials, 2012, 43(17): 2319-2322.

[126] S Orimo, H Fujii. Materials Science of Mg-Ni-based New Hydrides[J]. Journal of Applied Physics, 2001(72): 167-186.

[127] Y H Zhang, B W Li, H P Ren, et al. Investigation on Structures and

Electrochemical Performances of the As-cast and Quenched $La_{0.7}Mg_{0.3}Co_{0.45}Ni_{2.55-x}Fe_x$ (x = 0-0.4) Electrode Alloys[J]. International Journal of Hydrogen Energy, 2007(32): 4627-4634.

[128] Feng Hu, Lirong Luo, Xin Zhao, et al. Investigation of the Microstructure and the Thermodynamic and Kinetic Properties of Ball-milled $CeMg_{12}$-type Composite Materials as Hydrogen Storage Materials[J]. Materials Characterization, 2019(156): 109824.

[129] Y H Zhang, K LÜ, D L Zhao, et al. Electrochemical Hydrogen Storage Characteristics of Nanocrystalline and Amorphous Mg_2Ni-type Alloys Prepared by Melt-spinning. Trans[J]. Nonferrous Met. Soc. China, 2011(21): 502-511.

[130] F Hu, Y H Zhang, Y Zhang, et al. Effect of Ball Milling Time on Microstructure and Electrochemical Properties of $CeMg_{12}$+100% Ni Hydrogen Storage Alloy[J]. Materials Science and Technology, 2013, 29(1): 121-128.

[131] M H Li, Y F Zhu, C Yang, et al. Enhanced Electrochemical Hydrogen Storage Properties of Mg_2NiH_4 by Coating with Nano-nickel[J]. International Journal of Hydrogen Energy, 2015(40): 13949-13956.

[132] V Paul-Boncour, A Percheron-Guegan, M Diaf, et al. Structural Characterization of RNi_2 (R= La, Ce) Intermetallic Compounds and Their Hydrides[J]. Less Common Metals, 1987(131): 201-208.

[133] C P Hou, M S Zhao, J Li, et al. Enthalpy Change (ΔH_0) and Entropy Change (ΔS_0) Measurement of $CeMn_{1-x}Al_{1-x}Ni_{2x}$ (x=0.00, 0.25, 0.50 and 0.75) Hydrides by Electrochemical P-C-T Curve[J]. Hydrogen Energy, 2008, 33(14): 3762-3766.

[134] Feng Hu, Lirong Luo, Ying Cai, et al. Investigation of Microstructure and Electrochemical Hydrogen Storage Thermodynamic and Kinetic Properties of Ball-milled $CeMg_{12}$-type Composite Materials[J]. Materials and Design, 2019(182): 108034.

[135] Y H Cho, S Aminorroaya, H K Liu, et al. The Affect of Transition

Metals on Hydrogen Migration and Catalysis in Cast Mg-Ni Alloys [J]. Hydrogen Energy,2011(36): 4984-4992.

[136] C D Yim, B S You, Y S Na, et al. Hydriding Properties of Mg-xNi Alloys with Different Microstructures[J]. Catalysis Today, 2007 (120): 276-280.

[137] Sakintuna B, Lamari-Darkim F, Hirscher M. Metal Hydride Materials for Solid Hydrogen Storage: A Review[J]. Hydrogen Energy, 2007, 32(9): 1121-1140.

[138] M H Li, Y F Zhu, C Yang, et al. Enhanced Electrochemical Hydrogen Storageproperties of Mg_2NiH_4 by Coating with Nano-nickel[J]. Hydrogen Energy,2015(40): 13949-13956.

[139] D L Zhu, J G Zhang, Y F Zhu, et al. Electrochemical Hydrogen Storage Properties of $Mg_{100-x}Ni_x$ Produced Byhydriding Combustion Synthesis and Mechanical Milling[J]. Progress in Natural Science: Materials International, 2017 (27): 144-148.

[140] Y H Zhang, Z M Yuan, T Yang, et al. Highly Improved Electrochemical Performancesof the Nanocrystalline and Amorphous Mg_2Ni-typeAlloys by Substituting Ni with M (M = Cu, Co, Mn)[J]. Journal of Wuhan University of Technology, 2017,32 (3): 685-694.

[141] N Kuriyama, T Sakai, H Miyamura, et al, T Iwasaki. Electrochemical Impedance and Deterioration Behavior of Metal Hydride Electrodes[J]. Journal of Alloys & Compounds,1993, 202 (1-2): 183-197.

[142] L Wang, X H Wang, L X Chen, et al. Effect of Ni Content on the Electrochemical Performance of the Ball-milled $La_2Mg_{17-x}Ni_x$ + 200 wt. %Ni ($x=$ 0, 1, 3, 5) Composites[J]. Journal of Alloys & Compounds, 2007, 428(1-2): 338-343.

[143] X Y Zhao, Y Ding, L Q Ma, et al. Electrochemical Properties of $MmNi_{3.8}Co_{0.75}Mn_{0.4}Al_{0.2}$ Hydrogen Storage Alloy Modified with Nanocrystalline Nickel[J]. Hydrogen Energy,2008 (33): 6727-6733.

[144] N Hanada, T Ichikawa, H Fujii. Catalytic Effect of Nanoparticle 3d-

Transition Metals on Hydrogen Storage Properties in Magnesium Hydride MgH_2 Prepared by Mechanical Milling [J]. Journal of Physical Chemistry B,2005 (109): 7188-7194.

[145] K Takahashi, S Isobe, S Ohnuki. The Catalytic Effect of Nb, NbO and Nb_2O_5 with Different Surface Planes on Dehydrogenation in MgH_2: Density Functional Theory Study[J]. Journal of Alloys & Compounds, 2013 (580): S25-S28.

[146] R R Shahi, A Bhatnagar, S K Pandey, et al. Effects of Ti-based Catalysts and Synergistic Effect of SWCNTs-TiF_3 on Bydrogen Uptake and Release From MgH_2[J]. Hydrogen Energy,2014 (39):14255-14261.

[147] L P Ma, P Wang, X D Kang. Preliminary Investigation on the Catalytic Mechanism of TiF_3 Additive in MgH_2-TiF_3 H-storage System[J]. Journal of Materical Research, 2007 (22): 7-15.

[148] Hu Feng, Li Yong-Zhi, Xu Jian-Yi. Studying of Electrochemical Discharging and Kinetic Properties of Ni-TiF_3-$CeMg_{12}$ Composite Materials with Nanocrystalline and Amorphous Structure[J]. Applied Surface Science, 2018(447): 15-21.

[149] A Grzech, U Lafont, P C M M Magusin. Microscopic Study of TiF_3 as Hydrogen Storage Catalyst for MgH_2[J]. Journal of Physical Chemistry C,2012 (116): 26027.

[150] Jun Sung Kim, Chang Rae Lee, Jae Woong Choi. Effect of F-treatment on Degradation of Mg_2Ni Electrode Alloy Fabricated by Mechanical Alloying[J]. Power Sources, 2002(104): 201.

[151] H Chai, H Gu, Y F Zhu. Effect of TiF_3 on the Hy-drogen Desorption Property of $Mg_{95}Ni_5$ by Hydriding Combustion Synthesis[J]. Rare Metal Materials Engineering,2010, 39 (1):50.

[152] Feng Hu, Yongzhi Li, Jianyi Xu, et al. Microstructure and Electrochemical Performance of $CeMg_{12}$/Ni/TiF_3 Composites for Hydrogen Storage[J]. Journal of Materials Engineering and Performance, 2018, 27(9): 4507-4513.

[153] J Bicerano, J E Keem, H B Schlegel. Theoretical Studies of Hydro-gen Storage in Binary Ti-Ni, Ti-Cu and Ti-Fe Alloys[J]. Theoretical Chemistry Accounts,1986,70 (4): 265.

[154] W L Zhang, M P Sridhar Kumar, S Srinivasan. AC Impedance Studies on Metal Hydride Electrodes[J]. Electrochemical Society, 1995 (142): 2935.

[155] B V Ratnakumar, C Witham, R C Bowman Jr. Electrochemical Studies on $LaNi_{5-x}Sn_x$ Metal Hydride Alloys[J]. Electrochemical Society, 1996, 143 (8): 2578.

[156] J Cui, J Liu, H Wang, et al. Mg-Tm (Tm: Ti, Nb, V, Co, Mo or Ni) Core-shell Like Nanostructures: Synthesis, Hydrogen Storage Performance and Catalytic Mechanism[J]. Materials Chemisty A, 2014 (2): 9645-9655.

[157] Chen M, Xiao X Z, Zhang M, et al. Excellent Synergistic Catalytic Mechanism of In-situ Formed Nanosized Mg_2Ni and Multiple Valence Titanium for Improved Hydrogen Desorption Properties of Magnesium Hydride[J]. International Journal of Hydrogen Energy, 2019(44): 1750-1759.

[158] Ouyang L Z, Ye S Y, Dong H W, et al. Effect of Interfacial Free energy on Hydriding Reaction of Mg-Ni Thin Films[J]. Applied Physics Letters, 2007, 90(2): 19-26.

[159] Chitsaz K L, Raygan S H, Pourabdoli M. Mechanical Milling of Mg, Ni and Y Powder Mixture and Investigating the Effects of Produced Nanostructured $MgNi_4Y$ on Hydrogen Desorption Properties of MgH_2 [J]. International Journal of Hydrogen Energy, 2013(38): 6687-6693.

[160] Wu Z W, Li Y T, Zhang Q A. Catalytic Effect of Nanostructured Mg_2Ni and YH_2/YH_3 on Hydrogen Absorption-desorption Kinetics of the Mg-Cu-H System[J]. Journal of Alloys & Compounds an Interdisciplinary, 2016(685): 639-646.

[161] Song M Y, Kwak Y J, Lee S H, et al. Development of MgH_2-Ni Hy-

drogen Storage Alloy Requiring No Activation Process via Reactive Mechanical Grinding[J]. Journal of the Korean Institute of Metals & Materials, 2012, 50(12): 949-953.

[162] Ma L P, Wang P, Cheng H M. Improving Hydrogen Sorption Kinetics of MgH_2 by Mechanical Milling with TiF_3[J]. Journal of Alloys and Compounds, 2007(432): L1-L4.

[163] Ma L P, Wang P, Cheng H M. Hydrogen Sorption Kinetics of MgH_2 Catalyzed with Titanium Compounds[J]. International Journal of Hydrogen Energy, 2010(35): 3046-3050.

[164] Grzech A, Lafont U, Magusin C M M, et al. Microscopic Study of TiF_3 as Hydrogen Storage Catalyst for MgH_2[J]. Journal of Physical Chemistry C, 2012(116): 26027-26035.

[165] Daryani M, Simchi A, Sadati M, et al. Effects of Ti-based Catalysts on Hydrogen Desorption Kinetics of Nanostructured Magnesium Hydride [J]. International Journal of Hydrogen Energy, 2014(39): 21007-21014.

[166] Pukazhselvan D, Nasani N, Correia P, et al. Evolution of Reduced Ti Containing Phase(s) in MgH_2/TiO_2 System and Its Effect on the Hydrogen Storage Behavior of MgH_2[J]. Journal of Power Sources, 2017, 362: 174-183.

[167] Chai H, Gu H, Zhu Y F, et al. Effect of TiF_3 on the Hydrogen Desorption Property of $Mg_{95}Ni_5$ by Hydriding Combustion Synthesis[J]. Rare Metal Materials and Engineering, 2010, 39(1): 50-54.

[168] Hu F, Zhang Y H, Zhang Y, et al. Microstructure and Electrochemical Hydrogen Storage Characteristics of $CeMg_{12}$＋100 wt％ Ni＋Y wt％ TiF_3(Y＝0, 3, 5) Alloys Prepared by Ball Milling[J]. Journal of Inorganic Materials, 2013, 28(2): 1-7.

[169] Tortoza M S, Humphries T D, Sheppard D A, et al. Thermodynamics and Performance of the Mg-H-F System for Thermochemical Energy Storage Applications[J]. Physical Chemistry Chemical Physics Pccp,

2018(20): 2274-2283.

[170] Barkhordarian G, Klassen T, Bormann R. Fast Hydrogen Sorption Kinetics of Nanocrystalline Mg Using Nb_2O_5 as Catalyst[J]. Scripta Materialia, 2003(49): 213-217.

[171] Zhao Xin, Han Shumin, Li Yuan, Chen Xiaocui, Ke Dandan. Effect of $CeH_{2.29}$ on Microstructure and Hydrogen Properties of $LiBH_4$-Mg_2NiH_4 Composite[J]. International Journal of Minerals, Metallurgy and Materials, 2015(22): 423-426.

[172] Saidi T Sabitu, Andrew J Goudy. Dehydrogenation Kinetics and Modeling Studies of MgH_2 Enhanced by NbF_5 Catalyst Using Constant Pressure Thermodynamic Forces[J]. International Journal of Hydrogen Energy, 2012(37): 12301-12306.

[173] Kumar S, Kojima Y, Dey G K. Morphological Effects of Nb_2O_5 on Mg-MgH_2 System for Thermal Energy Storage Application[J]. International Journal of Hydrogen Energy, 2018(43): 809-816.

[174] Lee S H, Kwak Y J, Park H R, et al. Preparation and Characterization of NbF_5-added Mg Hydrogen Storage Alloy[J]. International Journal of Hydrogen Energy, 2014(39): 16486-16492.

[175] A Pighin S S, Coco B, Troiani H, J Castro F, Urretavizcaya G. Effect of Additive Distribution in H_2 Absorption and Desorption Kinetics in MgH_2 Milled with $NbH_{0.9}$ or NbF_5[J]. International Journal of Hydrogen Energy, 2018(43): 7430-7439.

[176] Jin S A, Shim J H, Cho Y W, et al. Dehydrogenation and Hydrogenation Characteristics of MgH_2 with Transition Metal Fluorides[J]. Journal of Power Sources, 2007(172): 859-862.

[177] Recham N, Bhat V V, Kandavel M, et al. Reduction of Hydrogen Desorption Temperature of Ball-milled MgH_2 by NbF5 Addition[J]. Journal of Alloys and Compounds, 2008(464): 377-382.

[178] Hu F, Li Y Z, Xu J Y, et al. Studying of Electrochemical Discharging and Kinetic Properties of Ni-TiF_3-$CeMg_{12}$ Composite Materials with

Nanocrystalline and Amorphous Structure[J]. Applied Surface Science, 2018(447): 15-21.

[179] Mulder F M, Singh S, Bolhuis S, et al. Extended Solubility Limits and Nanograin Refinement in Ti/Zr Fluoride-catalyzed MgH_2[J]. The Journal of Physical Chemistry C, 2012(116): 2001-2012.

[180] 汪峻峰. 金属氟化物对 MgH_2 体系解氢性能的理论机制研究[D]. 长沙: 湖南大学, 2018.

[181] Pighin S A, Urretavizcaya G, Castro F J. Reversible Hydrogen Storage in $Mg(H_xF_{1-x})_2$ Solid Solutions[J]. Journal of Alloys and Compounds, 2017(708): 108-114.

[182] Novoselov K S, Falko V I, Colombo L, et al. A Roadmap for Graphene [J]. Nature, 2012(490): 192-200.